国家自然科学基金项目资助

微波冶金新技术

何志军　庞清海　金永龙　张军红　等著

北　京

冶 金 工 业 出 版 社

2017

内 容 提 要

本书是对微波技术在冶金领域部分应用研究的总结。第1章绪论部分叙述我国钢铁工业未来的发展方向。第2章陈述了微波的作用原理。第3章论述了微波外场条件下铁矿石的碳热还原行为和动力学分析。第4章阐述了微波辐射改善煤粉燃烧性能的研究成果和机理分析。第5章介绍了微波外场条件下固体废弃物对低浓度烧结烟气中有害污染物的脱除理论。第6章探索了微波辐射改性炼焦煤对焦炭冶金性能的影响。第7章分析了微波改性膨润土黏结剂制备氧化球团对其冶金性能的影响。

本书适合钢铁冶金、化学工程等专业的工程技术人员、科研人员使用，同时也可作为高等院校冶金专业本科生和研究生的教学用书。

图书在版编目（CIP）数据

微波冶金新技术／何志军等著 . —北京：冶金工业
出版社，2017.9
ISBN 978-7-5024-7570-3

Ⅰ.①微… Ⅱ.①何… Ⅲ.①微波技术—应用—冶金
Ⅳ.①TF19

中国版本图书馆 CIP 数据核字（2017）第 210296 号

出 版 人　谭学余
地　　　址　北京市东城区嵩祝院北巷 39 号　　邮编　100009　电话　（010）64027926
网　　　址　www. cnmip. com. cn　电子信箱　yjcbs@ cnmip. com. cn
责任编辑　常国平　美术编辑　彭子赫　版式设计　孙跃红
责任校对　郭惠兰　责任印制　牛晓波
ISBN 978-7-5024-7570-3
冶金工业出版社出版发行；各地新华书店经销；固安华明印业有限公司印刷
2017 年 9 月第 1 版，2017 年 9 月第 1 次印刷
787mm×1092mm　1/16；15.25 印张；402 千字；236 页
49. 00 元

冶金工业出版社　投稿电话　（010）64027932　投稿信箱　tougao@ cnmip. com. cn
冶金工业出版社营销中心　电话　（010）64044283　传真　（010）64027893
冶金书店　地址　北京市东四西大街 46 号（100010）　电话　（010）65289081（兼传真）
冶金工业出版社天猫旗舰店　yjgycbs. tmall. com
（本书如有印装质量问题，本社营销中心负责退换）

前　言

随着我国经济的快速发展，国家对环境保护的重视程度越来越高，低燃料消耗和低环境污染现已成为我国冶金工业在"新常态"下的发展要求。为了控制高炉冶炼生铁的原材料成本，钢铁企业通常会选择价格低的劣质原燃料，而高炉炼铁则对原燃料的冶金性能有较高的要求。同时，随着近些年钢材市场的持续低迷，原材料成本与入炉原料性能之间的矛盾日益突出。利用微波外场对原燃料进行改质预处理，优化廉价炼铁原料在高炉内的冶金性能，不仅可以缓解成本与性能之间的矛盾，同时也能够降低高炉冶炼的生产成本。此外，我国工业的过度发展也对环境造成了严重污染，致使雾霾成为一种频繁危害人们正常活动的天气现象，冶金过程中大量的化石能源消耗也是雾霾形成的主要原因之一。在微波外场条件下利用固体废弃物脱除低浓度烧结烟气中的污染物，可在一定程度上减少冶金工业对自然环境的污染。

基于上述问题，作者近年来致力于将微波技术应用于冶金领域，利用微波技术实现部分冶金工艺环节的节能和减排，为冶金工业的绿色发展探索新的发展方向。本书是对微波技术在冶金领域部分应用研究的总结。第1章绪论部分叙述我国钢铁工业未来的发展方向。第2章陈述了微波的作用原理。第3章论述了微波外场条件下铁矿石的碳热还原行为和动力学分析。第4章阐述了微波辐射改善煤粉燃烧性能的研究成果和机理分析。第5章介绍了微波外场条件下固体废弃物对低浓度烧结烟气中有害污染物的脱除理论。第6章探索了微波辐射改性炼焦煤对焦炭冶金性能的影响。第7章分析了微波改性膨润土黏结剂制备氧化球团对其冶金性能的影响。

感谢韩庆虹、石磊、刘帅、刘通、贾彬、张辉、刘金鑫、王寿珍、刘晓彬、董鸿昌对本书研究工作做出的贡献。

　　本书研究工作是在国家自然科学基金项目（项目编号：51474124，51504131，51504132，51674139，51604148）和辽宁科技大学学术著作出版基金资助下进行的，在此深表谢意！

　　由于作者水平所限，书中疏漏和不当之处在所难免，敬请读者批评、指正。

作　者

2017 年于鞍山

目　录

1 绪 论

1.1 钢铁冶金工业的重要地位

人类社会科技的发展与冶金技术不断进步有着密不可分的关系，人类从事的各种工业活动和生活中都广泛使用着各种金属材料。人类早在远古时代就开始使用金属，不过那时仅利用了自然状态存在的少数几种金属，如金、银、铜及陨石铁，后来才逐渐发现从铁矿石中提取金属的方法，首先得到的是铜及其合金——青铜，后来又冶炼出了铁。人类利用的金属种类日渐增多，到了 19 世纪末叶，可利用的金属已达到 50 余种。而在 20 世纪初叶和中叶，冶金技术获得了特别迅速的发展。现在元素周期表中 92 种是金属元素，而具有工业意义的元素有 75 种。对于这些金属元素，各国有着不同的分类方法，有的分为铁金属和非铁金属两大类，前者是指铁及其合金，后者则是指除了铁及其合金外的金属元素；有的分为黑色金属和有色金属两大类，而有色金属则是指除铁、铬、锰 3 种金属以外的所有金属。

铁及其合金的生产规模和利用数量在金属中占主导地位，它们的产量占全世界金属产量的 90% 以上。铁及其合金广泛应用于国民经济的各个部门，不仅是因为铁的资源丰富，钢铁材料的价格比较低廉，而且由于其具有作为工程材料的良好加工性能及力学性能。在人类社会的发展历史上，曾经出现了广泛使用铁制品的"铁器时代"，标志着生产力的大发展。时至今日，虽然出现了种类繁多的材料，但生铁和钢仍是用途最广、生产量最多的材料。所以，人们长期以来把生铁和钢的产量、品种、质量作为衡量一个国家工业、农业、国防和科学现代化水平的重要标志之一。

金属是从矿石中提取的。作为提取金属的矿石主要成分是金属的氧化物及硫化物（少量卤化物）。从矿石中提取金属及金属化合物的生产过程称为提取冶金，在这类物质的生产过程中离不开化学反应，所以又称为化学冶金。按提取金属工艺过程的不同，区分为火法冶金、湿法冶金及电冶金，后者包括电炉炼钢、熔盐及水溶液的电解。

从理论方面来讲，火法冶金过程是物理化学原理在高温化学反应中的应用，湿法冶金则是水溶液及电化学原理的应用。虽然冶金过程大体分为火法和湿法，但火法是主要的。大多数的金属主要是通过高温冶金反应取得的。即使在某些采用湿法的有色金属提取中，也仍然要经过某些火法冶炼过程，如焙烧，作为原料初步处理。这是因为火法冶金生产率高、流程短、设备简单及投资省，但其却不利于处理成分、结构复杂的矿或贫矿。

矿石在进入冶炼过程之前要经过矿石的处理，包括分级、均分、破碎、选矿、球团、烧结等。其中一些属于物理-机械的处理，另一些则是物理化学处理。在冶炼中主要是通过还原熔炼获得粗金属，而后再通过氧化熔炼，以除去粗金属中的有害杂质，同时要求尽可能降低冶炼过程中伴生的固废数量，以保证物质的有效利用、提取矿石中的有价金属及充分利用生产中的伴生废物。

因此，火法冶金过程包括焙烧、熔炼、精炼、蒸馏、离析等过程，其中进行的化学反应则有热分解、还原、氧化、硫化、卤化、蒸馏等。

钢铁冶金多采用火法过程，一般分为三个工序[1]：

(1) 炼铁。从铁矿石或精矿中提取粗金属，主要是用焦炭作为燃料及还原剂，在高炉内的还原条件下，矿石被还原得到粗金属 – 生铁，其中溶解有来自还原剂的碳（4% ~ 5%）及矿石、脉石的杂质，如硅、锰、硫、磷等元素。

(2) 炼钢。将生铁中过多的元素（C、Si、Mn）及杂质（S、P）通过氧化作用及熔渣参与的化学反应去除，达到无害于钢种性能的限度，同时还要除去钢液中溶解的气体（H、N）及由氧化作用引入钢液中的氧（脱氧），并调整钢液成分，最后把成分合格的钢液浇铸成钢锭或钢坯，便于轧制成材。

(3) 炉外精炼。为了提高一般炼钢方法的生产率及钢液的质量（进一步降低杂质和气体的含量），而将炼钢过程的某些精炼工序转移到炉外盛钢桶或特殊反应炉中继续完成或深度完成。

钢铁是当前世界上消耗量最大的一种金属材料，其应用涉及房屋建筑、船只、汽车以及工业设施的制造等众多工业领域。

1.2　中国钢铁工业的概况

中国是使用铁器最早的国家之一，春秋晚期(公元前 6 世纪)铁器已较广泛地应用。西汉时期盐铁官营，冶铁工业得到较大发展，并在规模及生产技术等方面达到较为先进的水平。据资料记载，当时已具有炉缸断面面积为 $8.5 m^2$ 的高炉。中国这种领先的优势一直延续了两千年，直到明代中叶(约 17 世纪初)西方资本主义世界的产业革命兴起时为止。

近代由于封建主义的束缚，外加帝国主义的掠夺和摧残，中国工业生产及科学技术的发展极度缓慢。直到 1949 年，中国的钢铁工业技术水平及装备极其落后，钢的年产量只有 25 万吨。

新中国成立后至 1960 年，中国逐步建立了现代化的钢铁工业基础，年产量比 1949 年增加了 40 多倍，钢铁年均产量达到了 1000 万吨以上，某些生产指标接近了当时的世界先进水平，具备了独立发展自己钢铁工业的实力。

1960 ~ 1966 年，在困难的条件下，中国的钢铁工业继续发展，如炼铁方面以细粒铁精矿粉为原料生产自熔性及超高碱度烧结矿、向高炉内喷吹煤粉以及成功地冶炼了一些特有的复合矿石等。

1966 ~ 1976 年，中国国民经济基本处于停滞不前的状态，1976 年的粗钢产量仅为 2045 万吨。与迅速发展的世界经济相比，中国与世界经济水平的差距逐渐扩大、装备陈旧、机械化和自动化水平低下、技术经济指标落后、效率低、质量差、成本高。

从 1977 年开始，特别是党的十一届三中全会以来，中国钢铁工业走向秩序发展的阶段。1982 年，中国钢铁年产量已经接近 4000 万吨，仅次于苏联、美国、日本，跃居世界第 4 位。1996 年起，中国年产钢已超过 1 亿吨，名列世界首位。

进入 21 世纪中国的粗钢产量迅速增长。2006 ~ 2015 年，粗钢产量的增长情况见图1-1。可见，粗钢产量的平均年上升率为 15.52%，最大年上升率为 28.24%。位居世界粗钢产量前 10 位国家的产量见表 1-1。

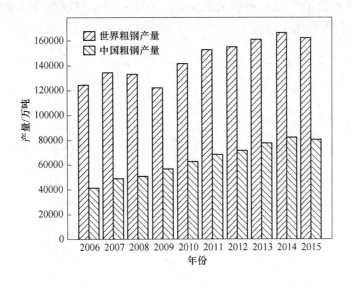

图 1-1 2006 ~ 2015 年世界和中国粗钢产量的变化

表 1-1 2006 ~ 2015 年世界粗钢产量前 10 位国家的产量　　　　　（万吨）

年份	第1位	第2位	第3位	第4位	第5位	第6位	第7位	第8位	第9位	第10位
2006	中国 41880	日本 11620	美国 9850	俄罗斯 7060	韩国 4840	德国 4720	印度 4400	乌克兰 4080	意大利 3160	巴西 3090
2007	中国 48900	日本 12020	美国 9720	俄罗斯 7720	印度 5310	韩国 5140	德国 4850	乌克兰 4280	巴西 3380	意大利 3200
2008	中国 51234	日本 11870	美国 9150	俄罗斯 6850	印度 5710	韩国 5350	德国 4580	乌克兰 3710	巴西 3370	意大利 3050
2009	中国 56780	日本 8750	印度 6353	俄罗斯 6001	美国 5820	韩国 4860	德国 3267	乌克兰 2980	巴西 2651	土耳其 2530
2010	中国 62670	日本 10960	美国 8060	俄罗斯 6700	印度 6680	韩国 5850	德国 4380	乌克兰 3360	巴西 3280	土耳其 2900
2011	中国 68327	日本 10760	美国 8620	印度 7220	俄罗斯 6870	韩国 6850	德国 4430	乌克兰 3530	巴西 3520	土耳其 3410
2012	中国 71654	日本 10723	美国 8859	印度 7672	俄罗斯 7060	韩国 6932	德国 4266	土耳其 3588	巴西 3468	乌克兰 3291
2013	中国 81540	日本 11060	美国 8690	印度 8130	韩国 6610	俄罗斯 6890	德国 4260	土耳其 3470	巴西 3420	乌克兰 3280
2014	中国 82270	日本 11070	美国 8830	印度 8320	韩国 7100	俄罗斯 7070	德国 4290	土耳其 3400	巴西 3390	乌克兰 2720
2015	中国 80382	日本 11000	印度 8960	美国 7890	俄罗斯 7100	韩国 6970	德国 4270	巴西 3320	土耳其 3150	乌克兰 2290

　　随着粗钢产量的增加，中国生铁产量也在迅猛增长。由于中国属于发展中国家，原来的工业并不发达，废钢基础差，炼钢主要使用铁水，因此在 21 世纪以前，生铁年产量超

过粗钢产量。进入 21 世纪后这种情况才改变，2001 年开始粗钢产量超过生铁产量。中国生铁产量的变化情况见图 1-2。

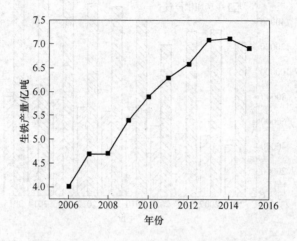

图 1-2　2006～2015 年中国生铁产量的变化

目前，主要的铁水生产方式仍然以高炉为主，而且在未来很长的一段时间内，高炉炼铁的地位并不会发生改变。焦炭作为高炉冶炼所使用的一种必不可少的原料，在高炉中起着发热剂、还原剂、渗碳剂和支撑疏松物料的作用。大量燃料喷吹技术的发展使得焦炭的前三种作用都可以被喷吹燃料有效地取代。然而，焦炭在高炉内支撑松散物料的骨架作用却无法被替代，使得高炉冶炼始终无法摆脱对焦炭的依赖。因此，随着我国钢铁产量的逐年大幅增长，焦炭消耗量不断随之剧增。图 1-3 为我国 2006～2016 年十年间焦炭年产量的变化。2002 年我国的焦炭产量处于 3 亿吨的水平，而 2013 年焦炭产量已经猛增至 4.8 亿吨左右。然而，随着 2013 年起钢铁价格的大幅下降，我国钢铁产量的增幅趋于平缓，使得钢铁工业原材料的价格锐减。企业为了控制钢铁的生产成本而追求低焦比冶炼，从而大幅减少了对焦炭的需求量，因此焦炭产量自 2013 年起不断减少。

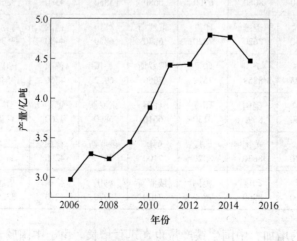

图 1-3　2006～2016 年中国焦炭产量的变化

1.3　钢铁冶金的发展方向

由于我国现处于发展中国家阶段，与发达国家间仍存在较大差距，废钢等原材料的缺乏使得我国必须采用高炉作为生铁的主要冶炼方式，因此无法摆脱对冶金焦炭的依赖。虽然我国的煤炭资源丰富，但可用于炼焦使用的焦煤稀缺，非焦煤和无烟煤的储量占总储量的 60% 以上。焦煤资源的匮乏导致焦炭价格较为昂贵，而且在其生产过程中对环境的污染较为严重，巨大的焦炭消耗量必然导致其价格的继续攀升和环境的进一步恶化。减少钢铁生产中的焦炭消耗，可以根本地缓解主焦煤稀缺和环境污染等方面的问题。同时，降低焦比也可显著降低铁水的冶炼成本，有效提高企业产品的竞争力。

中国是排名世界首位的钢铁生产大国，国家统计局发布的数据表明，我国 2015 年粗钢产量超过了 8 亿吨，在全球粗钢产量所占比例超过 50%。如此巨大的粗钢产能暗示着我国巨大的煤炭能源消耗，同时也说明 CO_2、SiO_2、NO_x 等"环境不友好"气体的大量排放。

近些年，我国各大城市的大气污染问题日益严重，很多城市的空气污染程度屡次达到预警，对老人和儿童等抵抗力较差的人群产生了严重危害，部分城市的大气能见度甚至影响了航班的飞行。由此可见，雾霾等大气问题对人类的日常生活产生了严重的影响。大气问题的主要来源是工业生产中煤炭资源的不清洁利用。

如何在满足我国工业发展对能源需求的前提之下，对工业生产中使用的化石燃料进行高效利用，降低工业生产过程中煤炭等化石燃料的消耗量，同时对煤炭燃烧产生的颗粒污染物进行高效脱除，是我国钢铁工业未来的发展方向。在实现工业发展推动经济振兴的同时，降低工业生产活动给大气带来的污染，减少经济发展对人类生存环境的影响。

我国已开始规划在 2025 年实现单位国内生产总值 CO_2 排放相比 2005 年下降 60% ~ 65%。当前，钢铁工业发展的主题是高效、低碳和绿色。有效应对温室效应和实现社会的可持续发展，减少炼铁过程的 CO_2 排放已成为冶金工业的研究热点。

1.4　微波技术在各工业领域中的应用

1.4.1　微波在无线通信中的应用

随着无线通信技术的发展，通信使用的电磁波不断向着波长变短的趋势发展。表 1-2 为部分电磁波的分类情况[2]。可以看出，微波的波长要比目前通信广泛采用的各种无线电波的波长短，而其频率却相对较高；与可见光相比，微波的波长又比可见光要长，而频率却相对较低。因此，微波在产生、传输、辐射和传播过程中的性质也与其他光不同。

表 1-2　电磁波频率和波长的范围

波　段	频率范围	波长范围
超长波	3 ~ 30kHz	100 ~ 10m
长波	30 ~ 300kHz	10 ~ 1km
中波	300 ~ 3000kHz	1000 ~ 100km
短波	3 ~ 30MHz	100 ~ 10m
超短波	30 ~ 300MHz	10 ~ 1m

波　段		频率范围	波长范围
微波	分米波	300～3000MHz	100～10cm
	厘米波	3～30GHz	10～1cm
	毫米波	30～300GHz	10～1mm
	亚毫米波	300～3000GHz	1～0.1mm
远红外		300～3000GHz	10^3～10μm
红外线		30000～416000GHz	10～0.72μm
可见光		394000～750000GHz	0.76～0.4μm

1.4.1.1　微波广播电视通信

原有的广播和电视信号都是通过较低的频率来传播的。然而，随着广播电站和电视台数量的不断增加，原有的波段已经显得十分拥挤。同时，彼此之间的信号干扰问题也变得尤为突出。微波的频率带宽可达到长波、中波、短波和超短波频带之和的一万倍，因此可以为广播和电视提供更多的频率选择。微波可以穿越电离层而进入外层空间。我国已经采用微波进行电视信号的传播，通过互成120°的3颗卫星便可以实现全球电视信号的传播，如图1-4所示。

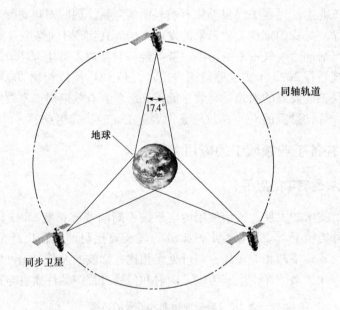

图 1-4　利用卫星通过微波实现信号的全球传播

1.4.1.2　微波通信

目前，通过中继站将传输的信号连续接收、放大、发射便可实现微波的多路接力通信，较为典型的中继站距离为40～50km。目前，主要采用厘米波进行通信，有些国家已研制出使用毫米波进行中继通信的设备。使用微波进行卫星通信的技术正在迅速发展，卫星在太空中起着信号中继站的作用，将地面信号接收并放大之后再发给地面信息接收站来完成信息的通信。

1.4.1.3 雷达与导航

微波技术最早被应用于雷达探测，雷达在第二次世界大战中的军事作用，使得微波技术得到了快速发展。时至今日，雷达技术已经今非昔比，超远程预警雷达的探测距离已经可以达到 1000 万米，在战争中对于洲际导弹等的探测可为防御措施争取到 15 ～ 20min 的时间。除了军事应用外，雷达也被广泛应用于气象、导航、汽车防撞和防盗等多个方面。

1.4.2 微波干燥

微波干燥是微波应用最为广泛的用途之一，很多物料因为需要长时间存储和运输，常需要除去其中的水分，以防止因长时间放置而发生变质等问题。在科技十分发达的今天，物料干燥的方式很多。较为理想的干燥方式是一种可以保持或者不会过分改变物质原有性质的干燥方法。微波干燥技术正是由于满足这一要求而得到了十分迅速的发展。相对于传统的干燥技术，它具有以下几个优点[3]：

（1）微波干燥可均匀地对物料中的水分进行脱除。由于微波可以对物质的整体进行作用，因此物质因吸收微波而整体升温。使得物料内部的水蒸气压力迅速增大，从而驱使水蒸气向物料外部排出。物料的干燥区首先出现在物料的内部，并逐渐向外层扩展。传统干燥和微波干燥的对比见图 1-5。

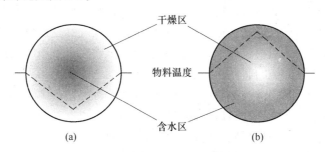

图 1-5　传统干燥和微波干燥物料对比
（a）传统干燥；（b）微波干燥

可以看出，传统干燥方式是通过热量由外向内的传递而使物料中的水分受热蒸发，物料表面温度高于内部温度。由于物质热传导能力的限制，热量来不及向内部传递，而堆积在物料的表层，使热量堆积处水分过度蒸发。因此，物料表面的水分首先被除去，使物料表面失水而收缩变硬，形成致密的干燥壳，使物料的表面品质和外观受到影响。这不仅阻碍了内部水分的下一步蒸发，延长了干燥所需的时间，同时内部水分受热汽化膨胀而产生的内部压力，可能使物质表面产生裂纹，甚至爆裂。

（2）对低含水量的物料干燥十分有效。当物料含水量很低（小于5%）时，微波干燥效率要远远高于常规性的加热，常规加热使物料失去最后的5%水分是相当困难的，其根本的原因是由于传热机理的限制。微波的加热方式刚好可以克服这一限制，因此微波尤其适合用于一般干燥脱水的后期干燥处理时使用。

玻璃纤维是一种具有优异性能的无机非金属材料，其优点是绝缘性好、耐热性强、抗腐蚀性好、机械强度高。它是由熔化的液态玻璃经过铂漏板拉丝而制成的。在制作的过程中需要使用浸润剂对原料进行浸润，所使用的浸润液是一种由有机硅烷偶联剂、有机聚合物的成膜剂、助剂和水混合而成的有机制剂。拉制成型的玻璃纤维原丝中含有 8% ~ 10%的浸润液残液，需要进行干燥除去。其干燥过程不仅需要去除残留液中的水分，还需要在加热过程中促进成膜剂中有机物的固化，使其成膜，从而使成品的玻璃纤维具有良好的憎水性和黏附性。因此，玻璃纤维的干燥是一个较为复杂的脱水干燥和固化成膜的物理化学过程。不仅要求脱水时缠绕在玻璃纤维纱筒上不同层的玻璃纤维能够在同一温度下均匀地的受热干燥，还要求在干燥过程中有机硅烷偶联剂与玻璃纤维表面在短时间内结合，促进其化学吸附和紧密黏附的高效进行。

微波加热能够有效地满足以上要求，不仅在干燥过程中会有效地对玻璃纤维表面原细微裂纹进行弥合，而且有效地缩短了干燥时间，减少了原丝处受高温作用的时间，使其强度几乎不受影响。

（3）微波干燥节约能源。传统的加热方式传热效率较低，为了增强热量在物料内部的传递，则需要增大物料的表面积，这样给设备的设计带来难度。同时，在对物料加热过程中会对物料周围环境和设备部件同时进行加热，增大了能量的损失。微波作为一种新的加热方式，升温速度快，也不会对设备的部件或者物料周围的环境进行加热，有效地减少了热量的损失。微波干燥物料时，同时作用于物料的整体，相当于增大了受热面积，提高了干燥的效率。

使用红外对物料进行加热时，物料对红外光有选择吸收峰值。所谓吸收峰值是指在这一峰值物料对红外波的吸收最强，远远高于其他位置。因此，使用红外加热法对物料进行加热时，要考虑所需加热的物料品种，选择能够产生该物料高效吸收的红外谱段，即便如此，由于物料表面传导加热的属性，仍然有较大比例的能力未能得到有效的利用。物料对微波能力是全吸收的，因此微波加热物料就不会存在这种弊端。不需要根据不同的物料设计不同的加热元件，不会受到物料热传导性能的限制，也不会在料层间产生热滞后和较大的热惯性。因此，微波是一种高效、快速、节能的有效干燥方式。

（4）微波加热具有目的性。不同性质的物料对微波的吸收作用有所不同，这一特点对于物料的干燥操作十分有利。和其他物质相比，水的介电常数和介电损耗角的值都要高，这使得它对微波的吸收强度比其他物质高。因此，物料中水含量高的位置对微波吸收量大，而水含量低的位置对微波吸收少，这使得微波的干燥作用具有较强的目的性。在微波加热时，利用塑料或陶瓷等损耗小的物质所制成的容器盛放或包装物质，由于它们对微波的吸收量很低，避免了不必要的能量损失，同时，也说明利用微波干燥更为节能。

以下为利用微波进行干燥的实例：

（1）利用微波对新鲜的竹笋进行干燥。传统对竹笋的干燥都是利用日照晒干，导致其品质受天气变化的影响很大；同时干燥时间很长，使其不能连续生产，含水量和品质得不到保证。使用微波与通风法结合的方式对其进行干燥，可大幅缩短干燥时间，使得品质得到了保证。此外，由于微波同时具有杀菌、消毒的作用，减少了霉变的发生。

（2）利用微波对玉米进行干燥。美国是玉米产量最高的国家，大量的玉米需得到及时的干燥或其他保鲜方式的处理使其不会变质。前期的干燥是在热风炉中进行的，可较为有效地将其中的水分由 80% 降低至 10% 甚至 5% 以下，但是其设备体积大、干燥时间也很漫长。利用微波对玉米进行后期干燥，干燥设备体积可以减小为原来的 10%，干燥时间也缩短为 10min，与前期干燥相比减少了 30%。

（3）利用微波对通心粉进行干燥。初期使用热风干燥法可以将通心粉中的含水量降低至 30%，在这一阶段热风法和微波法的差别不大，而当含水量降低至 20% 以下之后，微波干燥法的效率更高。对比发现，后期使用微波处理相对于传统的热风处理可以缩短加工时间 20%、电能消耗减少 25%、节约成本 27%。

1.4.3 微波真空干燥和微波冷冻干燥

1.4.3.1 真空干燥

微波真空干燥是在真空条件下，使用微波脱除物料中水分的过程。按照液体沸点与气压的关系，液体所处环境的绝对压力降低，液体的沸点也会随之降低。在绝对压强为一个大气压的条件下，水的沸点为 100℃，而当绝对压力降低到 26.20kPa 时，水的沸点也会随之降低到 20℃ 左右。环境气压的降低会从以下两方面促进物料中水分的脱除：

（1）环境绝对压强的降低，降低了外界环境中水分的分压和浓度，增大了物料内外的湿度差，从而增大了物料中水分向环境中扩散的动力，加速了水分向外界环境的扩散。

（2）绝对压强越低，物料内的水分沸点也就越低，使水分更容易蒸发进入到环境中。

相对于传统的干燥方式，微波干燥能更好地利用真空干燥的优势，使干燥效率大大提高。

1.4.3.2 冷冻干燥

冷冻干燥是指将物料中冻结的水分以冰的形式直接转化为气态，也即是冰的升华过程。相关研究表明，当环境的绝对压强在 0.626kPa 以下、温度低于 0.0098℃ 时，冰便可以不经过液态而直接转化为气态，每千克冰升华需要能量 2920kJ。在持续供给冰能量，保持其升华速率的条件下，便可以将物料在冷冻的条件下干燥至所要求的水分含量，得到冷冻干燥制品，干燥效率明显提高。

冷冻干燥所得到的物料具有以下几个特点：

（1）使干燥前物料的品质和营养成分得到良好的保留。

（2）冷冻干燥所得到的物料具有疏松多孔的结构，从而具有较好的复水性。

（3）不需要添加任何防腐剂和保鲜剂。

（4）体积缩小明显，可节省保存所需的空间。一些冷冻干燥后的物料体积可以被压缩到原来的几分之一。

1.4.3.3 真空干燥和冷冻干燥实例

（1）利用微波对粉状食品进行干燥。法国某公司利用微波真空干燥法对一种果汁粉进行干燥。与传统冷冻干燥法相比，可以提高效率 20～30 倍，而且可以在较低的温度下（40℃）高速生产。传统冷冻干燥的温度较高，使得干燥成品的色泽和口味受到影响。同时，微波干燥设备的投资也较传统冷冻干燥降低 40%，运行费用也大幅降低。

（2）利用微波对医药等粒状体进行干燥。为了能够让患者方便服用，药物通常会被压制成片状或球状进行干燥后封装。这使得其导热性能变差，干燥时间延长。使用传统干燥方式，颗粒内部的水分难以进行有效的去除，利用微波真空干燥则可以大大地缩短药物干燥所需的时间。

1.4.4 微波杀菌和防霉

微波的杀毒和杀菌技术兴起于 20 世纪 60 年代，但由于当时各种因素的制约和影响，使其未能得到大规模的发展和普及。直到 20 世纪 80 年代，随着基础研究的深入，设备和工艺技术方面问题的解决，使得微波在杀菌和消毒方面的作用又重新得到了人们的重视。为了使食品能够在制作和存放的过程中不会变质，传统方法都是采用高温杀菌、冷冻或核辐射等技术对食品进行处理。这些杀菌设备的体积庞大，并且灭菌时间较长，杀毒的效果也并不理想。此外，不仅食物的口味会发生变化，食品中的营养成分还可能会受到这些处理的影响而流失。微波利用其热效应和非热效应同时对食品中的微生物进行作用，使其自身或者其生存的环境发生巨大变化，导致其发育异常，使其死亡，以达到杀菌灭虫的目的。使用微波对食品照射后，食品的保鲜时间可以得到延长。

利用微波进行杀菌消毒具有以下优点：

（1）微波对物质进行杀毒灭菌并不是单纯利用热效应。微波利用电磁波对存在于其电磁场内的物质进行作用，使其内部的高极性和高动性分子发生高速振动，导致其发生变异而死亡。不仅作用温度低，而且作用时间很短，杀毒灭菌效率很高。

（2）具有十分优秀的杀菌效果，通过选取适当的条件，杀菌率可以达到很高的水平。

（3）与传统高温杀毒相比，这种杀毒灭菌的方式不需要很高的温度，使得所作用的物质不会因为温度过高而发生性质上的变化。

（4）操作相对简化，劳动强度不高，劳动条件较好，可有效地节约人工成本。

（5）成本低，不会在干燥产物中留下残留物，对工作人员的人身安全不会产生影响。

（6）由于大多数包装材质并不吸收微波，因此，微波可以透过包装直接对其内部的食品或药品进行杀菌[2]。

1.4.5　微波在废水处理中的应用

工业废水中含有很多重金属或者有毒性的有机物，这些物质进入土壤或者饮用水中会对人体造成巨大的伤害，因此，国家对排放的废水都有着非常高的标准，要求其 COD 值、BOD 值和其中有害物含量在要求范围内才可排放。由于我国人口众多，企业数量巨大，导致我国的生活废水和工业废水量都十分庞大，因此，废水处理任务十分艰巨。

印染废水是印刷和染色加工过程中产生的对环境污染很大的一种工业废水。其 BOD 较高，难降解物质含量高，悬浮物浓度高，并具有毒性。如不对其进行适当处理而进行排放，则会对环境中的水系产生较大的污染，破坏生态系统[3]。因染料的发展向着抗氧化和难降解的方向发展，所以，印染废水的处理工作十分艰巨。目前，对于印染废水的处理技术主要有生化法、吸附法和物化法等，国外大多采用物化法和生化法复合处理[4~11]。单一的处理方法并不能得到理想的处理效果，因此，对于印染废水的处理方法正向着复合处理和新处理技术的方向发展。

活性炭对于脱除印染废水的处理作用十分明显，可以使废水的颜色得到有效的脱除。但通常条件下，由于吸附速率较慢，因此需要很长的反应时间。使用微波对吸附过程进行催化，可有效加快反应速率，缩短处理时间。相关研究发现[12]，在为改变废水 pH 值的条件下，使用 900W 微波功率对吸附过程进行催化，仅使用活性炭浓度 0.010g/mL，便可在 8min 的时间内使废水中 COD 的脱除率达到 93.6%，废水颜色脱除率可达 100%，使其达到了国家排放标准的要求。这种工艺不仅处理快速、脱除效率高、环境污染小；同时，可以处理一些普通工艺处理困难的难降解废水。

1.4.6 微波在煤粉脱硫中的应用

SO_2 是较为常见的空气污染物之一[13]，大量排放到空气中容易导致酸雨等对建筑和土壤产生危害，因此，国家对其排放要求十分严格[14]。目前，国内外脱除 SO_2 的工艺主要有物理法和化学法两种[15]。这些方法对于气体中含 SO_2 浓度较高的处理物效果较好，而当 SO_2 的体积分数低于 3% 时效果较差[16~20]。通过微波对活性炭进行改质处理，可提高活性炭的吸附效果，不仅提高了脱硫的效率，同时，也使得硫资源得到了回收。不仅要大力发展先进的脱硫技术，还要对 SO_2 污染源进行控制，通过两项工作的共同努力，才可降低 SO_2 的最终排放，遵循我国环境友好、可持续发展的大方向[21]。

煤中的无机硫和有机硫对微波都具有良好的吸收性能[22, 23]，而煤中的碳基质对微波的吸收能力相对较低。微波照射煤和脱硫剂组成的混合物时，微波可以削弱煤中硫原子与原煤中组分的结合力，使之与脱硫剂发生反应而生成稳定的硫化物，通过洗煤方式可以进行有效脱除[24]。

当煤中的铁含量较高，且硫的主要结合方式为 FeS_2 时，在不添加脱硫剂的条件下便可以通过微波对其进行脱硫处理。煤中的不同物质对微波吸收能力不同，FeS_2 和煤中灰分吸收微波升温的能力是碳基质的 1.6~2.9 倍。FeS_2 吸收微波后可转化为 $Fe_{1-x}S$ 和 FeS，其分解顺序为 $FeS_2 \rightarrow Fe_{1-x}S \rightarrow FeS$，这种转化会在微波的作用下不断地进行[25]。从而使得硫铁结合物的磁性得到增强，部分硫也会以 H_2S 的形式得到脱除[26]。由于 FeS 具有较强的磁性，因此可以通过磁选进行脱除。通过优化微波处理的条件，可以使 FeS 的生成量得到最大化，提高脱硫的效率。我国很多高硫煤中的硫以 FeS_2 的形式与铁结合，因此，微波脱除煤中的硫在我国有较大的发展前景[27]。

在使用提取剂脱除煤中的硫时，使用微波对其进行催化，可以大幅提高脱硫效率[28]。其反应在常压下进行，反应温度低于 100℃，提取反应仅需数秒，有效地替代了化学脱硫法在高温高压下的处理，不仅脱硫工艺和操作得到了简化，而且脱硫率达到了 50% 以上[29~33]。

1.4.7 微波检测

美国的科学家在 1963 年使用微波对固体火箭装置内部的结构进行检测，并发现了其结构上的缺陷。自此，微波检测便得到了广泛的关注。随后，微波技术便被应用到厚度测量、电量测试、诊断技术、质量检验和在线监控等多个方面的检测中，为微波技术的发展注入了新鲜的血液。

微波检测技术以微波物理学、微波测量和电子学为基础，是一种前沿的检测技术。其原理是以微波作为信息载体，对设备的结构、性能以及工艺参数等进行非接触性、非污染性和连续性的快速测量。微波检测技术是一种非通信、非电量的技术，其核心是将微波作为信息的一种载体，通过微波与物质之间的相互作用而得到各种关键信息。微波检测在物质表面探测以及地下勘探、水下探测等方面的应用日益广泛，并且不断渗透到冶金、机械、电力等各个行业中，尤其是在对天气的预测中，越来越多地采用了微波检测技术。

微波检测在不对工业产品的材料和结构产生影响的前提下，可对其完整性、连续性及其质量进行快速而准确的检测；对生产线的产品的物理性能和各项参数的实时性检测，可反映出生产运行的情况，为安全而高效地生产提供了有效的保证。

微波检测能够穿透声衰减较大的非金属材料，可检测如塑料、陶瓷、树脂、玻璃、橡胶、木材、化学制品、原油、纸张、纤维织物等多种复合材料。因此，微波检测可以用于对火箭推射器、壳体等航天飞行器的重要零部件质量的检测，甚至对材料湿度、微小振动、微小体积、长度、流量等都可以进行检测。

微波检测具有设备设计简单、操作简便的特点。目前，微波检测技术除了向设备的改进和检测更加精准、稳定发展外，还向着频率更高和波长更短的方向迈进着。微波电路不断地被缩小，集成度不断提高。计算机技术在微波检测方面的应用使得检测过程可以完全可视化。微波检测技术未来在各行各业中的应用将会发挥越来越大的作用。

1.4.8　微波在医疗中的应用

在古代，我国的中医就开始使用热湿布敷于患者的患处进行治疗。当人体的发病部位位于人体的内部组织器官时，传统的热敷很难对其产生作用。对表面进行高温热敷会使皮肤表层产生疼痛，而温度较低又不能使内部器官有效升温。微波的加热可以作用于人体较为深入的位置，有效地对组织器官进行加热。早在 20 世纪 40 年代，德国科学家就已经研制出可以插入人体的微小微波发生器，可以更为有效地对人体的患病部位进行作用。

微波疗法于 20 世纪 40 年代末才正式应用于临床。其治疗原理是使用微波作用于病人患处的某一部位进行局部作用，使患处的水分子高速运动发热，抑制患病组织或破坏肿瘤的细胞，从而达到治疗的作用。微波疗法的设备简单、疗效好、治疗安全且副作用小，是无损伤疗法的理想治疗设备。微波技术已于近些年被广泛应用于各种疾病的治疗，随着微波技术的发展，微波在医疗方面的应用将更为广泛。

微波在医疗中的应用可分为以下两类：

（1）微波的热作用。微波电场可以使其场内组织分子发生剧烈运动和摩擦，从而产生热量。高效的热量可以使患处组织迅速固化，具有副作用小、止血快的特点。

此外，热作用使得作用区域内的组织血管扩张，加速血液循环和组织代谢，增强白细胞的吞噬作用，加入作用部位的代谢速度，具有消炎、消肿的作用。同时还可以缓解肌肉紧张和酸痛等症状。

（2）微波的非热作用。通过控制微波的照射，降低微波作用所产生的热量，使患者察觉不到热的变化，但可以对患处进行有效的治疗。非热作用可用于手术止血和患处发炎等多个方面。

1.5　小结

微波对物质具有热效应和非热效应两种作用。热效应可使物质在微波的作用下迅速升温，而非热效应可通过极性分子的运动改善化学反应的动力学条件。当前微波技术在冶金工业中的应用主要集中在微波热效应，利用微波升温迅速和均匀加热的特点来进行火法冶金。

微波能源通常由交流电或者 50Hz 的交流电通过半导体器件和电真空器件获得。我国的电力能源主要是通过燃煤获得，将煤燃烧产生的热量转化为电能将产生能量损失，而将电能转化为微波能也将损失部分能量，因此仅将微波能作为热量的来源并不经济。在今后的各项工业活动中，应更加关注微波的非热效应，即微波对反应物质的活化及对化学反应的催化，从而可显著降低化学反应所需的能量。

参 考 文 献

[1] 王筱留. 钢铁冶金学（炼铁部分）[M]. 北京: 冶金工业出版社, 2013.

[2] 董金明, 林萍实, 邓晖. 微波技术 [M]. 北京: 机械工业出版社, 2010.

[3] 王绍林. 微波加热技术的应用 [M]. 北京: 机械工业出版社, 2004.

[4] 范迪. 印染废水处理机理与技术研究 [D]. 青岛: 中国海洋大学, 2008.

[5] 国大非. 印染废水处理技术综述 [J]. 北方环境, 2004, 29 (6): 53~54.

[6] 姜方新, 兰尧中. 印染废水处理技术研究进展 [J]. 云南师范大学学报, 2002, 22 (2): 24~27.

[7] 刘志伟. 印染废水处理技术研究的进展 [J]. 广州环境科学, 2000, 15 (2): 8~11.

[8] 陆瑞才, 计兵, 韩志萍, 等. 印染废水处理技术研究进展 [J]. 绍兴文理学院学报, 2002, 22 (3): 58~62.

[9] 张宇峰, 滕洁, 张雪英, 等. 印染废水处理技术的研究进展 [J]. 工业水处理, 2003, 23 (4): 23~26.

[10] 明银安, 陆晓华. 印染废水处理技术进展 [J]. 工业安全与环保, 2003, 29 (8): 16~18.

[11] 侯文俊, 余健. 印染废水处理工艺进展 [J]. 工业用水与废水, 2004, 35 (2): 57~60.

[12] 俞卫阳. 印染废水处理技术及进展 [J]. 杭州化工, 2005, 35 (2): 9~14.

[13] 王湖坤, 张伟. 微波辐射—活性炭法处理印染废水的研究 [J]. 湖北师范学院学报, 2008, 28 (2): 31~33.

[14] 魏蕊娣, 米杰. 微波氧化脱除煤中有机硫 [J]. 山西化工, 2011, 31 (2): 1~3.

[15] 陈鹏. 中国煤中硫的赋存特征及脱硫 [J]. 煤炭转化, 1994, 7 (2): 1~9.

[16] 靳胜英, 赵江, 边钢月. 国外烟气脱硫技术应用进展 [J]. 中外能源, 2014, 19 (3): 89~95.

[17] J. I. Hayashi. The role of microwave radiation in coal desulfurization with molten caustics [J]. Fuel, 1990 (6): 436~472.

[18] 翁斯灏, 王杰. 微波 – 化学方法除去原煤无机硫的穆斯堡尔谱研究 [J]. 环境科学学报, 1993, 13 (2): 233~239.

[19] 郝振佳, 曹新鑫, 焦红光. 微波技术在煤脱硫领域中的应用及发展 [J]. 上海化工, 2009, 34 (11): 28~31.

[20] 王杰, 杨筱康, 翁斯灏. 煤微波法脱硫过程中铁硫化合物的变化 [J]. 华东化工学院学报, 1990, 16 (1): 45~48.

[21] 杨筱康, 任皆利. 煤的微波脱硫及其与试样介电性质的关系 [J]. 华东化工学院学报, 1998, 14 (6): 713~718.

[22] 常西亮, 樊彩梅. 煤燃前脱硫技术 [J]. 山西化工, 2007, 27 (5): 48~50.

[23] Zavitsanos P D. Coal Desulfurization using microwave energy [J]. U. S. Environmental protection angency, 1978: 261~278.

[24] Wei R D, Mi J. Desulfurization of organic sulfur in coal by oxidation under microwave irradiation [J]. Shanxi Chemical Industry (in Chinese), 2011 (31): 1~3.

[25] 蒋文举. 煤燃前脱硫新技术 [D]. 成都: 四川大学, 2003.

[26] 濮洪九. 洁净煤产业化与我国能源结构优化 [J]. 煤炭学报, 2002 (1): 1~5.

[27] 赵庆玲, 郑晋梅, 段滋华. 微波改质活性炭及其脱硫特性研究 [J]. 煤炭转化, 1996, 19 (3): 9~13.

[28] 崔礼生, 林新. 微波技术在矿业中的应用 [J]. 有色矿冶, 2005, 21: 54~57.

[29] 赵景联, 张银元, 陈庆云, 等. 微波辐射氧化法联合脱除煤中有机硫的研究 [J]. 微波学报, 2002, 18 (2): 80~84.

[30] 李晖. 超声波强化液-固传质的机理研究 [J]. 沈阳化工学院学报, 1994, 8 (3): 175~182.

[31] 赵俊蔚, 赵国惠, 郑晔, 等. 微波加热在矿冶方面的应用研究现状 [J]. 黄金, 2008, 29 (12): 39~43.

[32] Ishizaki K, Nagata K, Hayashi T. Production of pig iron from magnetite ore-coal composite pellets by microwave heating [J]. ISIJ International, 2006, 46 (10): 1403~1409.

[33] Ishizaki K, Nagata K. Selectivity of microwave energy consumption in the reduction of Fe_3O_4 with carbon black in mixed powder [J]. ISIJ International, 2007, 47 (6): 811~816.

2 微波的作用原理

2.1 微波的定义

微波是指辐射频率在 300MHz ~ 300GHz 范围内的电磁波，是无线电波中一个有限频带的简称，即波长在 1mm ~ 1m 之间的电磁波，是分米波、厘米波、毫米波等电磁波的统称。微波的辐射频率高于一般无线电波的频率，因此也可称为"超高频电磁波"。微波作为一种电磁波也具有波粒二象性。

2.2 微波技术的发展

微波最早被应用于第二次世界大战的雷达通讯中。雷达定位的使用可以使海军和空军等部队在战争中拥有决定性的优势。微波的加热作用是在试验中被偶然发现的。在 1946 年的一项有关于雷达的研究项目中，雷神（Raytheon）公司的一位工程师珀西·斯宾塞（Percy Spencer）在测试一种被称作磁控管的真空管时，发现口袋中的糖果融化了。这一现象引起了他浓厚的兴趣，他之后设计的一系列试验证明了微波热效应的存在。

微波工业在刚起步时，由于能源成本较高，以及当时业界对其缺乏相关的了解，导致其应用和开发的速度都十分缓慢。直至 1986 年，美国仅仅有工业微波设备 254 套，其中绝大部分都用于食品的烹调和干燥。

经过近三十年的发展，微波已经成为了一种十分成熟的技术。微波在各种工业活动中的应用十分广泛，其中包括干燥、化学、物质合成、环境保护和冶金工业等诸多领域[1~3]。

2.3 不同物质对微波的吸收

微波的基本性质通常呈现为穿透、反射、吸收三个特性，如图 2-1 所示。对于玻璃、塑料和瓷器，微波几乎是穿越而不被吸收；对于水和食物等就会吸收微波而使自身发热；而对于金属类物质，则会反射微波[4]。

从电子学和物理学观点来看，微波这段电磁频谱具有不同于其他波段的如下重要特点[5]：

（1）穿透性。微波比其他用于辐射加热的电磁波，如红外线、远红外线等波长更长，因此具有更好的穿透性。微波透入介质时，由于微波能与介质发生一定的相互作用，以微波频率 2450MHz，使介质的分子每秒产生 2.45×10^9 次的震动，介质的分子间互相产生摩擦，引起介质温度的升高，使介质材料内部、外部几乎同时加热升温，形成体热源状态，大大缩短了常规加热中的热传导时间，且在条件为介质损耗因数与介质温度呈负相关关系时，物料内外加热均匀一致。

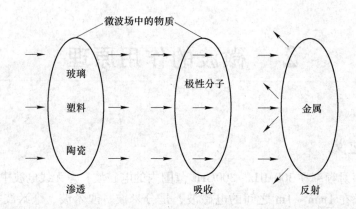

图 2-1　不同物质对微波的吸收

（2）选择性加热。物质吸收微波的能力，主要由其介质损耗因数来决定。介质损耗因数大的物质对微波的吸收能力就强；相反，介质损耗因数小的物质吸收微波的能力也弱。由于各物质的损耗因数存在差异，微波加热就表现出选择性加热的特点。物质不同，产生的热效果也不同。水分子属极性分子，介电常数较大，其介质损耗因数也很大，对微波具有强吸收能力。而蛋白质、碳水化合物等的介电常数相对较小，其对微波的吸收能力比水小得多。因此，对食品来讲，含水量的多少对微波加热效果影响很大。

（3）热惯性小。微波对介质材料是瞬时加热升温，升温速度快。另外，微波的输出功率随时可调，介质温升可无惰性地随之改变，不存在"余热"现象，极有利于自动控制和连续化生产的需要。

（4）似光性和似声性。微波波长很短，比地球上的一般物体（如飞机、舰船、汽车建筑物等）尺寸相对要小得多，或在同一量级上。使得微波的特点与几何光学相似，即所谓的似光性。因此使用微波工作，能使电路元件尺寸减小；使系统更加紧凑；可以制成体积小、波束窄、方向性很强、增益很高的天线系统，接受来自地面或空间各种物体反射回来的微弱信号，从而确定物体的方位和距离，分析目标特征。

由于微波波长与物体（实验室中无线设备）的尺寸有相同的量级，使得微波的特点又与声波相似，即所谓的似声性。例如，微波波导类似于声学中的传声筒；喇叭天线和缝隙天线类似于声学喇叭、箫与笛；微波谐振腔类似于声学共鸣腔。

（5）非电离性。微波的量子能量还不够大，不足以改变物质分子的内部结构或破坏分子之间的键（部分物质除外，如微波可对废弃橡胶进行再生，就是通过微波改变废弃橡胶的分子键）。再有物理学中，分子原子核在外加电磁场的周期力作用下所呈现的许多共振现象都发生在微波范围，因而微波为探索物质的内部结构和基本特性提供了有效的研究手段。此外，利用这一特性，还可以制作许多微波器件。

（6）信息性。由于微波频率很高，所以在不大的相对带宽下，其可用的频带很宽，可达数百甚至上千兆赫兹，这是低频无线电波无法比拟的，意味着微波的信息容量大。所以现代多路通信系统，包括卫星通信系统，几乎无一例外都是工作在微波波段。另外，微波信号还可以提供相位信息、极化信息、多普勒频率信息。这在目标检测、遥感目标特征分析等应用中十分重要。

2.4　微波的加热效应

与传统的加热方式不同，微波加热具有体积加热、选择性加热、加热快速、容易操控等特点。微波的加热方式和特点与其作用的机理有关。微波发生器是通过微波管将电能转化为微波，处于微波场内的物质中的极性分子受到高频电场的作用而产生高速的运动，这些分子的摩擦和碰撞产生了热量，其原理见图2-2。微波的波长较长，同时也使得微波具有很强的穿透能力。因此，微波的加热与传统的由外向内传热不同，微波的加热是内外同时进行，从而可以避免由于不均匀受热导致物质内部产生热应力而产生裂纹或破碎等情况[6]。

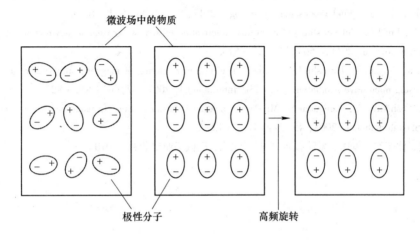

微波场中的物质

极性分子　　　　　　　　　高频旋转

图 2-2　极性分子在微波场内的运动

此外，不同的物质对微波的吸收能力有所不同[7]。微波照射到金属类的物质时会被完全反射，而当然微波照射到非金属类的物质时，将被吸收和渗透，从而产生高频电场和磁场。然而，不同的非金属物质对微波的吸收能力也是不相同的。具有较高微波吸收能力的物质升温快，吸收能力较低的物质升温慢。因此，可以有目的地利用微波对混合物中的不同物质进行加热。

2.5　微波的非热效应

微波在对物质进行作用时，同时会存在热效应和非热效应。热效应是指物料吸收微波而将其转化为热量，使物料温度升高，从而对物料产生加热和干燥等作用。微波除了具有加热作用之外，还具有"非热效应"。物质在微波作用下迅速升温的同时，物质内部极性分子的高速剧烈运动改善了化学反应的动力学条件，使很多化学反应所需的活化能降低，使很多化学反应在相对较低温度下进行，同时反应速度也会被大幅地提高。微波场内极性分子的长时间碰撞和摩擦必然产生大量热。然而，在较低功率或较短时间微波作用情况下，微波并不会使物质产生高温。尽管物质的温度并没有大幅升高，但其内部分子的运动仍十分剧烈。这种剧烈的运动可以使物质中的化学键产生变化，使物质的物理或化学性质发生改变。因此，可利用微波在较低温度下对物质进行处理，有目的地使物质得到活化[8]。

参 考 文 献

[1] 张军，解强. 微波技术用于煤炭燃前脱硫的综述 [J]. 煤炭加工与综合利用, 2007 (2): 41~43.

[2] Solyom K, Mato R B, Perez-Elvira S I, et al. The influence of the energy absorbed from microwave pretreatment on biogas production from secondary wastewater sludge [J]. Bioresource Technology, 2011, 120 (23): 10849~10854.

[3] Liu P, Zhang M, Mujumdar A S. Comparison of three microwave-assisted drying methods on the physiochemical, nutritional and sensory qualities of re-structured purple-fleshed sweet potato granules [J]. International Journal of Food Science and Technology, 2012, 47 (1): 141~147.

[4] Tahmasebi A, Yu J L, Li X C, et al. Experimental study on microwave drying of Chinese and Indonesian low-rank coals [J]. Fuel Processing Technology, 2011, 92 (10): 1821~1829.

[5] Remya N, Lin J G. Current status of microwave application in wastewater treatment-A review [J]. Chemical Engineering Journal, 2011, 166 (3): 797~813.

[6] Ishizaki K, Nagata K, Hayashi T. Localized heating and reduction of magnetite ore with coal in composite pellets using microwave irradiation [J]. ISIJ International, 2007, 47 (6): 817~822.

[7] Yan C, Yoshikawa N, Taniguchi S. Microwave heating behavior of blast furnace slag bearing high titanium [J]. ISIJ International, 2005, 45 (9): 1232~1237.

[8] 董金明，林萍实，邓晖. 微波技术 [M]. 北京：机械工业出版社, 2010.

3 微波外场下铁矿石的碳热还原

3.1 微波外场下木炭对铁精矿粉还原

研究微波外场下碳素还原剂对铁精矿粉的碳热还原过程，对于微波技术应用于直接还原工艺来促进矿石的低碳高效还原和降低铁矿石的冶炼成本具有显著的促进意义。

3.1.1 微波碳热还原铁精矿粉的基础研究

矿石碳热还原过程中原料的升温行为对还原反应具有重要影响，不仅决定着铁矿石进行碳热还原后的产物种类，也决定着铁矿石完成还原反应所需的时间。因此，本节主要研究了原料种类、微波功率和原料数量等因素对微波外场作用下原料升温行为的影响，为后续碳热还原条件的选择和优化提供理论基础数据。

3.1.1.1 微波外场下原料的升温行为

常规加热过程主要通过热量由外及内的传递使热环境中的物质升温，因而物质的表层和内部之间必然存在一定的温度差。物质的表层优先达到较高的温度而发生化学反应，可能引起物质表面气体透过性、热传导能力和密度等性质的变化，从而对热量向内部的传递过程产生不利影响，或限制内部物质分子进行化学反应的动力学条件。微波对物质的加热过程具有体积性的特点，可使微波外场内物质的分子同时升温，因此物质表面和内部的温差较小，物质内部分子发生化学反应产生的气体产物通过表面逸出，不会因表面熔化或体积收缩而使物质内部封闭，产生内部压力而抑制内部分子的化学反应。

温度是影响铁矿石碳热还原的主要因素之一，在传统加热方式的条件下，原料表面的矿物优先达到反应温度而被还原，还原后原料表面矿物的体积显著收缩，导致原料表面矿物的密度大幅增加，此过程相当于在原料表面形成致密的外壳。随着热量向原料内部的不断传递，物料内部达到了还原所需的热力学条件，还原反应产生的气体被致密外壳禁锢在原料内部，反应的不断进行使内部气体压力不断增大。上述现象一方面限制了内部物料的充分还原，另一方面内部气体的过度膨胀也可能使物料的物理结构遭到破坏。因此，利用微波体积性加热的特点对铁矿物进行碳热还原，可消除矿物表层和内部温差对其还原过程的限制，同时利用物质在微波外场下升温迅速的优势，使原料的表面和内部同时进行高效、快速的还原反应。

微波加热与常规加热的加热原理截然不同，从而导致物质在两种加热方式下的升温行为迥异。常规加热是通过传导使热量由表及里地向物质内部传递，其限制环节主要是温度差及物质内部的导热能力两个因素；微波加热主要依靠物质中极性分子在微波外场下的振动，影响其升温过程的主要是微波功率和物质分子的极性等因素。因此，在研究铁矿石与碳素原料在微波外场下的还原过程之前，需对不同原料在各微波功率下的升温行为进行探索，从而建立微波功率、辐射时间、原料加入量等条件与物料还原行为的关系。

实验原料铁矿粉和生物质木炭的成分见表 3-1 和表 3-2。

表 3-1 磁铁精矿的化学成分（质量分数）   （%）

TFe	FeO	CaO	H₂O	MgO	SiO₂	S
67.45	7.78	0.302	3.00	0.2267	6.00	0.0896

表 3-2 生物质木炭的化学成分（质量分数）   （%）

固定碳	灰分	挥发分	水分
74.40	5.39	11.32	1.83

100g 不同原料在 528W 微波功率下的升温行为如图 3-1 所示。可以看出，生物质木炭的平均升温速率可达 461.5℃/min，而铁矿粉在微波外场下的平均升温速率可达 667℃/min。可见生物质木炭和铁矿粉对微波的吸收能力都较强，可在微波外场下迅速升温至还原反应所需的温度。由于还原反应所需热量由微波供给，因而选取 C/O 摩尔比为 0.7 来提供反应所需的还原剂。然而，将生物质木炭与铁矿粉按照 C/O 摩尔比为 0.7 进行均匀混合后，含碳铁矿粉在相同微波功率下的升温速率降低至 350℃/min，但其仍可在短暂的时间内达到还原所需温度，升温速率的大幅降低应为混合物发生还原反应吸热所致。对比图中不同曲线的线形也可发现，不同实验原料的升温曲线皆在 60s 位置附近出现转折。微波外场的热效应与物质本身的物理性质关系密切，温度变化过程中物质的物性变化是升温曲线出现转折的主要原因。

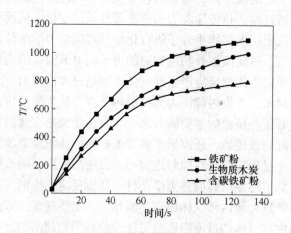

图 3-1 微波外场下不同物料的升温行为

3.1.1.2 微波功率对含碳铁矿粉升温行为的影响

实验过程中选取 C/O 摩尔比为 0.7 的含碳铁矿粉 100g 在 132W、264W、528W 三个微波功率下进行微波辐射处理，观察不同功率下含碳矿粉的升温行为。不同功率下试样的升温曲线如图 3-2 所示。在微波功率 132W 的条件下，含碳铁矿粉在 5min 内温度升至 1200℃，升温速率为 278℃/min。在微波功率 264W 的条件下，含碳铁矿粉在 2.5min 内温度升至 1260℃，升温速率为 493℃/min。在微波功率 528W 的条件下，含碳铁矿粉在 1.5min 内温度升至 1120℃，升温速率为 731℃/min。由此可见，微波功率是影响物料升

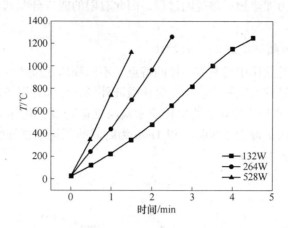

图 3-2 不同功率微波作用下升温特征曲线

温行为的重要因素之一，增大微波功率可显著加快物料的升温速率。

发生以上现象的原因可总结为：较大的微波功率可加剧物质内部分子的振动和摩擦，从而使试样在微波作用下产生更多的热量，使得物料在高功率下的升温速率更加迅速。

3.1.1.3 试样质量对试样升温行为的影响

为了分析微波外场下不同试样质量对试样升温行为的影响，共选择了 0.05kg、0.10kg、2.00kg 三个质量水平的试样在 528W 微波功率下进行实验。不同质量的含碳铁矿粉在该功率下的升温曲线如图 3-3 所示。

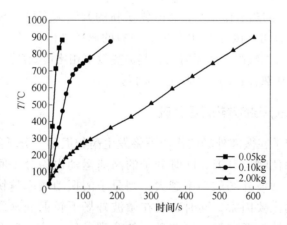

图 3-3 不同质量含碳铁矿粉的升温曲线

对比图 3-3 中的曲线可以看出，含碳铁矿粉的升温速率随着质量的增加而降低，利用微波对 0.05kg 含碳铁矿粉进行加热时，其升温速率可以达到 1350℃/min；而当混合物质量增加至 2.00kg 时，含碳铁矿粉的升温速率则降至 90℃/min。由此可见，被加热物质的总质量将对升温速率产生显著影响。这也可能与实验选用的微波功率有关，实验所使用的微波炉功率较低，其最高工作功率仅为 528W。等质量物料的升温速率一般随着功率的升高而增大，微波的加热过程也必然遵循能量和物质守恒定律。微波加热是电能转化为电磁能，电磁能最终转化为加热物料热能的过程，因此有限的能量分配到不同质量的物质必然表现不同的升温速率。

3.1.1.4　传统加热与微波加热的对比

由于微波对物质的热作用具有体积性的特点，不同物质在微波外场下的升温过程与传统由外及内的热传导过程差别较大。为了对比微波外场与传统升温条件下实验样品的升温行为，实验选取 C/O 摩尔比为 0.7 的生物质木炭与铁矿粉混合物作为升温试样，马弗炉和微波炉内试样的加入量都为 2.00kg，以 1min 为时间间隔记录试样温度的变化。两种条件下试样的升温曲线见图 3-4。

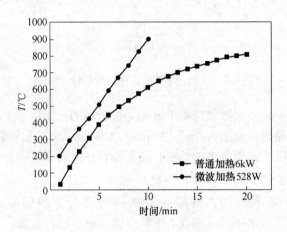

图 3-4　不同加热条件下 2.00kg 物料的升温趋势

在 528W 微波功率的辐射作用下，含碳铁矿粉的升温速率可达 90℃/min 左右。与之相比，6kW 的电阻炉仅可使试样以 40℃/min 左右的速率进行升温。可以看出，利用微波辐射对物质进行加热可大幅缩短升温时间，其加热效率相比传统加热可提高一倍以上，并同时解决了传统方法加热存在的"冷中心"问题。

3.1.2　微波外场下铁矿石的碳热还原反应

物质中的极性分子在微波外场的作用下将发生高频振动，分子间的相互碰撞和摩擦不仅可以产生热量而使物质升温，同时分子的高速运动也为分子间的化学反应创造了良好的动力学条件。微波外场的功率越大，则分子的振动频率越快，因此微波功率是影响物料还原反应的主要因素，同时物质在微波外场下辐射处理的时间也对还原过程有显著影响。确定微波外场碳热还原铁矿石的合理条件，使铁矿石在相对较短的时间和较低温度下进行高效还原，可为微波技术在冶金工业领域进行铁矿石的碳热还原提供基础理论。

3.1.2.1　微波碳热还原含铁矿粉的方案设计

本次研究对微波碳热还原铁矿粉的影响因素进行了分析，确定主要的影响因素为微波功率、反应温度、C/O 摩尔比、生物质木炭粒度等。利用正交实验分析上述因素对微波碳热还原过程的影响，确定各因素对还原反应的影响强度。

分别对 4 个影响因素的 3 个水平进行正交实验分析，所采取正交实验方案见表 3-3。

表3-3 正交实验方案设计表

实验编号	因素			
	微波功率	生物质木炭粒度	C/O 摩尔比	还原温度
1	1	1	1	1
2	1	2	2	2
3	1	3	3	3
4	2	1	2	3
5	2	2	3	1
6	2	3	1	2
7	3	1	3	2
8	3	2	1	3
9	3	3	2	1

本研究主要在微波加热功率（A）、炭粉粒度（B）、C/O 摩尔比（C）、反应温度（D）等因素对还原过程的影响进行研究。本实验为4因素3水平，依据正交设计表，为本实验设计了正交实验以及优化实验，见表3-4及表3-5。

表3-4 正交试验方案

实验编号	因素			
	功率/W	木炭粒度/mm	C/O 摩尔比	温度/℃
1	264	>1.000	0.7	800
2	264	0.147~10.0	0.9	900
3	264	<0.147	1.1	1000
4	396	>1.000	0.9	1000
5	396	0.147~1.000	1.1	800
6	396	<0.147	0.7	900
7	528	>1.000	1.1	900
8	528	0.147~1.000	0.7	1000
9	528	<0.147	0.9	800

表3-5 优化实验方案

实验编号	因素			
	微波功率/W	木炭粒度/mm	C/O 摩尔比	温度/℃
10	396	0.147~1.000	0.9	900
11	528	0.147~1.000	0.9	900
12	396	0.147~1.000	0.7	900
13	396	0.147~1.000	1.1	900
14	396	0.147~1.000	1.1	1000
15	396	>1.000	0.7	900

3.1.2.2　微波碳热还原含碳铁矿粉的失重率研究

大量实验研究结果表明，在含碳铁矿粉进行化学反应的初期，还原气体 CO 主要是由于铁氧化物与还原剂碳紧密接触过程中，在一定温度下按式（3-1）反应而产生的。含碳球团在惰性气体中进行的自还原过程主要由式（3-2）所述的间接还原过程和式（3-3）所述的碳气化反应（布多尔反应）组成。随着碳热还原反应的不断进行，碳的消耗和铁氧化物的还原使固－固接触界面大幅减少，后续还原反应则需通过气体媒介协助完成。

$$y\mathrm{C} + \mathrm{Fe}_x\mathrm{O}_y =\!=\!= x\mathrm{Fe} + y\mathrm{CO} \tag{3-1}$$

$$3\mathrm{CO} + (3/y)\mathrm{Fe}_x\mathrm{O}_y =\!=\!= (3x/y)\mathrm{Fe} + 3\mathrm{CO}_2 \tag{3-2}$$

$$\mathrm{CO}_2 + \mathrm{C} =\!=\!= 2\mathrm{CO} \tag{3-3}$$

可以看出，上述各还原反应均为失重反应，随着还原过程的进行，原料中的碳素还原剂不断气化，同时铁氧化物中的氧也不断被还原剂夺走，从而宏观表现为原料质量上的逐渐减少。因此，本节利用还原过程中原料质量的变化来表征铁矿石的还原程度，通过含碳铁矿粉在微波外场下失重率的变化情况，分析影响混合料还原速率的主要因素，探索微波外场下铁矿石高速碳热还原的合理条件。实验过程中混合料的失重率按照式（3-4）进行表征。

含碳铁矿粉失重率 R 可定义为：

$$R = \frac{W_0 - W_t}{W_0 - W_\infty} \times 100\% \tag{3-4}$$

式中　R——含碳铁矿粉的失重率，%；

　　　W_0——含碳铁矿粉的初始质量，kg；

　　　W_t——t 时刻含碳铁矿粉的质量，kg；

　　　W_∞——反应完全后含碳铁矿粉的剩余质量，kg。

设定不同的反应条件在微波外场下对混合物料进行还原，根据实验原料的化学组分和反应前后物料的质量变化，计算经不同反应条件还原后试样的失重率，从而对影响还原过程的各项因素进行对比分析。经不同条件还原后试样的失重率结果见表 3-6（正交实验结果）以及表 3-7（优化实验结果）。极差数据分析表见表 3-8。

表 3-6　正交实验结果　　　　　　　　（%）

实验编号	1	2	3	4	5	6	7	8	9
失重率	26.12	42.30	73.47	49.90	20.64	39.05	49.69	73.47	26.20

表 3-7　优化实验结果　　　　　　　　（%）

实验编号	10	11	12	13	14	15
失重率	60.39	64.58	58.51	31.51	79.33	50.60

表 3-8　极差数据分析

因素	微波功率/W	木炭粒度/mm	C/O 摩尔比	温度/℃
极差	13.255	1.103	8.462	41.29

对比表3-8中试样的失重数据可以看出，在本次研究选定的三个水平条件下，还原温度的极差数值最大，说明还原温度是影响碳热还原过程的最主要因素。微波辐射功率和C/O摩尔比的极差数值较为接近，说明微波功率和还原剂数量对碳热还原过程也存在显著影响。相比之下，木炭粒度对还原过程中失重率影响较小，说明在本次实验选定的粒度范围内，还原剂粒度对还原过程的影响并不显著。

3.1.2.3 影响碳热还原因素的重要性分析

铁矿物的还原过程会受到诸多反应因素的影响，从而决定着铁氧化物最终被还原的程度。因此，研究不同反应条件对铁矿石还原过程的影响，分析不同因素及其水平对铁矿石还原影响的主次性，从而可通过优化反应条件使铁矿石得到最大程度的还原。为探索微波碳热还原含铁矿物的最佳反应条件，根据含铁原料还原反应的正交实验结果，对比分析了不同反应因素及其水平对实验结果的影响。

A 微波功率对含碳铁矿粉还原过程的影响

为排除试样粒度波动对实验结果的影响，选取粒度为0.16～1.00mm的木炭粉和铁矿粉作为实验试样，将两种样品按照C/O摩尔比为0.7进行均匀混合。分别在132W、264W、396W和528W微波功率下对含碳铁矿粉进行加热，分别测试含碳铁矿粉在不同微波功率下升温至900℃时的失重率，测试得到不同微波功率下含碳铁矿粉的失重率分别为23.60%，42.30%、60.39%、64.58%，微波功率与失重率间的关系如图3-5所示。

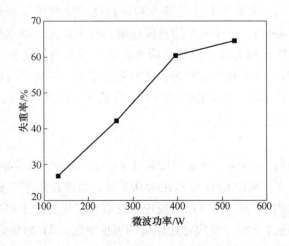

图3-5 微波功率与失重率的关系

由图3-5可以看出，含碳铁矿粉在微波外场下的失重率随微波功率的不断升高而显著增大，含碳铁矿粉在微波作用下的反应速率随着微波功率的升高而升高，说明微波功率对含碳铁矿粉的还原反应可起到明显促进作用。这是由于反应物的分子在微波作用下发生高频振动，使铁氧化物与还原剂进行反应的动力学条件得到了改善。此外，微波外场下生物质木炭反应活性的增强也可能是加速还原反应的因素之一。

B 生物质木炭粒度对含碳铁矿粉还原过程的影响

固定试样中木炭与铁矿粉的C/O摩尔比为0.7，在396W微波功率下将试样加热至900℃，测定不同粒度生物质木炭粒度条件下样品的失重率。实验结果表明，当配加生物质木炭的粒度大于1.00mm时，试样升温后的失重率可达到50.60%；当还原剂木炭的粒度在0.16~1.00mm的范围内时，试样升温后的失重率可达到58.51%；当生物质木炭的粒度小于0.16mm时，试样升温后的失重率仅为39.05%。木炭颗粒粒度与900℃时含碳铁矿粉失重率的关系如图3-6所示。

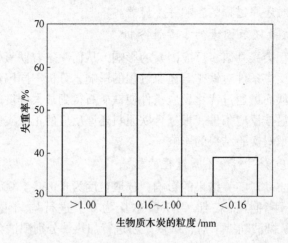

图3-6　生物质木炭粒度与含碳铁矿粉失重率的关系

　　由图3-6可以看出，失重率并不是随着炭粉粒度的降低而不断升高。当炭粉粒度在0.16~1.00mm的范围内时，含碳铁矿物反应后的失重率最大，当木炭颗粒的粒度进一步减小时，反应后含碳铁矿粉失重率却随之降低。这一现象可能是由于木炭颗粒的粒度在0.16~1.00mm之间时，反应物具有较为合理的粒度组成，因而反应的比表面积较大。然而，粒度的进一步降低影响了反应物的透气性，阻碍了还原性气体的扩散，从而影响还原性气体对铁矿石的还原。

　　C　C/O摩尔比

　　本实验在微波功率为396W、木炭粒度为0.16~1.00mm、反应结束温度为900℃三个因素水平固定的条件下，测得C/O摩尔比为0.7时，微波作用下含碳铁矿粉的失重率为58.51%；当C/O摩尔比升高至0.9时，反应后含碳铁矿粉的失重率为60.39%；而当C/O摩尔比进一步升高至1.5时，反应物还原后的失重率仅为31.51%，从而获得C/O摩尔比与失重率的关系曲线，如图3-7所示。

　　由于碳的气化过程在还原反应中起着主导作用，所以当反应物的C/O摩尔比由0.7增大至0.9时，在一定程度上加快了含碳铁矿粉的还原反应速率。在0.9的C/O摩尔比下，含碳铁矿粉所对应的失重率最大，说明此时反应物中的还原剂含量已达到还原反应所需的最大值，碳的气化反应已不再是铁矿石还原反应的限制性环节。若继续增大反应物中还原剂的配加量，则将在一定程度上促进直接还原反应的进行，从而吸收大量热量而对反应物内的热状态产生影响。当C/O摩尔比增大至1.1时，含碳铁矿粉反应后的失重率大幅降低。陈津等人曾对C/O摩尔比小于1.0的含碳铁矿粉微波还原过程进行了研究，得到了微波作用下还原率随碳含量的增加而增加的结论，其研究结果与本书的研究结论较为一致。

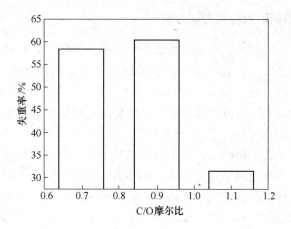

图 3-7 C/O 摩尔比与失重率的关系

D 温度对失重率的影响

通过实验室实验在 396W 微波功率下，对粒度组成为 0.16～1.00mm、C/O 摩尔比为 1.1 的含碳铁矿粉还原过程进行了研究，测得反应结束温度为 1000℃时含碳铁矿粉的失重率为 79.33%，反应结束温度为 950℃时的失重率为 70.18%，反应结束温度为 900℃时的失重率为 31.51%，反应结束温度为 800℃时的失重率为 20.64%。从而得到反应结束温度与失重率之间的关系，如图 3-8 所示。

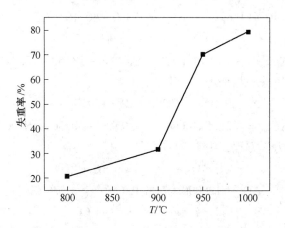

图 3-8 温度与失重率的关系

对比图 3-8 中失重率的变化可以看出，含碳铁矿粉的失重率随温度的升高而大幅增加，说明反应温度可促进铁矿粉在微波外场下的还原。由于铁矿石的还原过程中需要不断吸收热量，因此反应温度在这一过程中起着至关重要的作用。通过上述研究结果可对微波外场下含碳铁矿粉的碳热还原条件进行分析，根据失重率来对不同还原条件的合理性进行判断，从而得到微波外场下铁矿粉的最佳还原条件为：微波功率 528W、木炭粒度 0.16～1.00mm、C/O 摩尔比 0.9、反应结束温度为 1000℃。在分析得到的最佳实验条件下对含碳铁矿粉进行还原实验，得到该实验条件下含碳铁矿粉的失重率为 79.65%。

3.1.3 微波碳热还原铁矿物的动力学分析

微波碳热还原可解决含碳铁矿粉在低强度下的加热问题，但其自还原效果又成为一新的话题。根据微波加热机理，微波加热能够消除含碳铁矿粉内部矿－煤颗粒间的温度梯度，减弱浓度边界层对自还原反应的限制环节。微波在加热过程中对反应物分子进行搅拌，还有微波对生物质木炭的改性作用都有可能提高物料的反应速度，从而可以降低反应活化能和反应温度。

前人对微波作用含碳矿物的动力学方面研究较少，大部分都只停留在从微波实验数据中反应速率的提高这一表面现象进行描述。本节结合实验，深入探讨了微波加热的"体"还原机理，并从表观活化能角度同普通加热还原含碳铁矿粉进行了比较，并研究了微波对生物质木炭的改性作用。

3.1.3.1 微波碳热还原铁矿物的热力学分析

实验物料质量的选取完全依据能量守恒定律，假设微波炉能量的利用系数为 80%，即全部电能的 80% 转化为了微波的电磁波，而含碳物料反应所需能量主要体现在反应热上（升温吸热统一考虑），则根据如下反应式。

间接还原热力学方程式：

$$3Fe_2O_3 + CO = 2Fe_3O_4 + CO_2 \qquad (3-5)$$

$$\Delta H_{298}^{\ominus} = -53.6kJ/mol \qquad \Delta G^{\ominus} = -52130 - 41.0T$$

$$Fe_3O_4 + CO = 3FeO + CO_2 \qquad (3-6)$$

$$\Delta H_{298}^{\ominus} = 40.6kJ/mol \qquad \Delta G^{\ominus} = 35380 - 40.16T \ (T_{开始} = 608℃)$$

$$FeO + CO = Fe + CO_2 \qquad (3-7)$$

$$\Delta H_{298}^{\ominus} = -18.8kJ/mol \qquad \Delta G^{\ominus} = -13160 + 17.21T$$

以上三式左右两边分别相加可得：

$$Fe_2O_3 + 3CO = 2Fe + 3CO_2 \qquad (3-8)$$

$$\Delta H_{298}^{\ominus} = -28.5kJ/mol \qquad \Delta G^{\ominus} = -60330 - 18.06T$$

直接还原反应热力学方程式为：

$$3Fe_2O_3 + C = 2Fe_3O_4 + CO \qquad (3-9)$$

$$\Delta G^{\ominus} = 120000 - 218.46T \ (T_{开始} = 276℃)$$

$$Fe_3O_4 + C = 3FeO + CO \qquad (3-10)$$

$$\Delta G^{\ominus} = 207510 - 217.62T \ (T_{开始} = 681℃)$$

$$FeO + C = Fe + CO \qquad (3-11)$$

$$\Delta H_{298}^{\ominus} = 154kJ/mol \qquad \Delta G^{\ominus} = 158970 - 160.25T \ (T_{开始} = 719℃)$$

上式可通过以下两式左右分别相加而得：

$$FeO + CO = Fe + CO_2 \qquad \Delta H_{298}^{\ominus} = -18.8kJ/mol \qquad (3-12)$$

$$CO_2 + C = 2CO \qquad \Delta H_{298}^{\ominus} = 172.8kJ/mol \qquad (3-13)$$

由上述间接还原热力学化学反应方程式可以计算出：含碳矿物的还原过程遵循 $Fe_2O_3 \rightarrow Fe_3O_4 \rightarrow FeO \rightarrow Fe$ 的还原过程。相关研究结果表明，含碳矿物的剧烈反应主要发生在 900℃ 左右，而且本实验尽量保持含碳矿物不发生相变，防止含碳矿物在反应过程中过分熔融，反应最高温度限定为1200℃，因此实验过程的温度范围维持在900~1200℃之间。此外，仍假设微波碳热还原含碳铁矿粉的过程由以下几个环节组成：

（1）微波加热过程中含碳铁矿粉与木炭粉之间发生固-固直接还原反应；

（2）反应过程中生成的初始CO气体通过产物层（海绵铁）向含碳矿物颗粒内部进行扩散；

（3）初始CO气体在含碳铁矿粉料层内部反应界面处发生气-固相间接还原反应；

（4）还原反应生成的CO_2气体透过产物层（海绵铁）向含碳铁矿粉外部进行扩散；

（5）CO_2气体与含碳铁矿粉颗粒中的C发生碳气化反应，生成主要还原性CO气体；

（6）不断产生的主体CO气体在原料内部产生气压，导致部分CO向含碳铁矿粉颗粒内部渗透，而另一部分则逐渐向物料外部扩散，直至含碳矿物中的碳全部气化。

物质对微波的选择性吸收可使部分物质活性提高，从而使某些化学反应的进行路径发生改变。通过不同条件下含碳铁矿粉进行还原反应的活化能变化可以看出，微波外场下的热作用可使某些化学反应的活化能减小，从而降低化学反应所需的反应温度。此外，微波外场也对还原剂木炭具有一定的改性作用，可在微波辐射过程中使其微观结构发生改变，从而增加木炭颗粒参与反应的比表面积，这一因素也能够使含碳铁矿粉的还原反应速率加快。

3.1.3.2 不同加热方式对还原过程的影响

Arrhenius假设：不是任意分子之间的碰撞都能发生反应，只有具备一定能量的分子之间的碰撞才能发生反应。这种具备一定能量且碰撞后能发生反应的分子称为"活化分子"，活化分子比普通分子的能量高出的值称为"活化能"。图3-9所示为活化能的含义。图中$\bar{E}$表示体系中反应物分子具有的平均能量；$\bar{E}^*$表示活化分子的平均能量；E表示活化能。

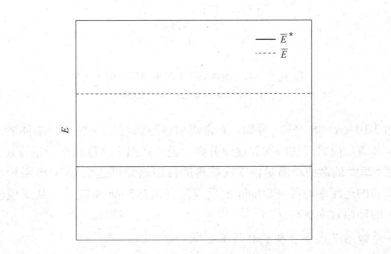

图3-9 活化能含义图

活化后的分子还要经过一定时间才能解离，这段从活化到反应的时间称为时滞。在时滞中，活化分子可能通过碰撞而失去活性，也可能把所得能量进行内部传递，把能量集中到要破裂的键上面，然后解离为产物。

本章实验都采用炭粉粒度为 0.16~1.00mm、C/O 摩尔比为 0.9 的含碳铁矿粉进行实验，以下是不同加热方式的失重率与时间的关系，如图 3-10 和图 3-11 所示。

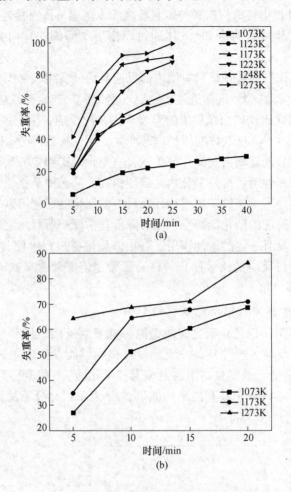

图 3-10　不同加热条件下失重率同时间的关系
（a）普通电阻炉加热；（b）微波炉加热

对比图 3-10（a）与（b）可知，在常规加热与微波外场加热的条件下，含碳铁矿粉的失重率均随着反应时间的增加而逐渐升高，说明高温下含碳铁矿粉进行还原反应的速率更快。利用 528W 的微波功率对含碳铁矿粉进行加热即可达到 6kW 电阻炉加热时的反应速率，铁矿粉的还原率均可在 20min 的反应时间内达到 90% 左右，从而说明微波外场下含碳铁矿粉的还原效率更高。

A　不同加热方式下含铁矿物还原过程分析

图 3-11 所示为在微波炉内加热和在电阻炉内普通加热的条件下的失重率的比较。从图中可以看出，在微波加热情况下，含碳铁矿粉在 1073K 条件下的反应速率比普通加热的反应速率要快很多，和电阻炉内 1273K 条件下的反应速率近似，说明了微波炉内的反应速率要比普通加热的快些，微波有加快反应速率和降低反应温度的作用。这主要是因为微波的非热效应的作用，降低了反应的活化能，从而加快了反应的进行，也就是说改变了

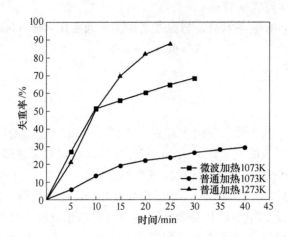

图 3-11　微波与普通加热条件下不同温度下的失重率比较

反应动力学。关于微波非热效应方面的作用研究，我们打算从活化能降低的角度来进行更深入的研究。

B　动力学参数的计算

在热分析法研究不定温条件下的非均相反应时，基本上沿用了定温均相反应的动力学方程，只是做了一些调整以适应新体系的需要。描述定温条件下的均相反应的动力学方程为：

$$dc/dt = k(T)f(c) \tag{3-14}$$

式中　c——产物的浓度；

　　　t——时间；

　$k(T)$——速率常数的温度关系式；

　$f(c)$——反应机理函数，在均相反应中一般都用 $f(c) = (1-c)^n$ 的反应级数来表示反应机理。

在热分析法研究不等温条件下的非均相反应时做了如下调整：

（1）在均相体系中的浓度（c）概念在非均相体系中已不再适用，采用转化百分率 α 来代替。α 是反应物向产物转化的百分数，表示在非均相体系中反应进展的程度。根据式（3-15）计算出不同时间下的还原率 α。

$$\alpha = (W_0 - W_t)/(AW_0) \tag{3-15}$$

式中　W_0，W_t——分别为样品初始质量和 t 时刻的质量，g；

　　　　A——理论最大失重率，%，即铁矿氧化物完全被还原的失重率。

（2）等温均相反应的动力学方程进行了转化，即：

$$d\alpha/dt = k(T)f(c) \xrightarrow[\beta = dT/dt]{c \to \alpha} d\alpha/dt = (1/\beta)k(T)f(\alpha) \tag{3-16}$$

式中　t，T——分别为时间和温度；

　　　β——升温速率；

　　　α——转化百分率，表示非均相体系中反应进展程度的量；

　　　　$f(\alpha)$——动力学模式函数；

　　　　k——Arrhenius 速率常数，与温度 T 的关系通常用 Arrhenius 公式表示：

$$k = A\exp(-E/RT) \tag{3-17}$$

式中　　A——指前因子；

　　　　E——活化能；

　　　　R——气体常数。

　　动力学研究的任务就是设法获得上述式中表征某个反应过程的"动力学三因子" E、A 和 $f(\alpha)$。鉴于非均反应的复杂性，从 20 世纪 30 年代起建立了许多不同的动力学模式函数 $f(\alpha)$，来代替反映均相反应机理的反应级数表达式。

　　但是值得注意的是，方程（3-16）的适用性存在一定的质疑性，因为作为由均相气体反应导出的 Arrhenius 公式（3-17）是否能在不等温非均相过程中适用，其主要参数 E 和 A 是否还有原来的物理意义等还未知，但是迄今为止，这一方程仍被使用着。将式（3-16）代入式（3-17），可分别得到非均相体系在定温与非定温条件下的两个常用动力学方程式：

$$d\alpha/dt = A\exp(-E/RT)f(\alpha) \quad （定温） \tag{3-18}$$

$$d\alpha/dT = (A/\beta)\exp(-E/RT)f(\alpha) \quad （非定温） \tag{3-19}$$

　　动力学模式函数表示了固体物质反应速率与 α 之间所遵循的某种函数关系，它的积分形式如下：

$$G(\alpha) = \int_0^\alpha d\alpha/f(\alpha) = \int_0^t A\exp\left(-\frac{E}{RT}\right)dt = kt \tag{3-20}$$

　　在等温法中，一直采取将实验数据与动力学模式相配合的方法——模式配合法（Model fitting method）。对于简单反应，通常 $k(T)$ 是一常数，所以它与 $f(\alpha)$ 或 $G(\alpha)$ 是可以分离的，于是可以分别通过两步配合来求得动力学三因子：

　　（1）在一条等温的 $\alpha - t$ 曲线上选取一组 α、t 值代入用来尝试的 $G(\alpha)$ 中，则 $G(\alpha) - t$ 图为一直线，斜率为 k，选取能令直线线性最佳的 $G(\alpha)$ 为合适的机理函数。

　　（2）再用同样的方法在一组不同温度下测得的等温 $G(\alpha) - t$ 曲线上得到一组 k 值，由 $\ln k = -E/RT + \ln A$ 可知，作 $\ln k - 1/T$ 图可获一条直线，由其斜率和截距分别可获 E 和 A 值。表 3-9 列出了常用的一些机理函数的 $f(\alpha)$ 及其相应的 $G(\alpha)$ 形式。

表 3-9　常用固态动力学模式函数

反　应　机　理	$f(\alpha)$	$G(\alpha)$
化学反应级数 $n = 1/4$	$4(1-\alpha)^{3/4}$	$1-(1-\alpha)^{1/4}$
相界面反应收缩圆柱体	$2(1-\alpha)^{1/2}$	$1-(1-\alpha)^{1/2}$
相界面反应收缩球体	$3(1-\alpha)^{2/3}$	$1-(1-\alpha)^{1/3}$
单步随机成核与生长	$1-\alpha$	$-\ln(1-\alpha)$
球形对称的三维扩散	$3/2(1-\alpha)^{2/3}\left[1-(1-\alpha)^{1/3}\right]^{-1}$	$\left[1-(1-\alpha)^{1/3}\right]^2$

　　1）依次对上面的机理函数进行计算，得出各自的 $G(\alpha) - t$ 曲线，通过线性分析得出各自机理函数在不同温度下的 k 值。图 3-12 所示为函数 $1-(1-\alpha)^{1/3}$ 和 $1-(1-\alpha)^{1/4}$ 与时间 t 的关系，其他函数同理。

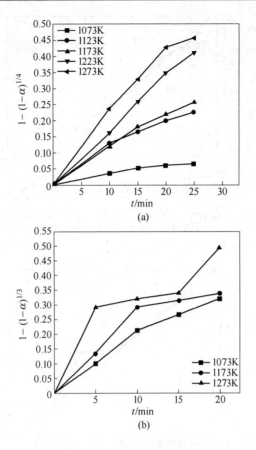

图 3-12 不同加热方式线性相关最好的 $G(\alpha) - t$ 曲线

（a）普通加热 $1 - (1 - \alpha)^{1/4} - t$ 曲线；（b）微波作用下 $1 - (1 - \alpha)^{1/3} - t$ 曲线

2）然后用同样的方法在一组不同温度下测得的等温 $G(\alpha) - t$ 曲线上得到一组 k 值，由 $\ln k = - E/RT + \ln A$ 可知，作 $\ln k - 1/T$ 图可获一条直线，由其斜率和截距分别可获 E 和 A 值。普通加热的 $\ln k - 1/T$ 如图 3-13 所示。

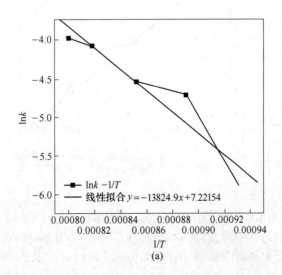

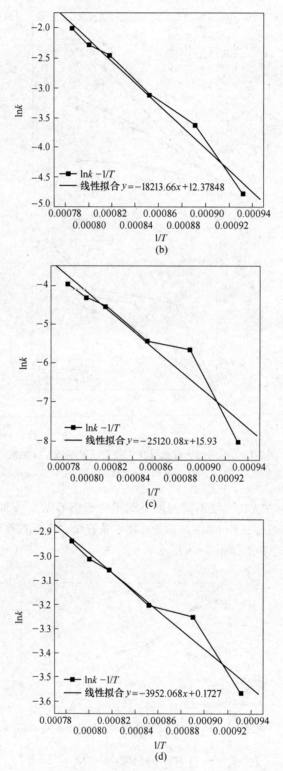

图 3-13　普通加热不同机理函数的 $\ln k - 1/T$ 拟合分析

（a）$1-(1-\alpha)^{1/3}$ 机理函数下的 $\ln k - 1/T$；（b）$-\ln(1-\alpha)$ 机理函数下的 $\ln k - 1/T$；

（c）$[1-(1-\alpha)^{1/3}]^2$ 机理函数下的 $\ln k - 1/T$ 曲线；（d）$[-\ln(1-\alpha)]^{1/4}$ 机理函数下的 $\ln k - 1/T$ 曲线

通过以上线性拟合分析,发现在普通加热条件下, $-\ln(1-\alpha)$ 机理函数下的 $\ln k - 1/T$ 的线性拟合最好,在此普通加热条件下的线性方程为 $y = -18213.66x + 12.37848$,由 $\ln k = -E/RT + \ln A$ 可以算出其活化能为 151.43kJ/mol。

图 3-14 所示为微波加热条件下的 $\ln k - 1/T$ 线性分析。

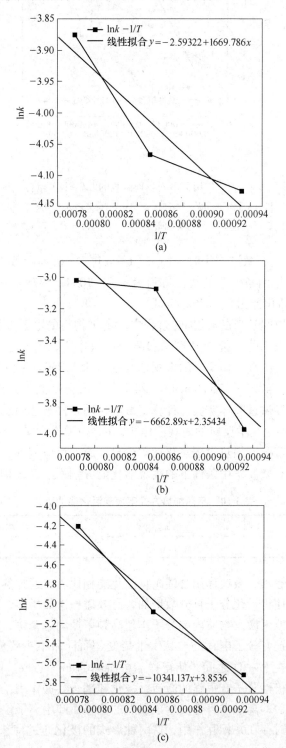

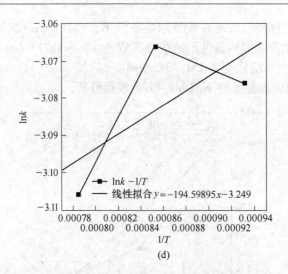

图 3-14　微波作用下不同机理函数的 $\ln k - 1/T$ 拟合分析

(a) $1-(1-\alpha)^{1/3}$ 机理函数下的 $\ln k - 1/T$ 曲线；(b) $-\ln(1-\alpha)$ 机理函数下的 $\ln k - 1/T$ 曲线；

(c) $[1-(1-\alpha)^{1/3}]^2$ 机理函数下的 $\ln k - 1/T$ 曲线；(d) $[-\ln(1-\alpha)]^{1/4}$ 机理函数下的 $\ln k - 1/T$ 曲线

由图 3-14 可以得出，微波作用时，$[1-(1-\alpha)^{1/3}]^2$ 机理函数下的 $\ln k - 1/T$ 的线性拟合最好，在此微波作用条件下的线性方程为 $y = -10341.137x + 3.8536$，由 $\ln k = -E/RT + \ln A$ 可以算出其活化能为 86.076kJ/mol。

3）表观活化能的比较。在微波加热过程中，由于物料的电磁性能起着决定性作用以及微波场对物料分子级别的"搅拌"作用和离子扩散作用，固相还原动力学条件优于常规加热方式。一般来讲，碳气化反应的表观活化能较大（230～355kJ/mol），界面化学反应的表观活化能较小（48.5～175kJ/mol）。陈津[1]等人在微波加热含碳氧化锰矿粉体还原动力学研究中，曾经做过同样实验，计算了微波作用条件下还原氧化锰的表观活化能为 9.90kJ/mol，远小于界面化学反应的表观活化能，认为 CO 气体在产物层中的传质是总反应的限制环节，决定着微波加热含碳氧化锰矿粉自还原的反应速率。

普通加热条件下和微波作用条件下的表观活化能分别列于表 3-10 中。

表 3-10　不同加热方式下表观活化能的比较　　　　　　　　（kJ/mol）

处理方式	普通加热条件	微波作用条件下
表观活化能	151.43	86.08

从计算结果可以看出，微波作用含碳矿物活化能相比于普通加热显著降低。这是由于微波作用含碳铁矿物使得活化分子百分数增加，有效碰撞次数增多，说明微波可以显著增强反应物的活性。微波因激发物质内部分子作超高频率振动、摩擦，产生激发效应，使分子内电子发生能级跃迁，分子电荷的形状发生畸变。而样品中主要成分为 FeO_x，说明化学键的解离主要发生在 Fe—O 之间，使得样品中游离的 Fe^{2+}、Fe^{3+} 的浓度增加了。微波属于高频电磁波，对极性分子有很强的激活、极化和耦合共振作用，使晶体内部离子的电子壳层发生强烈变形，即离子本身也发生了强烈的位移而产生离子位移极化。离子位移极化与电子位移极化同时存在并相互作用，这两种形式的极化通过特殊的晶体构造"耦合"

起来形成了某种形式的"正反馈",从而使样品中"内电场"明显增强,因此具有高的介电常数,从而促使化学键解离。当分子处于高激发振动态时,振动模间的耦合使得解离时的量子数比较小,这更有助于键的解离,所有这些都直接导致反应的活化能的降低。

在微波加热过程中,含碳铁矿粉颗粒和煤粉颗粒不但参与化学反应,还要快速内生热成为热源,满足反应所需的热量,因此自还原过程不但与物料内部的物质传质有关,还与矿-煤颗粒以及产物的介电性质有关,这种在微波加热场中进行的自还原过程可以称为体还原。体还原可以加速固-固相自还原的进程,削弱矿-煤颗粒界面间的传热和传质边界层阻力,加快CO气体在铁矿粉颗粒内部的扩散和固相离子扩散,提高界面化学反应速率。微波外场的加热效应在宏观上可以表现为对反应的促进作用,微波加热含碳铁矿粉体还原过程可以看作是一个受到微波场活化的反应体系,它可以降低反应的活化能,对粉料固相还原反应有一定的促进作用。此外,微波外场对生物质木炭的改性作用也可能是促进反应速率提高的一个因素。

3.1.4 微波对生物质木炭微观结构的影响

微波改性是针对含水率较高的木材(含水率一般在纤维饱和点以上),以改变木材的内部构造或释放残余生长应力为终极目标,属于木材的预处理范围。高强度的微波对具有较高含水率的木材能进行瞬时处理,使木材内部在瞬间获得足够多的能量,水分迅速蒸发,水蒸气快速膨胀,木材半封闭细胞腔内的压力急剧上升,在很高蒸气压力的冲击下,木材内的各级微组织(纹孔膜、薄壁细胞和厚壁细胞)将产生不同程度的裂隙,甚至在木材内形成宏观裂纹,打通流体迁移路径,提高流体迁移能力,增加了表面积,在微波预处理过程中,木材内部会产生物理、化学应力松弛,使得木材中的残余生长应力得以释放。

本研究利用不同微波功率对生物质木炭进行辐射处理,分析微波辐射过程对木炭微观结构的影响。实验选定500g木炭样品(0.16~1.00mm)置于工业微波炉中,在氮气气氛保护下通过不同微波功率对其进行15min的辐射处理,随后通过扫描电镜对木炭的微观结构进行观察。

图3-15所示为微波在不同功率作用条件下对生物质木炭改性15min之后的微观形貌的比较。

通过观察木炭原样的微观形貌,可清晰地看到尺寸和结构差异较大的孔隙结构。同时,木炭颗粒的断面较为平整而光滑,表面不均匀地分布着尺寸大小不一的裂纹,小尺寸气孔的分布较为均匀,大尺寸的孔隙结构比较少。木炭颗粒经过微波外场的辐射处理后,使木炭表面的围观结构发生了较大变化。低微波功率处理后出现了大尺寸的气孔,但气孔内壁较为光滑。随着改性微波功率的升高,木炭颗粒表面开始变得粗糙,经微波辐射后呈现出凹凸不平的形貌,同时表面也开始出现粗糙且粒度较大的颗粒,使得比表面积和总孔容积均有所增加。当改性过程的微波功率升高至528W时,许多闭塞气孔的封闭结构开始遭到破坏,从而促进了反应过程中气体反应物向木炭内部的扩散,并且显著增大了还原反应过程中木炭的比表面积,因此改性过程可显著加快含碳铁矿物的还原过程。

3.1.5 小结

基于铁矿石、生物质木炭及两者混合物在不同微波功率下的升温行为,综合讨论并分析了物质种类及微波功率对原料升温过程的影响。在此基础之上,通过正交实验分析了不

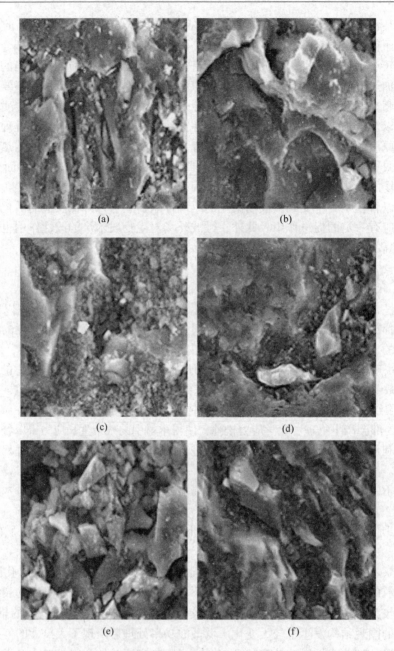

图 3-15　不同微波加热条件下的木炭放大 2000 倍的微观形貌
(a) 木炭原样；(b) 132W 改性 15min；(c) 264W 改性 15min；
(d) 396W 改性 15min；(e) 528W 改性 15min；(f) 常规加热

同反应条件对铁矿石还原过程的影响，讨论了不同因素和水平对还原结果的影响程度。此外，本书也对不同升温方式下含碳铁矿物还原的动力学进行分析，证明了微波外场条件下铁矿石碳热还原反应的活化能与传统加热方式相比大幅降低，说明微波外场可加快含碳铁矿物的还原反应速率，同时也证明了微波非热效应对化学反应的催化。对比生物质木炭经不同微波功率辐射处理后的微观结构变化，分析并阐述了微波处理过程对木炭表面微波结构产生的影响及其原理。希望通过本节的研究结果及分析，能够为微波碳素还原铁矿物方面的深入研究提供理论基础。

3.2 微波作用下高磷铁矿碳热还原脱磷研究

高磷鲕状赤铁矿主要分布于我国湖北、湖南、广西等地，目前集中产出于鄂西宜昌、恩施等地区，具有高磷、高硅、高铝、低硫和中贫铁等特点。这种铁矿石中的磷主要以胶磷矿的形式存在，并与富含氧化铁的鲕绿泥石混杂在一起，形成同心层状相间的鲕粒式结构[2]。赤铁矿呈针状和片状集合体嵌布在菱铁矿和鲕绿泥石中，因此其嵌布颗粒的粒度极细而单体解离困难，致使此种含铁矿物未得到有效利用[3]。因此，应通过预处理工艺来改变铁在此种矿石中的赋存状态，使矿石中的铁得到有效精选和富集，并同时去除矿石中的磷等不利元素。

目前，高磷鲕状赤铁矿的开发和利用已得到国内企业的高度重视，并成为冶金界及相关行业的研究热点之一。本书利用微波外场的各项特性力求在选矿和冶金技术上有所突破，使沉睡多年的高磷铁矿能够得到高效的利用，因此具有十分显著的社会意义和现实意义。微波能作为一种高效而清洁的特殊能源，将其应用于高磷铁矿预处理具有较为广阔的市场前景。

3.2.1 高磷铁矿资源概况及特点

我国铁矿石资源在地域上的分布十分广泛，其成因和类型也多样，贫矿多，富矿少，铁矿床中共生组分较多。在现已查明的1834处铁矿中，总保有储量为501.2亿吨，其中高磷铁矿的保有储量为74.45亿吨，占全国铁矿资源总保有储量的14.86%[3,4]。

我国的高磷铁矿主要分布于长江流域的云南、四川、湖北、湖南、安徽、江苏及华北地区的内蒙古等地区。这些含磷弱磁性铁矿石主要为热液型或沉积型赤铁矿和菱铁矿。铁矿石中的磷主要以磷灰石的形态与其他矿物共生，浸染于氧化铁矿物的颗粒边缘，嵌布于石英或碳酸盐矿物中，少量赋存于铁矿物的晶格中。磷灰石晶体主要呈柱状、针状、集晶或散粒状嵌布于铁矿物及脉石矿物中，粒度较小，有的甚至是在 $2\mu m$ 以下，因而不易分离，属于难选矿石[5]。

鄂西高磷铁矿发现于1959年，面积达 $1.8 \times 10^4 km^2$，储量约22亿吨，属巨型铁矿。这一探明储量主要分布在鄂西的宜昌、建始、恩施等十个县（市）境内。该铁矿石中含铁 41.95% ~ 52.60%、含磷 0.3% ~ 1.8%，属于"宁乡式"鲕状赤铁矿，其由赤铁矿、方解石、白云石、石英、绿泥石和胶磷矿等矿物组成。我国虽然曾在20世纪70年代进行尝试性开采，但因该矿区铁矿石磷含量高，冶炼生产出的钢材产品易断裂，最终只能望而兴叹。长期以来，由于未能开发出理想的脱磷方法，使得这部分铁矿资源尚未得到有效的利用。

钢中的磷对其性能的影响很大，磷是绝大多数钢种中的有害元素，主要表现在[6]：

（1）磷显著扩大液固两相区，因此在铸件凝固时会发生强烈的偏析现象，同时还缩小了 γ 相区，因而加剧了凝固过程中的偏析。

（2）磷在 α 及 γ 固溶体中的扩散速度较慢，从而严重影响了组织的均匀性。由于磷在液相中的溶解度比在固相中的溶解度大得多，因此磷易于在晶界上析出，所以磷能够在晶粒间形成高磷的脆性纹理，在低温时尤为显著（俗称冷脆），对于碳含量较高的钢材，磷的危害作用表现更为显著。

在烧结和高炉冶炼过程中，矿石中的磷将全部转入烧结矿及生铁中。在氧气转炉直接冶炼工艺中，磷的存在使钢增加硬脆性，对钢的质量、原材料消耗、炉衬寿命和转炉生产率均有不利影响。

3.2.2　高磷铁矿降磷工艺现状

尽管我国在高磷铁矿降磷方面取得了很大的进展，但总体来讲仍存在着诸多问题，主要是难以同时满足脱磷率高、金属回收率高和精矿产品含铁品位高的要求[7]。具体表现为我国高磷铁矿石矿物组成复杂，磷矿物在矿石中的嵌布粒度较细。如果采用选矿方法进行脱磷，其缺点一是脱磷率低；二是细磨降低了球磨机的处理量，使磨矿成本大幅增加；三是铁的损失量大。高磷鲕状赤铁矿选矿的技术难点是需要超细磨，而目前常规的选矿设备及药剂难以有效地回收微细粒铁矿物。

随着钢铁工业生产技术的发展和钢材质量标准的提高，对铁矿石等原材料的质量要求越来越高，因此对矿石中磷含量也有严格的限定。对铁矿石进行高效降磷已迫在眉睫，有效地回收和利用这部分矿石已成为冶金工作者重要的研究课题之一。高磷铁矿现有的降磷方法主要有化学方法、选矿方法、微生物法及冶炼法脱磷。

3.2.2.1　化学法脱磷

化学方法脱磷是以盐酸、硝酸或硫酸对矿石进行酸浸脱磷。该方法是一种较为有效的脱磷方法，而且矿石中磷矿物无须完全单体解离，仅需暴露出来并与浸出液接触即可以达到降磷的目的。此工艺的优点是无需对矿石进行细磨，并可对浸出过程中生成的磷酸进行回收利用，同时浸矿介质可以进行多次重复使用。

卢尚文等人对我国乌石山"宁乡式"鲕状嵌布高磷铁矿石进行了解胶浸矿实验研究，可将矿石铁品位提高4% ~6%，脱磷效率达40% ~50%[8]。瑞典某铁矿中的磷多以氟磷灰石形态存在，采用工业级硝酸（浓度63%）在室温20 ~25℃下浸矿脱磷，用萃取 – 反萃取工艺回收磷酸和硝酸再生循环利用，可获得较为显著的脱磷效果[9]。

超声波酸浸是利用超声波清洗矿物表面进行浸出的方法。超声波酸浸较好地解决了磷的难溶问题，使处理后铁精矿的含磷量明显降低[10]。石原透等应用超声波酸浸脱磷工艺对美国内华达出产的高磷磁铁矿和赤铁矿进行了脱磷研究。实验在磁铁矿含磷0.67%、粒度小于0.589mm、超声波频率20kHz、酸浓度5%、浸出时间15min的条件下，获得结果为使用硫酸处理后矿石含磷0.07%，使用盐酸处理后矿石含磷0.06%，铁的回收率均可达到95.00%以上[11]。

化学方法脱磷的耗酸量大、生产成本高，而且容易导致矿石中可溶性铁矿物溶解，造成铁的损失[12]。需要解决的主要问题是酸性浸出液的回收利用和酸性浸出液对设备的腐蚀，以及降低脱磷成本和降低铁的损失。

3.2.2.2　选矿法脱磷

选矿方法往往需要细磨矿石至磷矿物和铁矿物完全解离，然后采用磁选法、浮选法、磁选 – 反浮选法进行分选。新型高梯度磁选机的研制成功，能较大幅度地降低有效分选粒度下限，较好地解决了堵塞与夹杂问题，为高磷铁矿石的脱磷提供了一条新的途径。它的鼓动脉动结构使高梯度磁选效率得到明显提高，有效分选粒度下限可达 10μm。Slon – 1500立环脉动高梯度磁选机用于梅山铁精矿脱磷工业实验中的强磁选作业，取得了较好的实验结果。在原矿（二次溢流）含铁 52.89%、含硫 2.04%、含磷 0.44% 的条件下，获得铁精矿含铁 58.31%、含硫 0.223%、含磷 0.224%，铁的回收率为 91.79%[13]。

纪军对鲕状高磷赤铁矿进行了降磷方面的研究，在对脱泥反浮选和直接反浮选进行比较分析后，采用分散—选择性聚团—反浮选降磷试验，通过适当调整药剂制度和流程结构，可使磷含量由原矿中的 0.570%，下降到铁精矿中含磷 0.236%，脱泥反浮选闭路实验的收铁率达到 90.57%。该工艺简单易行、成本较低、适应性强、易于工业化，但所得精矿含铁品位仅为 54.11%[14]。

随着新型高效浮选药剂的不断出现，反浮选仍然是目前最主要的铁矿石脱磷方法。为了降低反浮选成本或进一步降低磷含量，磁选和反浮选联合降磷已显示出了优势。瑞典 Kituna 选矿厂处理的高磷铁矿石铁品位 61%，含磷高达 1%，经选矿厂细磨后矿石中 44μm 以下的颗粒比例可达 81%。应用 Atrac 系列捕收剂，采用预选磁选—反浮选脱磷—磁选工艺流程可获得铁品位大于 71%、磷含量低于 0.025% 的优质铁精矿[15]。由于我国高磷铁矿石特别是"宁乡式"高磷鲕状赤铁矿的矿物组成较为复杂，磷矿物嵌布粒度细小，采用传统的选矿方法很难达到令人满意的效果。

3.2.2.3 微生物法脱磷

微生物浸出是利用微生物代谢产生的酸来降低体系的 pH 值，使含磷矿物进行溶解。同时，微生物代谢酸还会与 Ca^{2+}、Mg^{2+}、Al^{3+} 等离子结合形成络合物，从而加速磷矿物的溶解过程。微生物在矿物表面进行吸附，可不同程度地改变矿物表面物理化学性质，如疏水性、表面元素的氧化 – 还原、溶解 – 沉淀等行为。从而可利用微生物作为矿物的捕收剂、调整剂和絮凝剂。

黄剑胗等人对华东某铁矿进行了微生物脱磷研究。用硫杆菌对矿样进行预处理，使矿样中的硫化物转化为硫酸，从而使紧密的磷灰石与硫杆菌转化出的硫酸发生反应，然后再通过添加溶磷剂 SP – 9，使矿样易于过滤，增加滤液中磷的溶出量，可将铁矿中的磷含量降低到 0.20% 以下。滤饼中铁的相对含量增加，减少滤饼黏度和亲水性。同时，尾矿废液还可制成铁 – 磷复合肥，不仅减少环境污染，还可增加农作物产量，对发展循环经济有重大意义。

何良菊等人从梅山高磷铁矿中磷的赋存状态、嵌布特征及磷铁关系着手，进行了氧化亚铁硫杆菌氧化黄铁矿产生浸出液以及此浸出液浸矿脱磷的研究。实验结果表明，以氧化亚铁硫杆菌氧化黄铁矿所产生的浸出液对高磷铁矿石浸出脱磷，脱磷效率可达 76.89%，从而进一步说明微生物氧化黄铁矿产酸 – 酸浸脱磷的途径是可行的。

3.2.2.4 冶炼法脱磷

冶炼法脱磷包括铁水预处理脱磷和转炉炼钢脱磷。铁水预处理脱磷的基本原理就是炼钢铁水在入转炉或电炉前，以氧化性的碱性氧化物或高氧化性的碱性渣与铁水中的磷发生反应对铁水进行预处理脱磷。此方法可获得较好的脱磷效果。但是其脱磷成本较高，且对铁水温度的影响较大，同时在高磷铁水的脱磷过程中存在一定困难。

铁水预处理技术是近二十几年来逐渐发展成熟的经济、高效和清洁的钢铁生产工艺，其技术优点在于[16]：

（1）提高钢水的纯净度，转炉终点可达到 $w(S) \leqslant 0.005\%$、$w(P) \leqslant 0.010\%$、$w(N) \leqslant 0.002\%$ 和 $w(H) \leqslant 0.0003\%$。

（2）由于转炉操作的简化和标准化，转炉产能提高，成分命中率提高，工序更易于调度。

（3）铁水脱硅使炼钢过程的渣量锐减，而且精炼炉和转炉渣可以作为脱磷剂返回使用，减少了废渣的生成量，有利于环境保护。

由于硅与氧的结合能力远远大于磷与氧的结合能力，因此硅比磷优先氧化，形成的 SiO_2 会大大降低渣的碱度。为了减少脱磷剂用量、提高脱磷效率，必须预先将铁水中的硅氧化到一定程度。脱硅方法主要有在高炉炉前铁水沟中加固体氧化剂的连续脱硅法和在铁水罐、混铁车内喷吹粉剂的喷吹脱硅法两种。当铁水硅含量小于 0.45% 时，以铁水沟脱硅为宜；当铁水硅含量大于 0.45% 时，以铁水罐喷吹脱硅为好。在喷吹脱硅过程中，需顶吹部分 O_2 以防止铁水降温[17]。

利用闲置的转炉进行铁水脱磷，提高了转炉的作业率。这种处理方法采用低碱度炉渣脱磷而不需要预脱硅，然而在脱磷的同时却不能同时脱硫。此法针对的铁水磷含量较低，在 0.10% 左右。新日铁开发的 MURC 法（Multi-refining converter）[18]，能够在一个转炉中连续进行脱磷和脱碳。其特点如下：

（1）可以利用现有的一个转炉进行 MURC 过程，所以投资少；

（2）渣量比现有的预处理方法低 30% ~ 50%；

（3）因为在脱磷之前能够加废钢，所以废钢比提高 10% 左右；

（4）脱磷渣的碱度低，渣的利用价值高。

近来，利用内配碳高温自还原技术将赤铁矿快速还原成金属铁，在高温下金属铁通过一定程度的聚集长大，破坏原矿的鲕粒结构，改变铁的赋存状态，通过磁选得到超高品位"铁精矿"的脱磷技术也在研究。

3.2.2.5　铁矿石降磷方法中存在的问题

虽然我国在铁矿石降磷方面取得了很大进展，出现了很多新型设备和技术，但还存在如下几个方面的问题：

（1）由于铁矿中磷矿物的嵌布粒度较细，通常都要细磨，这样就降低了球磨机的台时处理量，同时也增加了产品沉降、浓缩的难度。

（2）磁选降磷时，强磁设备容易堵塞。其主要有两方面原因：1）循环水中的某些化学成分造成强磁选机介质腐蚀，介质表面粗糙易卡矿石；2）脱渣筛的脱渣效果差，一些大颗粒矿石进入强磁选机造成堵塞。

（3）除磷率低，铁损失量大，回收率低。从磁选工艺降磷来讲，一方面由于高梯度磁选机分选介质本身形成的磁场梯度还不够大，加上磨损和分选空间的堵塞，使分选条件恶化，导致精矿质量下降，尾矿品位升高，铁损失量增大；另一方面，在强大的磁力作用下，精矿中非磁性脉石矿物和贫连生体颗粒机械夹杂严重，采用水冲洗或脉动冲洗，使铁损失增加。从浮选工艺降磷来讲，目前采用较多的都是阴离子反浮选，由于磷矿物和铁矿物的可浮性差别不大，现有的阴离子反浮选捕收剂选择性又不高，导致浮磷泡沫中铁损失较多。

（4）浮选降磷会影响铁精矿的碱度以及矿石自熔性。例如，在北京科技大学对上海梅山铁矿的反浮选降磷实验中[19]，降磷后铁精矿产品中的 MgO、CaO 含量分别由原矿的 1.80% 和 3.19% 降至 1.52% ~ 1.67% 和 2.73% ~ 2.87%；精矿碱度降至 0.8 以下，致使精矿产品的自熔性受到破坏，增加了冶炼成本。

（5）在酸浸降磷时，主要存在浸出成本高以及对环境污染比较大等缺点。

（6）微生物浸出降磷虽然有环境污染小的优点，但是浸矿所需的细菌需要进行采集、分离、培养和驯化。对于自养菌，其存在着生长速度慢的缺点，异养菌则需要为其提供有机营养，增加了生产工业成本，在实际应用中比较困难。

综上所述，当前的铁矿石处理工艺无法通过经济的方式将磷脱除至理想水平，从而严重限制了高磷铁矿在冶金工业中的应用。利用微波外场技术对高磷铁矿进行预处理，研究微波作用下高磷铁矿碳热还原-磁选降磷的新选冶工艺，为我国高磷铁矿石的合理利用提出了新的研究方向，因此具有十分显著的社会效益和经济价值。

3.2.3 微波外场强化铁矿石脱磷的可行性分析

3.2.3.1 高磷铁矿碳热还原的理论基础

A 铁氧化物碳热还原的理论基础

1927 年，M. Bodenstein 提出铁氧化物碳热还原二步机理[20]，但直到 20 世纪 60 年代人们才开始逐渐用该机理来解释碳还原铁氧化物的过程。铁氧化物还原的二步还原机理为：

$$Fe_xO_y + C \rule[0.5ex]{1.5em}{0.4pt} Fe_xO_{y-1} + CO \tag{3-21}$$

$$Fe_xO_y + CO \rule[0.5ex]{1.5em}{0.4pt} Fe_xO_{y-1} + CO_2 \tag{3-22}$$

$$CO_2 + C \rule[0.5ex]{1.5em}{0.4pt} 2CO \tag{3-23}$$

二步还原机理认为，铁氧化物和炭粉直接的固-固还原反应（3-21）起启动作用，进而产生的气体产物 CO 和 CO_2 对铁矿粉和炭粉之间的还原起媒介作用。相对于气-固反应式（3-22）和式（3-23）的速度而言，固-固反应式（3-21）的作用是微不足道的。在外界提供反应热的条件下，气-固反应式（3-22）和式（3-23）会连续循环进行，不断从铁矿粉颗粒中还原出金属铁。

直接还原发生的条件是在一定温度下碳气化反应的气相 CO 平衡成分高于铁氧化物间接还原气相 CO 平衡成分，如图 3-16 所示。标准状态下，直接还原从 280℃ 左右开始，在温度 280~656℃ 范围内可将 Fe_2O_3 还原至 Fe_3O_4，在温度 656~710℃ 范围内可将 Fe_3O_4 还

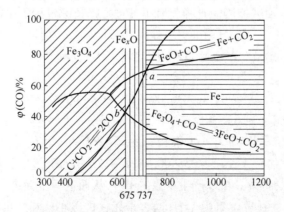

图 3-16 氧化铁直接还原的平衡图

原至 FeO，只有温度高于 710℃，才能还原得到金属铁。在高温下碳的气化反应速度往往很快，所以直接还原反应的气体产物成分由碳的气化反应决定，在 1000℃ 以上 CO 可以接近 100%。

当体系中有同一种物质参加的同一类型反应且同时进行时，其中一个反应将影响另一个反应的平衡，这种现象称为耦合反应[21]。在火法冶金过程中，有一些通过气体中间产物的固体之间的反应就是耦合气 – 固反应，如图 3-17 所示。反应过程可以用下列一般式表示：

$$aA(g) + bB(s) \Longrightarrow cC(g) + eE(s) \tag{3-24}$$

$$C(g) + dD(s) \Longrightarrow aA(g) \tag{3-25}$$

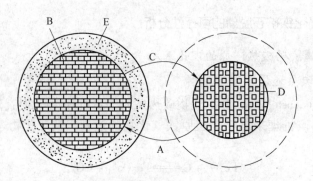

图 3-17　耦合气 – 固反应示意图

铁氧化物碳热还原反应属于这类反应。铁氧化物碳热还原过程是一个更为复杂的多项气 – 固反应同时发生的反应过程。这一类复杂气 – 固反应体系的特点是：

（1）体系通常是由两个或两个以上互相影响的气 – 固反应组成的。

（2）组成体系的单个气 – 固反应除按自身的反应特点在特定的条件下进行反应外，还要影响体系内其他反应的进行，同时也要受到体系内其他反应的影响。这种相互影响过程往往要同时涉及传热、传质，因而反应过程十分复杂。

许多氧化物在有 CO 存在，甚至是纯 CO 中也不能还原，如铁矿石还原过程中形成的 Fe_2SiO_4，但在有碳参加反应时，还原过程却能够进行。这就是铁碳混合物的金属化率理论上可以达到 100% 的主要原因。这样就有了其他直接还原过程不可能发生的反应：

$$2FeO(s) + 2C(石) \Longrightarrow 2Fe(s) + 2CO$$

$$\Delta G_1^{\ominus} = 299200 - 300.72T \quad J/mol \tag{3-26}$$

$$2FeO(s) + SiO_2(s) \Longrightarrow Fe_2SiO_4(s)$$

$$\Delta G_2^{\ominus} = -36200 + 21.09T \quad J/mol \tag{3-27}$$

反应（3-28）可由反应（3-26）和反应（3-27）合成：

$$Fe_2SiO_4 + 2C(石) \Longrightarrow 2Fe + SiO_2 + 2CO$$

$$\Delta G_3^{\ominus} = 335400 - 321.81T \quad J/mol \tag{3-28}$$

事实上，由于煤的挥发分可以产生少量的 H_2，从而进一步促进了铁矿粉的还原过程。相关实验结果表明[22]，还原气氛中无 H_2 时，金属铁仅以小粒和蠕虫状分布在浮氏体的周边，浮氏体大量存在；有 H_2 存在时，金属铁在浮氏体外已普遍形成包边结构，并出现小范围金属铁连晶结构。这说明在有 H_2 参与还原时，金属还原速度加快，结构收缩，并有连晶长大。

B　高磷铁矿含磷脉石的还原

磷在地壳中以磷酸盐的形式存在，一般铁矿石中的磷常以磷灰石的形态存在，湖北松木坪的高磷鲕状赤铁矿的脉石包括胶磷矿（$Ca_3P_2O_8 \cdot H_2O$）、磷灰石、石英等，其中磷灰石是由磷酸钙（$3CaO \cdot P_2O_5$）、CaF_2、$CaCl_2$ 及 $Ca(OH)_2$ 等形成的复盐。

由 $CaO\text{-}SiO_2$ 二元相图可知，铁碳混合物的渣相碱度不同，磷灰石还原后生成的产物也是不同的[23]。当碱度在 0.8 左右时，生成稳定化合物偏硅酸钙（$CaO \cdot SiO_2$）；当碱度在 1.4 左右时，生成不稳定化合物二硅酸三钙（$3CaO \cdot 2SiO_2$），该种物质在 1475℃ 分解成 $CaO \cdot SiO_2$ 和 $2CaO \cdot SiO_2$；当碱度在 2.0 以上时，生成稳定化合物正硅酸钙（$2CaO \cdot SiO_2$）。分别估算磷灰石开始被还原的温度[24]：

（1）碱度较低时（$R < 0.8$ 时），还原产物是偏硅酸钙（$CaO \cdot SiO_2$），磷灰石还原反应方程式如下：

$$Ca_3(PO_4)_2 + 3SiO_2 + 5C = 3(CaO \cdot SiO_2) + 5CO + P_2 \qquad (3\text{-}29)$$

式（3-29）的 $\Delta G^{\ominus}$ 计算如下：

$$3CaO(s) + P_2 + 2.5O_2 = Ca_3(PO_4)_2$$
$$\Delta G^{\ominus}_{(1)} = -2313800 + 556.5T \quad J/mol \qquad (3\text{-}30)$$
$$CaO(s) + SiO_2 = CaO \cdot SiO_2(s)$$
$$\Delta G^{\ominus}_{(2)} = -92500 + 2.5T \quad J/mol \qquad (3\text{-}31)$$
$$C + 1/2O_2 = CO$$
$$\Delta G^{\ominus}_{(3)} = -114400 - 85.77T \quad J/mol \qquad (3\text{-}32)$$

式（3-31）×3 - 式（3-30）+ 式（3-32）× 5 可得：

$$Ca_3(PO_4)_2 + 3SiO_2 + 5C = 3(CaO \cdot SiO_2) + 5CO + P_2$$
$$\Delta G^{\ominus} = 3\Delta G^{\ominus}_{(2)} - \Delta G^{\ominus}_{(1)} + 5\Delta G^{\ominus}_{(3)} = 1464300 - 977.85T \quad J/mol \qquad (3\text{-}33)$$

令 $\Delta G^{\ominus} = 0$，则可以计算出此反应开始的温度：

$$T = 1464300/977.85 - 273.15 = 1224℃$$

（2）当碱度在 1.4 左右时，认为还原产物是二硅酸三钙（$3CaO \cdot 2SiO_2$），磷灰石还原反应方程式如下：

$$Ca_3(PO_4)_2 + 2SiO_2 + 5C = 3CaO \cdot 2SiO_2 + 5CO + P_2 \qquad (3\text{-}34)$$

式（3-34）的 $\Delta G^{\ominus}$ 计算如下：

$$3CaO(s) + 2SiO_2 = 3CaO \cdot 2SiO_2(s) \qquad (3\text{-}35)$$
$$\Delta G^{\ominus}_{(4)} = -236800 + 9.6T \quad J/mol$$

式（3-35）- 式（3-30）+ 式（3-31）×5 得：

$$Ca_3(PO_4)_2 + 2SiO_2 + 5C = 3CaO \cdot 2SiO_2 + 5CO + P_2$$
$$\Delta G^{\ominus} = \Delta G^{\ominus}_{(4)} - \Delta G^{\ominus}_{(1)} + 5\Delta G^{\ominus}_{(3)} = 1505000 - 975.75T \quad J/mol \qquad (3\text{-}36)$$

令 $\Delta G^{\ominus} = 0$，则可以计算出此反应开始的温度：$T = 1505000/975.75 - 273.15 = 1269℃$，但是该物质在高温下不稳定，当温度高于 1475℃ 分解成 $CaO \cdot SiO_2$ 和 $2CaO \cdot SiO_2$。

（3）高碱度（$R > 2.0$）情况下，认为还原产物是正硅酸钙（$2CaO \cdot SiO_2$），磷灰石还原反应方程式如下：

$$2Ca_3(PO_4)_2 + 3SiO_2 + 10C \xlongequal{\quad\quad} 3(2CaO \cdot SiO_2) + 10CO + 2P_2 \tag{3-37}$$

式（3-37）的 $\Delta G^{\ominus}$ 计算如下：

$$2CaO(s) + SiO_2 \xlongequal{\quad\quad} 2CaO \cdot SiO_2(s) \tag{3-38}$$

$$\Delta G^{\ominus}_{(5)} = -118800 - 11.3T \quad J/mol$$

式（3-38）×3 - 式（3-30）×2 + 式（3-32）×10 得：

$$2Ca_3(PO_4)_2 + 3SiO_2 + 10C \xlongequal{\quad\quad} 6(CaO \cdot SiO_2) + 10CO + 2P_2$$

$$\Delta G^{\ominus} = 3\Delta G^{\ominus}_{(5)} - 2\Delta G^{\ominus}_{(1)} + 10\Delta G^{\ominus}_{(3)} = 3127200 - 2004.6T \quad J/mol \tag{3-39}$$

令 $\Delta G^{\ominus} = 0$，则可以计算出此反应开始的温度

$$T = 3127200/2004.6 - 273.15 = 1287℃$$

（4）当 $0.8 < R < 1.4$ 时，产物为偏硅酸钙（$CaO \cdot SiO_2$）与二硅酸三钙（$3CaO \cdot 2SiO_2$）的固溶体；当碱度适中（$1.4 < R < 2.0$），产物为正硅酸钙（$2CaO \cdot SiO_2$）与二硅酸三钙（$3CaO \cdot 2SiO_2$）的固溶体；在超高碱度（$R > 2.0$）且温度大于1250℃时，会生成硅酸三钙（$3CaO \cdot SiO_2$）。

由于磷的还原反应均是吸热反应，升高温度有利于该反应向正方向进行，还原出的磷容易进入还原出的海绵铁即不利于高磷铁矿脱磷，所以本次实验还原温度均低于磷灰石还原温度。实验用松木坪的矿石自身碱度高达1.1，通过调整碱度，磷灰石还原产物主要为偏硅酸钙（$CaO \cdot SiO_2$）与二硅酸三钙（$3CaO \cdot 2SiO_2$）的固溶体和正硅酸钙（$2CaO \cdot SiO_2$）与二硅酸三钙（$3CaO \cdot 2SiO_2$）的固溶体。

3.2.3.2　高磷铁矿主要成分的晶体结构

A　晶体缺陷的基础理论

晶体中的缺陷分为两大类：宏观缺陷和微观缺陷。宏观缺陷常处于不平衡态中，经长期退火，可以消除，对晶体热力学性质影响不大。微观缺陷是原子尺寸的缺陷，又称为点缺陷，如空位、间隙原子和错位原子、外来原子和自由电子等。虽然热力学并不涉及原子结构，但可把各种缺陷单元作为热力学体系的组分来看待，用化学反应一样的平衡常数来表示它们的浓度和热力学参数间的关系[25]。根据缺陷作用范围把真实晶体的缺陷分为三类[26]：

（1）点缺陷。点缺陷是只涉及大约一个原子大小范围的晶格缺陷，包括晶格位置上缺失正常应有的质点而造成的空位；由于额外的质点充填晶格空隙而产生的填隙；由杂质成分的质点替代了晶格中固有成分质点的位置而引起的替位等，如图3-18所示。点缺陷按形成原因不同分三类：热缺陷、组成缺陷和电荷缺陷。晶体热缺陷的存在对晶体性质及一系列物理化学过程如导电、扩散、固相反应和烧结等产生重要影响。组成缺陷是一种杂质缺陷，在原晶体结构中进入了杂质原子，破坏了原子排列的周期性，杂质原子在晶体中占据两种位置填隙位和格点位。非金属固体具有价带、禁带和导带。由于热能作用或其他能量传递过程，价带中电子得到能量 E_g，而被激发入导带，这时在导带中存在一个电子，在价带留一孔穴，孔穴也可以导电；孔穴和电子分别带有正负电荷，形成一个附加电场，引起周期势场畸变，造成晶体不完整性称为电荷缺陷。晶体中存在的点缺陷，对晶体物理化学性质有很大的影响。

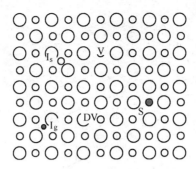

图 3-18 点缺陷的主要形式

V—空位；DV—双空位；I_s—自身质点填隙；I_g—杂质质点填隙；S—替位

（2）线缺陷。线缺陷是沿着晶格中某条线的周围，在大约几个原子间距的范围内出现的晶格缺陷。位错是其主要的表现形式。位错有两种基本类型：位错线与滑移方向垂直，称刃位错，也称棱位错；位错线与滑移方向平行，则称螺旋位错。刃位错恰似在滑移面一侧的晶格中额外多了半个插入的原子面，后者在位错线处终止，如图 3-19 所示。螺旋位错在相对滑移的两部分晶格间产生一个台阶，但此台阶到位错线处即告终止，整个面网并未完全错断，致使原来相互平行的一组面网连成了恰似由单个面网所构成的螺旋面，如图 3-20 所示。

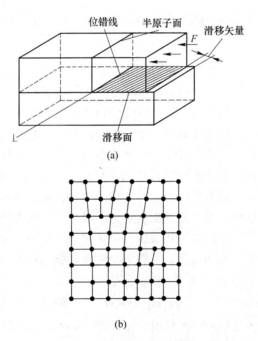

图 3-19 刃型位错和刃型位错截面的晶格结构

（a）刃型位错；（b）刃型位错截面的晶格结构

（3）面缺陷。面缺陷是沿着晶格内或晶粒间的某个面两侧大约几个原子间距范围内出现的晶格缺陷，主要包括堆垛层错以及晶体内和晶体间的各种界面，如小角晶界、畴界

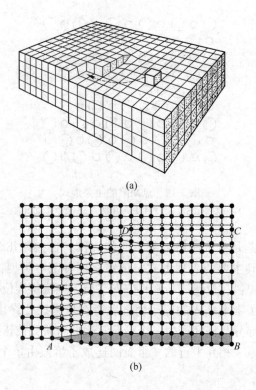

图 3-20　螺旋位错和螺旋位错滑移面的原子结构

（a）螺旋位错；（b）螺旋位错滑移面的原子结构

壁、双晶界面及晶粒间界等。其中的堆垛层错是指沿晶格内某一平面，质点发生错误堆垛的现象，如一系列平行的原子面，原来按 ABCABCABC… 的顺序成周期性重复地逐层堆垛；如果在某一层上违反了原来的顺序，如表现为 ABCABCAB｜ABCABC… 则在划线处就出现一个堆垛层错，该处的平面称为层错面。堆垛层错也可看成晶格沿层错面发生了相对滑移的结果。小角晶界是晶粒内两部分晶格间不严格平行、以微小角度的偏差相互拼接而形成的界面。它可以看成是由一系列位错平行排列而导致的结果。大角度晶界是在多晶体中，各晶面取向互不相同、交角较大的晶界。在这种晶界中，顶点排列接近无序状态，晶界处是缺陷位置，所以能量较高，可吸附外来质点。晶界是原子或离子扩散的快速通道，也是空位消除的地方，这种特殊作用对固相反应、烧结起重要作用；对高磷铁矿等多晶矿物的性能如蠕变、强度等力学性能和极化、损耗等介电性能影响较大。

B　高磷铁矿主要成分的晶体结构和缺陷

高磷赤铁矿中含铁矿物主要是 Fe_2O_3。Fe_2O_3 有两种晶型结构：$\alpha\text{-}Fe_2O_3$ 和 $\gamma\text{-}Fe_2O_3$。当气相的氧分压远小于氧化物的分解压时，$\alpha\text{-}Fe_2O_3$ 内的 O^{2-} 转变为 O_2 而溢出，于是形成带两个单位正电荷的空位缺陷，生成的电子在晶格中流动。$\gamma\text{-}Fe_2O_3$ 致密度较小，比 Fe_3O_4 内有更多的 $V_{Fe^{2+}}^{2-}$，属于尖晶石立方晶型。$\gamma\text{-}Fe_2O_3$ 是准稳态的氧化物，温度升高时可以转变成 $\alpha\text{-}Fe_2O_3$。

铁的氧化物有三种：Fe_2O_3、Fe_3O_4 和 FeO。碳热还原从 280℃ 左右开始，在温度 280～656℃ 范围内可将 Fe_2O_3 还原至 Fe_3O_4，在温度 656～710℃ 范围内可将 Fe_3O_4 还原至

FeO，只有温度高于 710℃，才能还原得到金属铁。Fe_3O_4 也是由氧过剩形成 Fe^{2+} 空位和电子空位（Fe^{3+}）的非化学计量化合物，其实际上是一种铁酸盐，即 $Fe^{2+} Fe^{3+}$（$Fe^{3+}O^{2+}$）。1 个 Fe_3O_4 晶胞由 8 个 Fe_xO 晶胞改建而成，两者的 O^{2-} 数目相同。但 1 个 Fe_3O_4 晶胞比 8 个 Fe_xO 约少 5 个 Fe^{2+}，因而由 Fe_xO 到 Fe_3O_4 的转变主要是 Fe_xO 从晶胞中除去部分 Fe^{2+}，并使部分 Fe^{2+} 转变成 Fe^{3+}。在 Fe_3O_4 中，由于 Fe^{2+} 与 Fe^{3+} 在八面体位置上基本是无序排列的，电子可在铁的两种氧化态间迅速发生转移，所以四氧化三铁晶体具有优良的导电性，在微波作用时，形成局部电场。

氧化亚铁属于立方晶系，每个铁原子周围连接着 6 个氧原子形成八面体型配位，每个氧原子周围也以同样的情况连接着 6 个铁原子。FeO 是氯化钠型立方晶格，单晶胞结构由 $4Fe^{2+}$ 和 $4O^{2-}$ 构成，当 $\pi_{O(O_2)} > \pi_{O(FeO)}$ 时，O_2 转变成 O^{2-} 进入晶格，其所需电子则来自晶格中 $2Fe^{2+}$ 转变成 $2Fe^{3+}$ 放出的电子，于是晶体中出现了两个单位的净正电荷，为了保持晶格的电中性，就有另一个 Fe^{2+} 离开节点向晶体表面移动与进入的 O^{2-} 结合成新的 $Fe^{2+}4O^{2-}$，于是形成了带两个单位负电荷的电荷缺陷 $V_{Fe^{2+}}^{2-}$。由于出现的 Fe^{3+} 比 Fe^{2+} 的半径小，因此在原 Fe^{2+} 周围存在较大的空位缺陷。这种以晶格中 O^{2-} 数保持不变，由于 Fe^{2+} 数减少，而表现出 O^{2-} 数相对过剩的形式称为维氏体。维氏体可以看成在 FeO 中溶解了百分之十几的 Fe_3O_4 的固溶体，具有 $Fe_{0.95}O$ 这样的组成。Fe^{2+} 与 O^{2-} 呈立体交叉配置，许多地方出现了 Fe^{2+} 的空位，形成电荷缺陷。Fe_2O_3 还原到 Fe_3O_4 和 FeO 时，发生晶格变化体积增大，使铁氧化物晶格产生热缺陷[27]。在微波场中，Fe^{2+} 离开节点不断产生空位和填充空位形成局部极化电场，增大了微波对铁氧离子的极化力。

高磷鲕状赤铁矿脉石矿物主要是含氯和氟的磷灰石和石英。矿石中的磷主要以氟磷灰石和氯磷灰石形式存在，该种磷灰石有一部分充填在鲕粒中间，也有相当部分是呈环状和赤铁矿形成间层。磷灰石是一系列磷酸盐矿物的总称，其形状为玻璃状晶体、块体或结核，颜色多种多样，一般多为带锥面尖头的六方柱形，其成分见表 3-11。

表 3-11 磷灰石化学成分（质量分数） （%）

成分	CaO	P_2O_5	F	Cl	H_2O
含量	54.58	41.36	1.23	2.27	0.56

磷灰石属于六方晶系，$a_0 = 0.943 \sim 0.938nm$、$c_0 = 0.688 \sim 0.686nm$、$Z = 2$。晶体结构的基本特点为，Ca—O 多面体呈三方柱状，棱和角顶相连呈不规则的链沿轴延伸，链间以 [PO_4] 联结，形成平行于轴的孔道，附加阴离子 Cl^-、F^-、OH^- 充填于此孔道中也排列成链，坐标高度可变，并有缺席的无序形成空位缺陷。F—Ca 配位八面体角顶的 Ca，也与其邻近的 4 个 [PO_4]$^{3-}$ 中的 6 个角顶上的 O^{2-} 相连。磷灰石结构中广泛存在着的类质同象替换，其中阴离子替换（F^-、OH^-、Cl^- 等）行为对磷灰石的晶格能有很大影响。

C 离子极化和晶格能

物质只有存在极性，才能在外加的高频电磁场下产生电磁损耗，才能被电磁波快速加热。实际晶体介质内部自由电荷在微波场作用下移动，可能被晶体中存在的缺陷（如晶格缺位、杂质中心、位错等）所捕获、堆积，造成电荷的局部积累，使电荷分布不均匀，从而引起极化。在微波作用下，原先混乱排布的正负自由电荷发生了趋向有规则的运动过程，导致正极附近聚集了较多的负电荷。空间电荷极化和离子极化是非均匀介质和存在缺陷的晶体介质所表现出的主要极化形式。

在微波作用下，离子晶体中正负离子产生相对位移（正离子沿电场方向移动，负离子逆电场方向移动），破坏了原先呈中性分布的状态，相当于将中性分子变成偶极子。离子激化就是离子在外电场中发生外层电子云的变形作用。在离子晶体中，可把晶格看成是由带相反电荷的阴阳离子堆砌构成的。微波场改变了电荷分布和离子相互极化的方向，导致离子间距离的增大和轨道的杂化，使化学键减弱，离子极化释放的相互作用能就成为整个键能即晶格能的一部分。

极化率是粒子在单位电场中被极化所产生的偶极矩，离子变形性可由离子极化率 α 来量度。离子的极化能力决定于晶格中离子对邻近离子作用的静电场强度。Cartledge 从离子价电数和离子半径的比值提出离子势 $\phi = \dfrac{z}{r}$ 来度量离子极化力，这个标度在解释惰气构型离子及其化合物性质方面有一定意义，但遇到非惰气构型离子就遇到很大困难[28]。有效电荷较好地反映了原子中电子间的相互作用和影响，故比较符合离子对其他离子外层电子云作用的真实情况。有效电荷 Z^* 可根据下式计算：

$$Z^* = Z - S \tag{3-40}$$

式中　Z——阳离子的核电荷数；

　　　S——离子中所有电子对外面假设的电子的屏蔽系数的总和。

Z^* 实质上是阳离子的原子核对离子外假设的电子作用的有效电荷。微波场使屏蔽系数 S 增大，有效电荷减少。以 Z^{*2}/r 作为离子极化力的标度则离子极化能与之也呈线性关系。离子的极化能可由下式计算：

$$U_{\text{p}} = \frac{1}{2}NB \frac{Z_+^{*2}e^2\alpha_+ + Z_-^{*2}e^2\alpha_-}{r_0^4} \tag{3-41}$$

式中　U_{p}——离子极化相互作用能，J；

　　　N——阿伏伽德罗常数；

　　　B——比例系数，经验值为 $1/4\pi$；

　　　r_0——相邻异号离子间的平衡距离即正、负离子半径之和，m；

　Z_+^*，Z_-^*——阳离子和阴离子的有效电荷；

　α_+，α_-——阳离子和阴离子的极化率。

E. Paschalis 量子力学表明[29]，阴离子对阳离子的作用一般只有阳离子对阴离子作用的十分之一左右，故式（3-40）可简化为：

$$U_{\text{p}} = \frac{1}{2}NB \frac{Z_+^{*2}e^2\alpha_+}{r_0^4} \tag{3-42}$$

由于高磷铁矿中铁氧化物晶格具有热缺陷、电荷缺陷、错位缺陷和面缺陷，晶格储能能力增大；微波的弛豫损耗使一部分微波能被晶格储存，使离子晶体本身的极化能降低。

晶格能又称点阵能，是指 1mol 离子晶体转化成相互无限远离的气态离子时内能的变化值，用符号 U 表示。晶格能是离子晶体中离子间结合力大小的一个量度。晶格能越大，表示离子晶体越稳定，破坏其晶体耗能越多，其本质上是离子间静电引力大小的量度。离子化合物的晶格能一般都比较大，这是由于离子间有强烈的静电引力之故。较大的晶格能意味着离子间结合紧密，这样的离子化合物其熔点和硬度必定很高。不同的离子晶体，有不同的马德隆常数值，从而有不同的晶格能数据。离子晶体的晶格能 U 是纯离子模型的晶格能 U_i 和离子极化相互作用能 U_p 的总和[30]，即：

$$U = U_i + U_p \tag{3-43}$$

对于二元型离子化合物的晶体

$$U_i = \frac{NMZ_+ Z_- e^2}{4\pi\varepsilon_0 r_0}\left(1 - \frac{1}{n}\right) \tag{3-44}$$

式中　N——阿伏伽德罗常数；

　　　M——马德隆常数；

Z_+，Z_-——分别是正、负离子的电荷数值；

　　　e——电子电量；

　　　ε_0——介电常数；

　　　n——玻恩指数，随离子的电子构型而变化；

　　　r_0——相邻异号离子间的平衡距离即正负离子半径之和，m。

由式（3-44）算出的值是比较精确的。但是，在式（3-44）中马德隆常数 M 随晶体的结构类型不同而有不同的值，但对于结构还不清楚，马德隆常数数值是无法确定的，因而必须寻求可以避免使用马德隆常数的计算公式。卡普斯钦斯基成功找到了一条经验规律：M 大约同 ν 成正比（$\nu = n^+ + n^-$，其中 n^+、n^- 分别是离子晶体化学式中正、负离子的数目），其比值 M/ν 约为0.8，ρ 取34.5。于是，晶格能计算公式变成了[31]：

$$U = 1.214 \times 10^5 \times \nu \times \frac{Z_+ Z_-}{r_0}(1 - 34.5/r_0) + \frac{1}{2}NB\frac{Z_+^{*2}e^2\alpha_+}{r_0^4} \tag{3-45}$$

经过假设简化，离子晶体晶格能计算公式变为：

$$U = 917.38\left[\frac{m(Z_+^* - Z_-^*)}{r_0} + 0.17(ZZ_1 - Z_1)\right] + 120 \tag{3-46}$$

当为过渡元素 MO 和 MX_2 时，式中 $0.17(ZZ_1 - Z_1) = 0$。由式（3-46）算出微波场中 FeO 的晶格能为 3874.44kJ/mol，比理论值（4048.2kJ/mol）减少 173.76kJ/mol。微波可以使离子晶体的晶格结构改变，使其晶格能减少，所以微波场中高磷铁矿碳热还原反应可以进行得更快、更彻底。

3.2.3.3　微波场中分子轨道理论和弛豫效应

A　分子轨道跃迁理论

根据玻恩–奥本海默[32]近似及其他一些近似条件，分子的能级可表示为电子能级和振动、转动等运动形式的能级之和，即：

$$\varepsilon_{n,\nu,J} = \varepsilon_n + \varepsilon_\nu + \varepsilon_J \tag{3-47}$$

式中　ε_n，ε_ν，ε_J——分别为分子的电子、振动和转动能级。

分子吸收或发射的能量不仅包括电子能级的跃迁，而且还伴随着振动和转动能量的跃迁。同样，振动能级的跃迁通常伴随着转动能级的跃迁。分子中原子核运动的薛定谔方程为：

$$-\sum \frac{H}{2m_n}\nabla_n^2\varphi + E(R)\varphi = \varepsilon\varphi \tag{3-48}$$

式中　m_n——核的质量；

　　$E(R)$——固定核的位置时电子能量；

　　　ε——分子总能量；

　　　n——主量子数；

　　　φ——分子的波函数；

　　　H——狄拉克常数，$H = h/(2\pi)$。

该方程描述了分子的振动和转动，由于分子处于不同的振动量子态时，其核间距不同，因而分子的振动和转动是耦合的。如果忽略振动与转动的耦合，双原子分子核的运动可分解为振动与转动之和，其能级可表示为：

$$\varepsilon_{v,J} = \left(v + \frac{1}{2}\right)hf + \frac{H^2}{2I}J(J+1) \tag{3-49}$$

式中　v——振子量子数；

　　　J——分子轨道角量子数；

　　　I——转动惯量。

当分子处于微波区时，其振动能级均发生跃迁。分子振动–转动跃迁所需的能量为：

$$\Delta\varepsilon = (v'' + v')hf + \frac{H^2}{2I''}J''(J''+1) - \frac{H^2}{2I'}J'(J'+1) \tag{3-50}$$

式中，$\Delta\varepsilon$ 为跃迁能量，微波电磁能可以作用于物质的分子轨道，提高分子轨道能量，降低分子轨道的活化能量，有利于含碳铁矿粉的还原。

根据分子轨道理论，CO 分子轨道有碳原子和氧原子的轨道遵循成键三原则（对称性一致原则、最大重叠原则和能量相近原则）线性组合而成，它的电子组态为：$1\sigma^2 2\sigma^2 3\sigma^2 4\sigma^2 1\pi^4 5\sigma^2$。CO 分子的键长为 112.9pm，而正常 C—O 单键键长为 143pm，正常的 C═O 双键键长为 121pm 左右。C—O 和 C═O 的键能分别为 358kJ/mol 和 738kJ/mol，而 CO 分子的键能为 (1071.9 ± 0.4) kJ/mol。CO 分子是以三重键结合起来的，是弱极性分子，在微波场中可被极化。CO 分子轨道的中心总是偏向某个原子，3σ、4σ、1π 主要由氧原子轨道构成，电荷密度偏向于 O；而最外层轨道 5σ 主要由碳原子轨道构成，偏向于 C。总的电荷密度偏离不大，分子偶极矩小（$\mu = 0.33 \times 10^{-30}$ C·m），而 C═O 的偶极矩很大（$\mu = 7.67 \times 10^{-30}$ C·m），CO 分子的负电荷中心偏向碳原子一端。CO 与金属原子或离子可形成端基配合物，这时主要是 CO 的 5σ 分子轨道的电子在起作用，所以表现为 C 端基配位，可表示为 M←C═O。

碳原子的电子组态为 $1s^2 2s^2 2p_z 2p_x$，氧原子的电子组态 $1s^2 2s^2 2p_z 2p_y^2 2p_x$，含 2 个未成对电子。这样，2 个原子的 $2p_z$ 电子沿 Z 轴配对形成一个 σ 键，2 个原子的 $2p_x$ 电子沿 Z 轴配对形成一个 π 键，因此，价键理论认为 CO 是以（$\sigma + \pi$）双键结合在一起的，但是与 CO 分子的键长、键能等比较，CO 分子应该存在三重键。双原子分子 CO 各分子轨道已失去了中心对称，即它们对于键轴中心的反演既不是对称的，也不是反对称的，而是非对称的，并且失去了成键和反键的明显区别。这是由于 CO 分子轨道的组合基函数类型不同、能量不同和数目不同而造成的。

在微波场中，由于 CO 分子轨道的非对称性和极化变形性，提高了分子轨道的能量，造成分子轨道的不稳定性，在一定温度下，容易电离吸附在 FeO 的表面进行化学反应。

B 微波对物质作用的弛豫效应

微波与物质相互作用的机理为空间自由电荷运动损耗、束缚电荷转向极化损耗和不均匀界面损耗等[33]。这些损耗机理与外场同步变化,可用 Maxwell 方程描述;另一部分与外场异步,称为慢效应[34]。慢效应是束缚电荷产生的,弛豫时间 τ 是秒数量级,它与物质的二、三级结构有关,不能用 Maxwell 方程描述。外场作用下物质慢效应呈现新的吸波特点。物质中单位体积的损耗为[35]:

$$P_d = \frac{1}{2}\left(E\frac{\partial D}{\partial t} - D\frac{\partial E}{\partial t}\right) + JE \tag{3-51}$$

式中　E——电场强度,N/C;

　　D——电位移矢量,C/m²;

　　J——电流密度,A/m²。

若物质为极性介质,弛豫特性为德拜型,束缚电荷随外场 $E\cos\omega t$ 同步变化,且 $\sigma = 0$,则

$$P_d = \frac{1}{2}\left(E\frac{\partial D}{\partial t} - D\frac{\partial E}{\partial t}\right) \tag{3-52}$$

因为 $D = \varepsilon_0 E + P$,$F_P(t) = \exp(-t/\tau)$,所以

$$P_d = \frac{1}{2}\omega\varepsilon''E^2 \tag{3-53}$$

式中,$\varepsilon'' = \dfrac{\omega\varepsilon_l\tau}{1+\omega^2\tau^2}$,极性介质的吸波机理为偶极子转向极化,摩擦生热。

若物质是慢效应介质,弛豫特性为非德拜型,束缚电荷跟不上外场 $E\cos\omega t$ 的变化,且 $\sigma = 0$,则 $F_P(t) = \exp(-\sqrt{t/\tau})$,同理可得:

$$P_d = \frac{1}{2}\omega\varepsilon''E^2 + \frac{E^2}{2}\left(\cos^2\omega t\frac{\partial\varepsilon'}{\partial t} + \cos\omega t\sin\omega t\frac{\partial\varepsilon''}{\partial t}\right) \tag{3-54}$$

当 $t \gg \tau$ 时,$\dfrac{\partial\varepsilon'}{\partial t}\to 0$,$\dfrac{\partial\varepsilon''}{\partial t}\to 0$,所以 $P_d = \dfrac{1}{2}\omega\varepsilon''E^2$,这表明微波与慢效应介质相互作用时,其瞬态吸波特性是时变的和非线性的。

若介质弛豫特性为非德拜型,$D(t) = \varepsilon'E\cos\omega t + j\varepsilon''E\sin\omega t$,此时介质的吸波特性完全不同于传统德拜型介质,介质损耗反比于 τ。若介质弛豫特性为德拜型(τ 为 10^{-10}s 数量级),$D(t) = \varepsilon'E\cos\omega t - j\varepsilon''E\sin\omega t$,介质损耗反比于 τ。对非德拜型弛豫,在 $0\sim\tau$ 期间内其吸波特性是时变的。

3.2.3.4　微波强化高磷铁矿提铁脱磷的热力学分析

高磷铁矿煤基碳热还原提铁脱磷主要是去除铁矿石中的杂质磷,提高铁的品位,其主要反应属于固-固反应:

$$Fe_xO_y(s) + C(s) \longrightarrow Fe_xO_{y-1}(s) + CO \tag{3-55}$$

标准状态物质的生成吉布斯自由能为 $\Delta_f G^{\ominus}_{Fe_xO_y理}$、$\Delta_f G^{\ominus}_{C理}$、$\Delta_f G^{\ominus}_{Fe_xO_{y-1}理}$ 和 $\Delta_f G^{\ominus}_{CO理}$,反应(3-55)的吉布斯自由能:

$$\Delta_r G^{\ominus}_{理} = \Delta_f G^{\ominus}_{Fe_xO_{y-1}理} + \Delta_f G^{\ominus}_{CO理} - \Delta_f G^{\ominus}_{C理} - \Delta_f G^{\ominus}_{Fe_xO_y理} \tag{3-56}$$

微波作用使 α-Fe₂O₃ 三方晶胞收缩或膨胀变形产生空隙和裂纹,形成点缺陷和面缺

陷。Fe_2O_3 还原到 Fe_3O_4 和 FeO 时，发生晶格变化体积增大，使铁氧化物晶格产生热缺陷。在 Fe_3O_4 中，Fe^{2+} 与 Fe^{3+} 在八面体位置上基本是无序排列的，电子可在铁的两种氧化态间迅速发生转移，在外加电场作用时，可形成局部晶体电场和电荷缺陷。在维氏体中，Fe^{2+} 与 O^{2-} 呈立体交叉配置，许多地方出现了 Fe^{2+} 的空位，形成电荷缺陷。为了保持电中性，每一个空位周围有两个 Fe^{3+} 存在，因此在维氏体中，铁离子比氧离子容易移动形成错位离子。

由于高磷铁矿含铁氧化物的晶格缺陷，储存微波能量的能力增大。由于微波与物质作用的弛豫效应，一方面微波能转变为热能使体系温度升高；另一方面微波能被晶格储藏起来，充当物质的晶格能，使反应物晶格活化。反应物的生成吉布斯自由能在绝对值上应大于传统加热时理想晶体的生成吉布斯自由能。赤铁矿和煤粉增加的吉布斯自由能 $\Delta_f G^{\ominus}_{Fe_xO_y活}$、$\Delta_f G^{\ominus}_{C活}$ 均应大于零，则：

$$\Delta_f G^{\ominus}_{Fe_xO_y微} = \Delta_f G^{\ominus}_{Fe_xO_y理} + \Delta_f G^{\ominus}_{Fe_xO_y活} \tag{3-57}$$

$$\Delta_f G^{\ominus}_{C微} = \Delta_f G^{\ominus}_{C理} + \Delta_f G^{\ominus}_{C活} \tag{3-58}$$

反应（3-55）的吉布斯自由能 $\Delta_r G^{\ominus}_{微}$ 为：

$$\Delta_r G^{\ominus}_{微} = \Delta_f G^{\ominus}_{Fe_xO_{y-1}理} + \Delta_f G^{\ominus}_{CO理} - (\Delta_f G^{\ominus}_{Fe_xO_y理} + \Delta_f G^{\ominus}_{Fe_xO_y活}) - (\Delta_f G^{\ominus}_{C理} + \Delta_f G^{\ominus}_{C活})$$

$$= \Delta_r G^{\ominus}_{理} - (\Delta_f G^{\ominus}_{Fe_xO_y活} + \Delta_f G^{\ominus}_{C活}) \tag{3-59}$$

由式（3-59）可知：无微波作用时，$\Delta_f G^{\ominus}_{Fe_xO_y活} + \Delta_f G^{\ominus}_{C活} = 0$，反应（3-55）能否进行取决于 $\Delta_r G^{\ominus}_{理}$；微波作用时，反应（3-56）能否进行不仅取决于 $\Delta_r G^{\ominus}_{理}$，还取决于 $\Delta_f G^{\ominus}_{Fe_xO_y活} + \Delta_f G^{\ominus}_{C活}$。由于 $\Delta_f G^{\ominus}_{Fe_xO_y活} + \Delta_f G^{\ominus}_{C活} > 0$，所以当 $\Delta_r G^{\ominus}_{理} = 0$ 时，表明微波可使在传统加热时已处于化学平衡的铁氧化物碳热还原反应活化，反应继续自发进行；当 $\Delta_r G^{\ominus}_{理} > 0$ 且 $\Delta_f G^{\ominus}_{Fe_xO_y活} + \Delta_f G^{\ominus}_{C活} > \Delta_r G^{\ominus}_{理}$ 时，表明经典热力学认为不可能进行的反应，在微波场中反应可能自发进行。

3.2.3.5　微波强化高磷铁矿提铁脱磷的动力学分析

A　动力学基础理论分析

分子一旦获得能量而跃迁，则会成为一种亚稳态状态。此时分子状态极为活跃，分子内部旧键的断裂、新键的形成更为激烈，分子之间的碰撞频率和有效碰撞频率均增加，从而大大促进了反应的进行。化学反应的过程从微观来看有两种类型：孤立的带电粒子、基团带电粒子。对于孤立的带电粒子，它们在电磁场作用下的宏观统计动力学方程为：

$$M \frac{dU}{dt} = qE + q(U \times B) - \frac{M}{\tau} U \tag{3-60}$$

式中　M——平均摩尔质量；

　　　U——离子的运动速度矢量；

　　　E——电场强度；

　　　B——磁感应强度；

　　　q——离子的电荷；

　　　τ——离子与其他原子碰撞的平均弛豫时间。

反应过程中的带电粒子或极化分子受电磁场作用，即电场力做功，导致动能增加。微波场将同时改变 E_a 和 E_1，而对反应起作用的是它们差值的变化，即：

$$E_a - E_1 = \Delta E_q \tag{3-61}$$

式中 E_1——反应物分子的平均能量；

E_a——活化分子具有的最低能量；

ΔE_q——活化能增量。

若 $\Delta E_q > 0$，微波使活化能增加，反应被抑制；若 $\Delta E_q < 0$，微波使活化能减少，反应被促进；若 $\Delta E_q = 0$，活化能不受影响，微波对反应不起作用。

因为化学反应的活化状态是一个极为短暂的过程，带电粒子的动能还来不及被微波场改变，活化状态就结束了。因此在外界电磁场作用下，多数反应的 $E_a = 0$，此时化学反应的活化能增量为：$\Delta E_q = -E_1$，可看出恒为负值，即反应活化能减少[57]。设传统加热时反应活化能为 $E_{a传统}$，微波加热时反应活化能为 $E_{a微}$，则 $E_{a微} < E_{a传统}$。根据 Arrhenius 方程，传统加热与微波加热碳热还原反应速率常数分别为：

$$k_{传统} = k_{0传统}\exp[-E_{a传统}/(RT)] \tag{3-62}$$

$$k_{微} = k_{0微}\exp[-E_{a微}/(RT)] \tag{3-63}$$

忽略传统加热和微波加热碳热还原反应指前因子 k_0 的变化，即 $k_{0传统} \approx k_{0微}$，

$$k_{微} = k_{传统}\exp\left(\frac{E_{a传统} - E_{a微}}{RT}\right) \tag{3-64}$$

因为 $\exp\left(\dfrac{E_{a传统} - E_{a微}}{RT}\right) > 1$，所以 $k_{微} > k_{传统}$。

如果用活化能 E_a 的变化率来描述活化能对速率常数 k 的影响，可由 Arrhenius 方程推导出下式：

$$\frac{dk}{k} = \frac{E_a}{RT}\left(-\frac{dE_a}{E_a}\right) \tag{3-65}$$

上式表明，在恒温条件下，速率常数增加的相对值和活化能降低的相对值呈线性关系，其斜率为 $\dfrac{E_a}{RT}$。E_a 越大，由于活化能的降低而引起速率常数增加的数值就越大。

B 动力学参数计算

在热分析法研究不定温条件下的非均相反应时，基本上沿用了定温均相反应的动力学方程，只是做了一些调整以适应新体系的需要。描述定温条件下均相反应的动力学方程为：

$$\frac{dc}{dt} = k(T)f(c) \tag{3-66}$$

式中 c——产物的浓度；

t——时间；

$k(T)$——速率常数与温度的关系式；

$f(c)$——反应机理函数，在均相反应中一般都用 $f(c) = (1-c)^n$ 的反应级数来表示反应机理。

用热分析法研究不等温条件下的非均相反应时做了如下调整：

（1）在均相体系中的浓度（c）概念在非均相体系中已不再适用，用转化百分率 α 来代替，表示在非均相体系中反应进展的程度。本书中 $\alpha(90)$ 表示还原度，其定义如下式：

$$\alpha = \frac{\Delta W_0}{M_0} \times 100 \tag{3-67}$$

式中　ΔW_0——从铁氧化物中去掉的氧量，g；

　　　　M_0——铁氧化物中的总氧量，g。

（2）等温均相反应的动力学方程进行转化，即：

$$\mathrm{d}\alpha/\mathrm{d}t = k(T)f(c) \overset{c \to \alpha}{\underset{\beta = \mathrm{d}T/\mathrm{d}t}{}} \mathrm{d}\alpha/\mathrm{d}t = (1/\beta)k(T)f(\alpha) \tag{3-68}$$

式中　t，T——分别为时间和温度；

　　　　β——升温速率；

　　　　α——还原度，是表示非均相体系中反应进展程度的量；

　　　　$f(\alpha)$——动力学模式函数；

　　　　k——Arrhenius 速率常数，与温度 T 的关系通常用 Arrhenius 公式表示：

$$k = A\exp[-E/(RT)] \tag{3-69}$$

　　　　A——指前因子；

　　　　E——活化能；

　　　　R——气体常量。

动力学研究的任务就是设法获得式（3-69）中表征某个反应过程的“动力学三因子” E、A 和 $f(\alpha)$。

将式（3-69）代入式（3-68），可分别得到非均相体系在定温与非定温条件下的两个常用动力学方程式：

$$\mathrm{d}\alpha/\mathrm{d}t = A\exp[-E/(RT)]f(\alpha) \quad （定温） \tag{3-70}$$

$$\mathrm{d}\alpha/\mathrm{d}T = (A/\beta)\exp[-E/(RT)]f(\alpha) \quad （非定温） \tag{3-71}$$

动力学模式函数表示了固体物质反应速率与 α 之间所遵循的某种函数关系，它的积分形式如下：

$$G(\alpha) = \int_0^\alpha \mathrm{d}\alpha/f(\alpha) = \int_0^t A\exp\left(-\frac{E}{RT}\right)\mathrm{d}t = kt \tag{3-72}$$

在等温法中，对于简单反应来讲，通常 $k(T)$ 是一常数，所以它与 $f(\alpha)$ 或 $G(\alpha)$ 是可以分离的。采取将实验数据与动力学模式相配合的模式配合法，通过两步配合来求得动力学三因子：

（1）在一条等温的 $\alpha - t$ 曲线上选取一组 α、t 值代入用来尝试的 $G(\alpha)$ 式中，则 $G(\alpha) - t$ 图为一直线，斜率为 k，选取能令直线线性最佳的 $G(\alpha)$ 为合适的机理函数。

（2）再用同样的方法在一组不同温度下测得的等温 $G(\alpha) - t$ 曲线上得到一组 k 值，由 $\ln k = -\ln E/(RT) + \ln A$ 可知，作 $\ln k - 1/T$ 图可获一条直线，由其斜率和截距分别可获 E 和 A 值。表 3-12 列出了常用的一些机理函数的 $f(\alpha)$ 及其相应的 $G(\alpha)$ 形式。

表 3-12　常用固态动力学模式函数

反 应 机 理	$f(\alpha)$	$G(\alpha)$
化学反应级数 $n = 1/4$	$4(1-\alpha)^{3/4}$	$1 - (1-\alpha)^{1/4}$
界面反应收缩圆柱体	$2(1-\alpha)^{1/2}$	$1 - (1-\alpha)^{1/2}$

续表 3-12

反 应 机 理	$f(\alpha)$	$G(\alpha)$
相界面反应收缩球体	$3(1-\alpha)^{2/3}$	$1-(1-\alpha)^{1/3}$
单步随即成核与生长	$1-\alpha$	$-\ln(1-\alpha)$
球形对称的三维扩散	$3/2(1-\alpha)^{2/3}[1-(1-\alpha)^{1/3}]^{-1}$	$[1-(1-\alpha)^{1/3}]^2$

1）依次对上面的机理函数进行计算，得出各自的 $G(\alpha)-t$ 曲线，通过线性分析得出各自机理函数在不同温度下的 k 值。

2）然后用同样的方法在一组不同温度下测得的等温 $G(\alpha)-t$ 曲线上得到一组 k 值，由 $\ln k = -\ln E/(RT) + \ln A$ 可知，作 $\ln k - 1/T$ 图可获一条直线，由其斜率和截距分别可获 E 和 A 值。微波作用时，机理函数 $1-(1-\alpha)^{1/3}$ 下的 $\ln k - 1/T$ 的线性拟合最好，如图 3-21 所示。微波作用条件下的线性方程为 $y = -8910.56x + 1.7249$，由 $\ln k = -\ln E/(RT) + \ln A$ 可以算出其活化能为 74.08kJ/mol。普通加热条件和微波作用条件下的表观活化能分别列于表 3-13 中。

表 3-13 不同加热方式下表观活化能的比较 （kJ/mol）

处理方式	普通加热条件	微波作用条件下
活化能	96.4	74.08

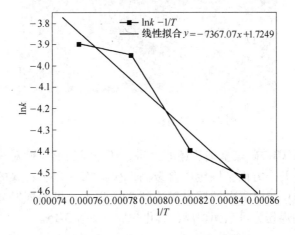

图 3-21 微波作用下机理函数 $1-(1-\alpha)^{1/3}$ 的 $\ln k - 1/T$ 拟合分析

利用微波外场对反应物进行加热的过程中，高磷铁矿粉颗粒与煤粉颗粒不仅参与化学反应，同时还要快速发热成为内部热源，满足还原反应过程所需的热量，因此自还原过程不但与物料内部的物质传质有关，也与矿煤颗粒以及产物的介电性质有关，这种在微波加热场中进行的自还原过程可以称为体还原。体还原可以加速固-固相自还原的进程，减弱矿-煤颗粒界面间传热和传质的阻力，加快 CO 气体在铁矿粉颗粒内部的扩散和固相离子扩散，从而大幅加快界面化学反应的速率。微波可降低高磷铁矿碳热还原反应的活化能，在宏观上表现为对碳热还原反应的促进作用。

3.2.4　微波碳热还原高磷铁矿的实验研究

3.2.4.1　实验原料

高磷鲕状赤铁矿取自湖北省宜都市松木坪采矿场，其化学成分见表3-14。高磷鲕状赤铁矿中的磷主要以氟磷灰石和氯磷灰石形态存在；浸染于铁氧化物颗粒的边缘，嵌布于石英或碳酸盐矿物中，少量赋存于铁矿物的晶格中。磷灰石晶体主要呈柱状、针状、集晶或散粒状嵌布于铁矿物及脉石矿物中，粒度较小难以选冶，其矿相结构如图3-22所示。活性石灰取自鞍钢烧结厂，其化学成分见表3-14。

表3-14　高磷铁矿和活性石灰化学成分　　　　　　　　　　（%）

成分	Fe	FeO	CaO	SiO$_2$	MgO	P	S	Zn	Cu
矿石	46.5	5.6	8.75	8.22	1.6	0.98	0.03	0.5	0.7
活性石灰	—	—	75.64	2.46	2.95	—	—	—	—

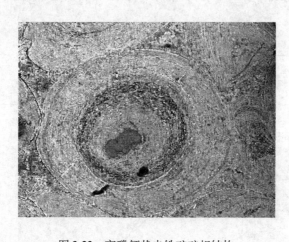

图3-22　高磷鲕状赤铁矿矿相结构

对微波作用下高磷铁矿煤基碳热还原来讲，还原煤的反应性对其影响很大。还原煤的反应活性包括以下几个方面：固定碳含量高，应在75%以上；煤的反应性良好，在正常的还原温度下，CO$_2$与固定碳的反应率达到98%以上；煤的挥发分含量适中；煤的灰分含量低。本实验用煤粉为丹东无烟煤，其化学成分见表3-15。

表3-15　丹东无烟煤工业分析　　　　　　　　　　（%）

FC_{ad}	A_{ad}	V_{ad}	M_{ad}
79.44	12.05	8.44	1.28

3.2.4.2　还原反应的影响因素分析

影响微波作用下高磷铁矿碳热还原—磁选脱磷工艺收铁率和脱磷率的主要因素有还原温度、微波功率、碳氧摩尔比、还原时间、渣相碱度、矿物粒度。还原温度提高使煤的反应活性提高，碳的气化反应速度加快，故还原产品的还原度升高，但高温有利于磷灰石的还原，为尽可能避免磷灰石还原，实验温度不宜过高；适当提高配碳量有利于加快高磷铁矿碳热还原过程，但高的配碳量有利于磷灰石的还原，因此不利于脱磷，所以本次实验配碳量不宜过高；随还原时间的延长，产品的还原度逐步升高，但当还原度升高到一定程度以后，随时间的延长还原度的升高是非常有限的，因而还原时间不宜过长；由磷灰石的还原方程式可知，高碱度有利于阻碍磷灰石的还原。矿物原料的最佳粒度应当是：粒度上限在还原后颗粒的核心能在一定时间内被还原为原则，粒度下限应保证料层内具有良好的透气性。

正交设计和均匀设计是目前最常用的两种实验设计方法，它们各有所长，相互补充。正交设计具有正交性，它可以估计出因素的主效应，也能估计出它们的交互效应。均匀设计是非正交设计，它不能估计出方差分析模型中的主效应和交互效应，但是它可以估计出回归模型中因素的主效应和交互效应。正交设计用于水平数不高的实验，因为它的实验数至少为水平数的平方。均匀设计适合于多因素多水平实验。正交设计的数据分析程式简单，"直观分析"可以给出实验指标随每个因素水平的变化规律。均匀设计的数据要用回归分析来处理，有时需要用逐步回归等筛选变量，必须使用电脑和应用软件。

通过了解两种设计的不同侧重点和各自的优劣势，本实验综合运用正交设计和均匀设计来考查碳氧摩尔比、还原温度、还原时间、渣相碱度和微波功率对高磷铁矿碳热还原的影响规律，进而确定微波作用高磷铁矿提铁脱磷的最佳工艺参数。

考虑到实验室具体条件，高磷铁矿碳热还原实验分两部分进行：

（1）用立式微波炉考查微波功率、炉渣碱度、碳氧摩尔比、还原时间对高磷铁矿碳热还原的影响。该实验采用均匀设计，实验方案见表3-16。

表 3-16 均匀设计 $U_6(6^4)$ 实验方案

实验编号	影 响 因 素			
	碳氧比	时间/min	渣相碱度	功率/kW
1	0.8	12.0	1.3	9.0
2	0.9	20.0	1.6	7.5
3	1.0	28.0	1.2	6.0
4	1.2	8.0	1.5	4.5
5	1.3	16.0	1.1	3.0
6	1.4	24.0	1.4	1.5

（2）考查还原温度、炉渣碱度、碳氧摩尔比、还原时间对高磷铁矿碳热还原的影响。该实验采用正交设计，实验方案见表3-17。

表 3-17 正交设计 $L_{16}(4^5)$ 实验方案

实验编号	影 响 因 素				
	碳氧摩尔比	温度/℃	时间/min	碱度	粒度/mm
1	0.8	900	12	1.1	<0.074
2	0.8	950	16	1.2	0.074～0.160
3	0.8	1000	20	1.4	0.160～1.000
4	0.8	1050	24	1.6	1.000～2.000

实验编号	影 响 因 素				
	碳氧摩尔比	温度/℃	时间/min	碱度	粒度/mm
5	1.0	900	16	1.4	1.000 ~ 2.000
6	1.0	950	12	1.6	0.160 ~ 1.000
7	1.0	1000	24	1.1	0.074 ~ 0.160
8	1.0	1050	20	1.2	< 0.074
9	1.2	900	20	1.6	0.074 ~ 0.160
10	1.2	950	24	1.4	< 0.074
11	1.2	1000	12	1.2	1.000 ~ 2.000
12	1.2	1050	16	1.1	0.160 ~ 1.000
13	1.4	900	24	1.2	0.160 ~ 1.000
14	1.4	950	20	1.1	1.000 ~ 2.000
15	1.4	1000	16	1.6	< 0.074
16	1.4	1050	12	1.4	0.074 ~ 0.160

3.2.4.3 配料计算与磁选实验

A 配料计算

a 配料参数

混合配料的主要参数有:

(1) 配碳比 (C/O), 即物料中碳和铁氧化物中氧的摩尔数之比;

(2) 渣相碱度 (R), $R = CaO/SiO_2$。

b 配碳比和渣相碱度的范围

$C/O = 0.7 \sim 1.4$, $R = 1.1 \sim 1.6$。

c 配料计算

按 100g 干燥铁矿粉量进行计算:

(1) 计算 FeO 内的铁量 M_1:

$$M_1 = M_{FeO} \times 56/72 \tag{3-73}$$

(2) 计算 Fe_2O_3 内的铁量 M_2:

$$M_2 = M_{TFe} - M_1 = M_{TFe} - M_{FeO} \times 56/72 \tag{3-74}$$

(3) Fe_2O_3 重量 M_3:

$$M_3 = M_2 \times 160/112 = (M_{TFe} - M_{FeO} \times 56/72) \times 160/112 \tag{3-75}$$

(4) FeO 内的氧量 M_{O1}:

$$M_{O1} = M_{FeO} \times 16/72 \tag{3-76}$$

(5) Fe_2O_3 内的氧量 M_{O2}:

$$M_{O2} = M_3 \times 48/160 = (M_{TFe} - M_{FeO} \times 56/72) \times 48/112 \tag{3-77}$$

(6) 总氧量 M_O:

$$M_O = M_{O1} + M_{O2} = M_{FeO} \times 16/72 + (M_{TFe} - M_{FeO} \times 56/72) \times 48/112 \tag{3-78}$$

(7) 氧全部生成一氧化碳所需还原剂的固定碳量 Q_c:

$$Q_c = M_O \times 12/16 = 9/28 M_{TFe} - 1/12\, M_{FeO} \tag{3-79}$$

（8）实验只考虑固定碳（M_c）参与还原反应，则需配入还原剂用量 Q：

$$Q = Q_c/M_c = (9/28 M_{TFe} - 1/12\, M_{FeO})/M_c \tag{3-80}$$

所以，还原100g高磷铁矿所需煤量为：$[(9/28 M_{TFe} - 1/12 M_{FeO})/M_c] \times$ 内配碳比。内配碳比 C/O = 1.0，表示矿粉中氧化铁全部被直接还原成金属铁时所消耗的固定碳量。

B　磁选实验

本实验主要使用磁选管与磁选柱进行磁选实验。首先，将还原得到的海绵铁块进行破碎，破碎粒度为 0.074 ~ 0.160mm 之间。磨碎是本实验的重要环节，如果磨碎粒度不够细，则铁颗粒与富含磷的渣（或脉石）还没有分离，将会严重影响最终的脱磷率；但是，若磨碎粒度过细（即过磨），在磁选的过程中仍将有大量的脉石连同铁粉一同被选出，同样会影响最终的脱磷率。因此，磨碎粒度对最终的脱磷效果至关重要。然后，将样品放入磁选管与磁选柱中进行磁选。将磁选后的铁精矿粉进行化验，分析其中的磷含量。最后根据实验数据得出提铁脱磷的最佳参数。

磁选实验的操作过程：取代表性矿样20g放入小烧杯加水润湿待用，先打开给水管向玻璃管内充水，当水面超过磁极头时调节给水量和玻璃管下端胶管的排水量，使水面保持动态平衡，稳定在机头上方约10mm处。此时合上开关，使玻璃管摇摆，同时按要求给入激磁电流，在玻璃管排料端放置尾矿桶，然后开始给矿，用耳球将烧杯中的矿浆徐徐冲入磁选管。给矿完毕后，磁选管继续工作 3 ~ 5min，待管内水不再浑浊时，关闭加水管，排出管内的水。再扼住排矿胶管，打开给水管向管内充满水，关闭给水管，排出管内水。如此重复 2 ~ 3 遍，至尾矿冲净为止。把尾矿桶移走，换上精矿桶，断磁并打开加水管将精矿冲洗干净，选别结束。如此重复磁选几次，然后将精、尾矿分别脱水烘干称重，取化验样送化验室化验，最后进行计算。

3.2.5　微波作用高磷铁矿碳热还原提铁实验的研究

本实验所涉及高磷铁矿的转化率用还原度和收铁率表示。还原度指铁氧化物还原后失去氧的量与铁氧化物中最大理论失氧量的比，其计算方法如式（3-81）所示。收铁率是指从还原产物中磁选出来的铁与反应前混合料中的铁的质量比，其计算方法如式（3-82）所示。

$$R = \frac{\Delta W_\Sigma - \Delta W_C - \Delta W_V - \Delta W_w}{M_0} \times 100 = \frac{4}{7M_0}(\Delta W_\Sigma - f_{A-P}W) \times 100 \tag{3-81}$$

式中　R——还原度，%；

　ΔW_Σ——总的失重量，g；

　ΔW_C——总的失碳量，g；

　ΔW_V——析出的挥发分量，g；

　ΔW_w——析出的水分量，g；

　M_0——铁氧化物中的含氧量，g；

　f_{A-P}——氧化铝、煤混合物的失重百分数，%；

　W——高磷铁矿粉、煤、活性石灰混合物的原始量，g。

$$\eta_1 = \frac{M_2 \times TFe_{后}}{M_1 \times TFe_{前}}$$

$\hspace{12cm}$ (3-82)

式中　η_1——收铁率,%;

　　　M_1——反应前混合料的质量,g;

　　　M_2——反应后选出的铁粉质量,g;

　　　$TFe_{后}$——反应后选出的铁粉全铁量,%;

　　　$TFe_{前}$——反应前混合料的全铁量,%。

　　根据本研究的理论和方法,影响铁的还原度和收铁率的主要工艺因素包括还原温度、微波功率、碳氧摩尔比、混合料碱度、还原时间和矿石粒度,另外,在对还原产物进行磁选操作过程中,磨矿粒度和磁场强度对铁的收得率影响也比较大。正交设计的数据分析程式简单,"直观分析"可以给出实验指标 y 随每个因素水平变化的规律。均匀设计的数据要用回归分析来处理,有时需用逐步回归等筛选变量的技巧。本实验综合运用正交设计和均匀设计来考查碳氧摩尔比、还原温度、微波功率、还原时间、渣相碱度,铁矿粒度对高磷铁矿粉碳热还原的还原度和最终收铁率的影响,进而确定最佳工艺参数。

3.2.5.1　提铁正交实验结果与直观分析

A　正交实验结果

　　本实验在 KH-6HMOA 工业微波炉加热条件下,测出高磷铁矿在不同条件下的还原度和收铁率,见表3-18。

表3-18　正交实验结果

碳氧摩尔比	温度/℃	时间/min	碱度	粒度/mm	收铁率/%	还原度/%
0.8	900	12	1.1	<0.074	44.9	37.9
0.8	950	16	1.2	0.074~0.160	54.3	61.7
0.8	1000	20	1.4	0.160~1.000	83.1	84.8
0.8	1050	24	1.6	1.000~2.000	84.6	83.7
1.0	900	16	1.4	1.000~2.000	66.1	41.8
1.0	950	12	1.6	0.160~1.000	72.4	64.4
1.0	1000	24	1.1	0.074~0.160	86.9	89.8
1.0	1050	20	1.2	<0.074	85.8	87.3
1.2	900	20	1.6	0.074~0.160	67.9	62.3
1.2	950	24	1.4	<0.074	64.1	75.5
1.2	1000	12	1.2	1.000~2.000	79.7	76.5
1.2	1050	16	1.1	0.160~1.000	84.3	82.7
1.4	900	24	1.2	0.160~1.000	69.8	67.9
1.4	950	20	1.1	1.000~2.000	66.8	65.6
1.4	1000	16	1.6	<0.074	79.2	77.4
1.4	1050	12	1.4	0.074~0.160	87.4	82.1

　　在16次实验中,第7号实验的还原度最高,其还原度和收铁率分别为89.8%、

86.9%，相应的水平组合（C/O = 1.0，温度1000℃，时间24min，碱度1.1，粒度0.074 ~ 0.160mm）；第16号实验的收铁率最高，其还原度和收铁率分别为82.1%、87.4%，相应的水平组合（C/O = 1.4，温度1050℃，时间12min，碱度1.4，粒度0.074 ~ 0.160mm）。下面通过直观分析，找到更优的水平搭配。

B 直观分析

在 C/O = 0.8 的条件下，计算四次实验还原度之和 $T_1 = 37.9 + 61.7 + 84.8 + 83.7 = 268.1$，其均值 $M_1^0 = T_1/4 = 214.56/4 = 67.025$。类似地，在 C/O = 1.0、C/O = 1.2 和 C/O = 1.4 的条件下四次实验的平均还原度为70.825、74.25 和 72.25。四个平均值的极差是 $R = \max\{67.025、70.825、74.25、72.25\} - \min\{67.025、70.825、74.25、72.25\} = 74.25 - 67.025 = 7.225$。类似地计算温度、时间、碱度和粒度，见表3-19。用同样的方法计算出不同条件下的平均收铁率和极差，列出直观分析表，见表3-20。

表3-19 还原度直观分析表 （%）

因素	C/O	温度/℃	时间/min	碱度	粒度
M_1^0	67.025	52.47	64.225	69.00	69.525
M_2^0	70.825	66.80	65.90	73.35	72.975
M_3^0	74.25	82.125	75.0	70.05	74.950
M_4^0	72.25	82.95	79.225	71.95	66.900
R_0	7.225	33.997	15.0	4.350	8.050

表3-20 铁收得率直观分析表 （%）

因素名称	C/O	温度/℃	时间/min	碱度	粒度
M_1^1	66.748	62.198	71.123	70.748	68.522
M_2^1	77.800	64.400	70.975	72.400	74.125
M_3^1	74.000	82.225	75.900	75.175	77.400
M_4^1	75.800	85.525	76.350	76.025	74.300
R_1	11.052	23.327	5.375	5.277	8.878

在一项实验中，各因素对指标的影响是有主有次的。对还原度实验来讲，直观上很容易得出，一个因素对还原度影响大，是主要的，那么这个因素不同水平相应的还原度之间差异就大；一个因素影响不大，是次要的，该因素不同水平相应的还原度之间差异就小。由表3-19的极差 R_0 可以看出因素的主次关系如下所示：

主 ——————— 次

温度 时间 粒度 碳氧摩尔比 碱度

由各因素的均值 M_1^0、M_2^0、M_3^0、M_4^0 可知取得最佳还原度的工艺水平组合为：碳氧摩尔比为1.2、温度为1050℃、时间为24min、碱度为1.2、粒度为0.160 ~ 1.000mm。

对收铁率实验来说，由直观分析表3-20的极差 R_1 可以看出因素的主次关系如下所示：

主————————次

温度　碳氧摩尔比　粒度　时间　碱度

由各因素的均值 M_1^1、M_2^1、M_3^1、M_4^1 可知取得最佳还原度的工艺水平组合为：碳氧摩尔比为1.0、温度为1050℃、时间为24min、碱度为1.6、粒度为0.160 ~ 1.000mm。

16次实验没有包含上述两个水平组合，故要进行优化实验。最简单的方法是在该因素水平下重做几次实验，看看平均还原度和收铁率是否高于已做的16次实验。结合上面分析，重做第7、16号实验和上述两个优化实验，实验结果见表3-21。

表3-21　优化实验数据

碳氧摩尔比	温度/℃	时间/min	碱度	粒度/mm	收铁率/%	还原度/%
1.0	1000	24	1.1	0.074 ~ 0.160	87.2	87.8
1.0	1050	24	1.2	0.160 ~ 1.000	87.5	89.2
1.2	1050	24	1.6	0.160 ~ 1.000	90.1	91.4
1.4	1050	14	1.4	0.074 ~ 0.160	86.7	84.5

由于碱度、粒度因素影响不显著，这也正好解释了为什么优化实验的收铁率并没有比16次实验中最好的收铁率显著提高。因为得到的优化实验与16次实验中最好实验的因素只有碱度、粒度水平不一样，而对实验指标影响显著的温度、时间的水平一样，所以导致优化实验的还原度和收铁率并不会显著增高。

3.2.5.2　单因素分析

A　还原温度对收铁率和还原度的影响

还原温度对收铁率和还原度的影响如图3-23所示。

由图3-23可以看出，在低配碳比时，收铁率和还原度随着还原温度的提高而增大，但是当温度提高到一定程度以后，收铁率和还原度提高幅度不大，甚至不再提高；在高配碳比时，收铁率和还原度在实验温度范围内随着还原温度的提高而增大。

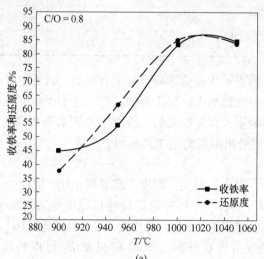

(a)

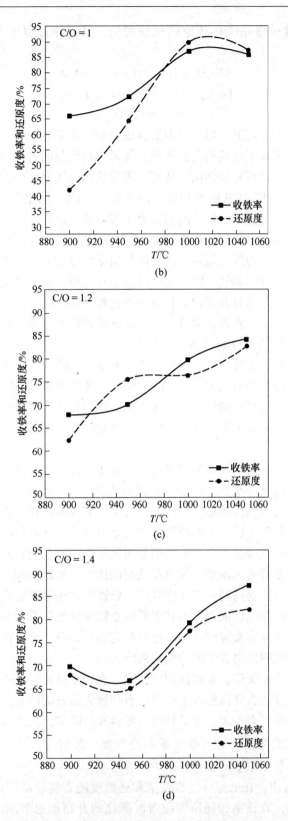

图 3-23 还原温度对收铁率和还原度的影响

通过分析高磷铁矿煤基碳热还原的机理可知，其还原过程中主要进行的化学反应包括：

$$Fe_xO_y + C \Longrightarrow Fe_xO_{y-1} + CO \tag{3-83}$$

$$Fe_xO_y + CO \Longrightarrow Fe_xO_{y-1} + CO_2 \tag{3-84}$$

$$CO_2 + C \Longrightarrow 2CO \tag{3-85}$$

在微波外场的辐射作用下，均匀分布的含碳高磷铁矿粉对微波具有良好的吸收性能，并且铁矿粉的升温速率高于煤粉的升温速率。如果煤粉颗粒的升温速率过快，则煤粉裂解所产生的还原气体无法得到充分利用，从而严重影响间接还原反应的效率。当微波加热物料温度高于570℃时，则高磷铁矿粉和煤粉间首先发生固 – 固化学反应（3-83），即初始的固体碳气化反应。由于铁矿粉颗粒的温度分布较为均匀，颗粒之间的温度梯度较小，因此初始的碳气化过程为等温反应，产生的CO气体浓度在物料内部的梯度也较小，相当于外部还原气体的传质阻力为零。随着含碳铁矿物温度的逐渐升高，产生的CO气体可使反应（3-84）和反应（3-85）等气 – 固相化学反应循环进行，从而将高磷铁矿颗粒中铁氧化物还原为金属铁。微波外场对含碳铁矿粉的加热过程为体积热效应，因此消除了物料内部颗粒之间的传热传质阻力。此外，微波外场对含碳铁矿粉的分子存在活化效应，从而为碳的气化和FeO的还原创造了有利的动力学条件。

从能量的观点分析，微波量子可以作用于FeO和CO的分子轨道，提高分子能，使分子变形，取向容易，降低FeO与CO反应的活化能，从而可降低反应还原温度，提高还原度。微波加热还原含碳铁矿粉的反应路径比普通加热直接还原路径短、还原温度低、催化还原效果好。根据后面3.2.4.3中的实验估计，微波加热还原含碳铁矿粉的还原温度可降低100~200℃。

反应（3-83）和反应（3-84）为吸热反应，故还原温度的提高，有利于高磷铁矿碳热还原反应的加快；当温度升高后，煤的反应活性提高，CO_2反应率提高。在低配碳比时，温度升高使煤的反应性增强，还原反应剧烈进行，随着煤的消耗，铁碳混合物中还原性气氛渐弱，大量低熔点物质生成；铁橄榄石和铁尖晶石充当了铁颗粒的成核剂，随着还原反应的进行，铁橄榄石和铁尖晶石表面形成的金属铁层将还原剂同它们分开，使得铁橄榄石和铁尖晶石的再还原变得更加困难。所以在低配碳比时，收铁率和还原度随着还原温度的提高而增大，但是当温度提高到一定程度以后，收铁率和还原度提高幅度不大。在高配碳比时，铁碳混合物中还原气氛强烈，不利于低熔点物质铁橄榄石和铁尖晶石的生成；即使形成部分低熔点物质在本实验温度范围内也没有达到其熔点；所以在高配碳比时，收铁率和还原度在实验温度范围内随着温度的提高而增大。

总之升高温度使铁相凝聚、金属铁颗粒长大，有利于磁选时铁磷分离，进而提高铁的收得率，但是如果温度继续升高超过了铁橄榄石和铁尖晶石的熔点，就会恶化还原反应动力学条件，铁的收得率提高不大。考虑到经济效益和脱磷率，还原温度不应超过1150℃。

B　配碳比（碳氧摩尔比）对收铁率和还原度的影响

配碳比对收铁率和还原度的影响如图3-24所示。

由图3-24可以看出，在低温时，收铁率和还原度随着实验范围内的配碳比的升高而急剧增加；在高温时，收铁率和还原度随着配碳比的升高迅速增加，达到一定值后接近不变。

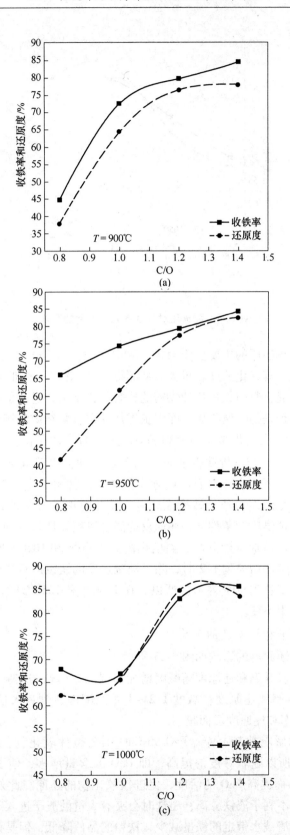

(a)

(b)

(c)

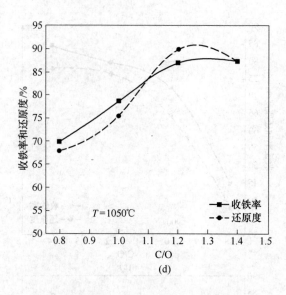

图 3-24　配碳比对收铁率和还原度的影响

　　高磷铁矿煤基碳热还原的主要反应为式（3-83）~式（3-85）。配碳量越高，碳在混合料中的体积比就越大，其气化速度就越大，从而提高 CO 浓度，降低 CO_2 浓度；同时，配碳量提高使单位体积混合料内铁矿粉和煤粉的比表面积增大，进而促进了高磷铁矿碳热还原的进行。此外，煤粉是强吸波物质，配碳量增加使混合料在微波场中迅速升温。温度大于 800℃时，Fe_2O_3 被大量还原成 Fe_3O_4 和 FeO；大量 Fe^{2+} 离子出现，使得铁离子价态不稳定，即二价铁离子 Fe^{2+} 与三价铁离子 Fe^{3+} 由于热运动会出现电子转移，其结果使电导率增大。这相当于在铁氧体中弥散有高电导率的相，这样复介电常数的虚部 ε'' 增大，引起较大的介电损耗，微波能快速地转换成热能，而此时正是直接还原反应大量吸热的时候。在充足碳源和热量供应的条件下，还原反应激烈进行。所以在 900℃和 950℃时，收铁率和还原度随配碳比增加剧烈升高；温度提高到 1000℃和 1050℃时，碳活性增加，还原能力增强。碳氧摩尔比增加到 1.2 时，除了极难还原的铁橄榄石和铁尖晶石外，基本被还原完毕，收铁率可以达到 90%左右。所以，在 1000℃和 1050℃时，收铁率和还原度随配碳比先增加，后趋于不变。

　　C　碱度对收铁率和还原度的影响

　　碱度对收铁率和还原度的影响如图 3-25 所示。

　　传统理论认为，收铁率和还原度随碱度增加而提高，但这与实验结果并不十分相符。如图 3-25 所示，收铁率和还原度在碱度 1.2 ~ 1.4 范围内达到最大值；碱度继续增加到 1.6 的过程中，收铁率和还原度反而减小。

　　碱度对收铁率的影响比较复杂。FeO 和 CaO 同为碱性氧化物，但是 CaO 的碱性比 FeO 的碱性强得多，所以随着碱度的提高，即 CaO 的含量增多，使更多的 SiO_2 和 Al_2O_3 与 CaO 发生反应，从而提高 FeO 的活度，促进铁氧化物的还原。此外，碱度提高时，还原出的铁颗粒较小，不利于渣铁分离；磁选时会夹有大量的渣子进入产品，只有很少的渣子随水带走，所以随渣被水带走的铁量减少，铁粉的品位降低，但是铁的收得率增加。碱

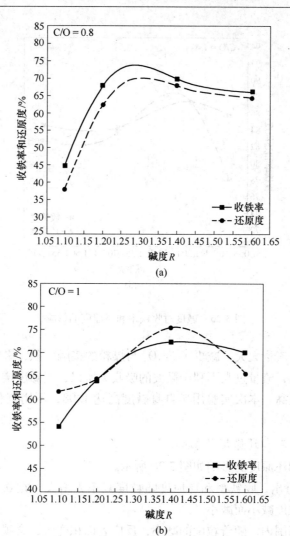

(a)

(b)

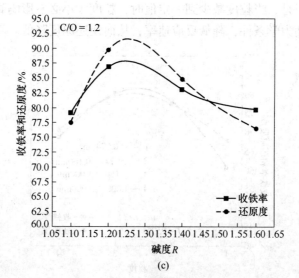

(c)

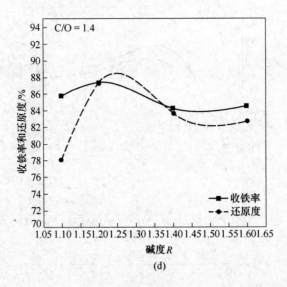

(d)

图 3-25　碱度对收铁率和还原度的影响

度过高，反应物产生渣量太大，减少了 Fe_2O_3 与煤粉的接触面积，影响 Fe_2O_3 的直接还原过程；同时碱度过高，渣量过大不利于微波的吸收。所以，当碱度增加到一定值后继续增加不利于收铁率的提高。本次实验用矿自身碱度高达 1.08，不用调整碱度就可以得到较高的收铁率。

D　粒度对收铁率和还原度的影响

粒度对收铁率和还原度的影响如图 3-26 所示。

由图 3-26 可以看出，收铁率和还原度随粒度减小先增大，在 0.160 ~ 1.000mm 时达到最大值，然后随粒度减小而减小。

这说明在一定范围内，随着粒度的减小，反应表面积变大，含碳铁矿物的还原速度加快，还原度提高。但是，当粒度减少到一定值时，粒度太小必然影响到反应过程中气体的扩散，恶化反应的动力学条件，降低反应速率，从而使还原度降低。

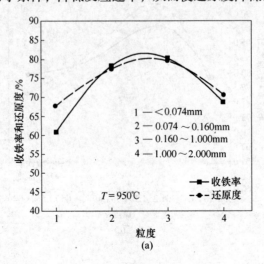

(a)

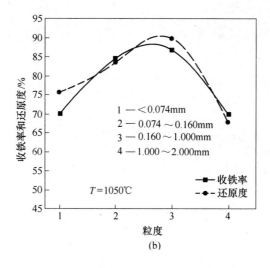

图 3-26　粒度对收铁率和还原度的影响

3.2.5.3　提铁均匀实验结果与分析

本实验在立式工业微波炉加热条件下，测出高磷铁矿在不同条件下的收铁率，见表 3-22。所用矿粉和煤粉粒度为正交实验选出的最佳粒度为 0.160 ~ 1.000mm。考查碳氧摩尔比、还原时间、混合料碱度和微波功率对还原度和收铁率的影响，并用回归分析法建立局部回归模型。

表 3-22　均匀实验结果

均匀实验	碳氧比	时间/min	功率/kW	碱度	收铁率/%
1	0.8	12.0	4.5	1.6	64.1
2	0.9	20.0	9.0	1.5	71.6
3	1.0	28.0	3.0	1.4	83.5
4	1.2	8.0	7.5	1.3	62.2
5	1.3	16.0	1.5	1.2	81.1
6	1.4	24.0	6.0	1.1	86.8

回归分析采用逐步回归法，显著性水平 $\alpha = 0.10$，引入变量的临界值 $F_a = 1.000$，剔除变量的临界值 $F_e = 1.000$。为建立局部回归模型，规定如下：指标 y_1 名称：收铁率（%）；因素 1 名称：碳氧摩尔比；因素 2 名称：时间（min）；因素 3 名称：功率（kW）；因素 4 名称：碱度。拟建立回归方程：

$$y_1 = b_{(0)} + b_{(1)}X_{(1)} + b_{(2)}X_{(2)} + b_{(3)}X_{(3)} + b_{(4)}X_{(4)} + b_{(5)}X_{(1)}X_{(1)} + b_{(6)}X_{(1)}X_{(2)} + \\ b_{(7)}X_{(1)}X_{(3)} + b_{(8)}X_{(1)}X_{(4)} + b_{(9)}X_{(2)}X_{(2)} + b_{(10)}X_{(2)}X_{(3)} + b_{(11)}X_{(2)}X_{(4)} + \\ b_{(12)}X_{(3)}X_{(3)} + b_{(13)}X_{(3)}X_{(4)} + b_{(14)}X_{(4)}X_{(4)}$$

采用逐步回归法进行拟合，第 1 步自变量 X 引入或剔除判别，各项的判别值（升序排列）：

$$V_{X_{(7)}} = 2.37e^{-3}$$

$$V_{X_{(10)}} = 6.17e^{-2}$$

$$V_{X_{(12)}} = 0.146$$

$$V_{X_{(3)}} = 0.168$$

$$V_{X_{(13)}} = 0.279$$

$$V_{X_{(8)}} = 0.324$$

$$V_{X_{(1)}} = 0.366$$

$$V_{X_{(14)}} = 0.376$$

$$V_{X_{(5)}} = 0.378$$

$$V_{X_{(4)}} = 0.383$$

$$V_{X_{(11)}} = 0.409$$

$$V_{X_{(9)}} = 0.658$$

$$V_{X_{(2)}} = 0.717$$

$$V_{X_{(6)}} = 0.909$$

未引入项中，第 6 项 $[X_{(1)} * X_{(2)}]$ 的 V_X 值（$\geqslant 0$）的绝对值最大，引入检验值 $\mathrm{Fax}(6) = 40.11$，引入临界值 $F_X = 1.000$，$\mathrm{Fax}(6) > F_X$，可以引入第 6 项。

第 2 步，自变量 X 引入或剔除判别，各项的判别值（升序排列）：

$$V_{X_{(6)}} = -10.0$$

$$V_{X_{(8)}} = 2.87e^{-2}$$

$$V_{X_{(14)}} = 3.66e^{-2}$$

$$V_{X_{(4)}} = 4.75e^{-2}$$

$$V_{X_{(1)}} = 5.80e^{-2}$$

$$V_{X_{(9)}} = 8.55e^{-2}$$

$$V_{X_{(5)}} = 8.59e^{-2}$$

$$V_{X_{(11)}} = 0.164$$

$$V_{X_{(2)}} = 0.166$$

$$V_{X_{(10)}} = 0.183$$

$$V_{X_{(12)}} = 0.337$$

$$V_{X_{(13)}} = 0.359$$

$$V_{X_{(3)}} = 0.517$$

$$V_{X_{(7)}} = 0.790$$

已引入项中，第 6 项 $[X_{(1)} * X_{(2)}]$ 的 V_X 值（<0）的绝对值最小，剔除检验值 $\mathrm{Fax}(6) = 40.11$，剔除临界值 $F_X = 1.000$，$\mathrm{Fax}(6) > F_X$，不能剔除第 6 项，检查是否可以引入其他自变量。未引入项中，第 7 项 $[X_{(1)} * X_{(3)}]$ 的 V_X 值（$\geqslant 0$）的绝对值最大，引入检验值 $\mathrm{Fax}(7) = 11.29$，引入临界值 $F_X = 1.000$，$\mathrm{Fax}(7) > F_X$，可以引入第 7 项。

第 3 步，自变量 X 引入或剔除判别，各项的判别值（升序排列）：

$$V_{X_{(6)}} = -51.4$$

$$V_{X_{(7)}} = -3.76$$

$$V_{X_{(9)}} = 9.49\mathrm{e}^{-4}$$

$$V_{X_{(11)}} = 8.86\mathrm{e}^{-3}$$

$$V_{X_{(5)}} = 9.13\mathrm{e}^{-3}$$

$$V_{X_{(2)}} = 1.32\mathrm{e}^{-2}$$

$$V_{X_{(1)}} = 2.23\mathrm{e}^{-2}$$

$$V_{X_{(8)}} = 3.00\mathrm{e}^{-2}$$

$$V_{X_{(4)}} = 6.13\mathrm{e}^{-2}$$

$$V_{X_{(14)}} = 7.82\mathrm{e}^{-2}$$

$$V_{X_{(10)}} = 0.103$$

$$V_{X_{(13)}} = 0.122$$

$$V_{X_{(3)}} = 0.140$$

$$V_{X_{(12)}} = 0.440$$

已引入项中，第 7 项 $[X_{(1)} * X_{(3)}]$ 的 V_X 值（<0）的绝对值最小，剔除检验值 Fax(7) = 11.29，剔除临界值 F_X = 1.000，Fax(7) > F_X，不能剔除第 7 项，检查是否可以引入其他自变量。未引入项中，第 12 项 $[X_{(3)} * X_{(3)}]$ 的 V_X 值（≥0）的绝对值最大，引入检验值 Fax(12) = 1.574，引入临界值 F_X = 1.000，Fax(12) > F_X，可引入第 12 项。

第 4 步，自变量 X 引入或剔除判别，各项的判别值（升序排列）：

$$V_{X_{(6)}} = -67.2$$

$$V_{X_{(7)}} = -4.64$$

$$V_{X_{(12)}} = -0.787$$

$$V_{X_{(9)}} = 0.425$$

$$V_{X_{(2)}} = 0.592$$

$$V_{X_{(11)}} = 0.627$$

$$V_{X_{(5)}} = 0.861$$

$$V_{X_{(10)}} = 0.922$$

$$V_{X_{(1)}} = 0.967$$

$$V_{X_{(4)}} = 0.995$$

$$V_{X_{(3)}} = 0.998$$

$$V_{X_{(8)}} = 0.999$$

$$V_{X_{(13)}} = 1.00$$

$$V_{X_{(14)}} = 1.00$$

已引入项中，第 12 项 $[X_{(3)} * X_{(3)}]$ 的 V_X 值（<0）的绝对值最小，剔除检验值 Fax(12) = 1.574，剔除临界值 F_X = 1.000，Fax(12) > F_X，不能剔除第 12 项，检查是否可以引入其他自变量。未引入项中，第 14 项 $[X_{(4)} * X_{(4)}]$ 的 V_X 值（≥0）的绝对值最大，引入检验值 Fax(14) = 1.280e^{+4}，引入临界值 F_X = 1.000，Fax(14) > F_X，可以引入第 14 项。同理依次逐步回归得方程为：

$$y_1 = b_{(0)} + b_{(1)}X_{(1)} + b_{(2)}X_{(2)} + b_{(3)}X_{(3)} + b_{(4)}X_{(2)}X_{(2)} + b_{(5)}X_{(1)}X_{(2)} +$$
$$b_{(6)}X_{(1)}X_{(3)} + b_{(7)}X_{(3)}X_{(3)} + b_{(8)}X_{(4)}X_{(4)}$$

回归系数 $b_{(i)}$：$b_{(0)} = 52.35$，$b_{(1)} = 6.6$，$b_{(2)} = 1.16$，$b_{(3)} = -0.3795$，$b_{(4)} = -1.80\mathrm{e}^{-2}$，$b_{(5)} = 0.462$，$b_{(6)} = -0.8345$，$b_{(7)} = 0.501$，$b_{(8)} = -1.845$。

复相关系数：$R = 1.000$，决定系数：$R^2 = 0.9999$，修正的决定系数 $R^{2a} = 0.9998$。

回归方程的准确性可由观测值与回归值的残差来衡量，见表3-23。可以看出，在本实验参数选取区间，回归值与观测值的误差在允许范围内，回归模型具有一定的可信度。均匀设计是用较少的实验来反映因素对指标的影响，回归模型不可避免会存在误差；要获得适用范围更大的模型，就必须做大量实验，进行更精确的回归。

表 3-23　残差分析表

均匀实验	观测值 A	回归值 B	$A - B$	$(A - B)/B \times 100\%$
1	64.1	64.2	-0.1	0.156
2	71.6	71.5	0.1	-0.14
3	83.5	83.5	0	0
4	62.2	62.1	0.1	-0.161
5	81.1	81.0	0.1	-0.123
6	86.8	86.9	-0.1	0.115

正交实验分析了温度、碳氧摩尔比、碱度和粒度等单因素对收铁率的影响规律；本实验将通过均匀设计软件 Ud5.0 分析碳氧摩尔比与时间的交互作用、时间与微波功率的交互作用、微波功率与碱度的交互作用和温度与碱度的交互作用对收铁率的影响，如图 3-27 ~ 图 3-30 所示。

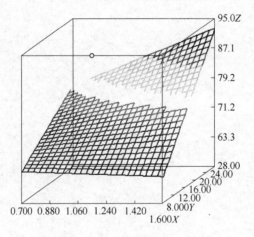

图 3-27　配碳比与时间对收铁率的影响
X 轴—因素 1；Y 轴—因素 2；Z 轴—指标 1

由图 3-27 可知，立式微波炉加热时，还原时间对收铁率影响很大，收铁率随时间的延长而增大，但考虑到经济效益和脱磷率，时间不应太长，本次实验还原时间均在 30min 之内。由图 3-28 可知，在还原时间和温度确定时，微波功率对收铁率影响不大；如果功率过高收铁率反而降低甚至影响脱磷率，这是由于铁氧化物强烈吸波，温度急速升高，过早生成难还原的低熔点化合物；另外，煤粉强烈吸波升温速率过快，将导致煤粉干馏的气化成分不能得到充分利用，间接还原效率降低。由图 3-29 和图 3-30 可知，收铁率随碱

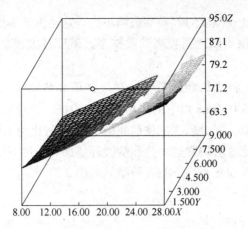

图 3-28 时间与微波功率对收铁率的影响

X 轴—因素 2；Y 轴—因素 3；Z 轴—指标 1

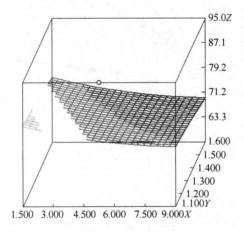

图 3-29 微波功率与碱度对收铁率的影响

X 轴—因素 3；Y 轴—因素 4；Z 轴—指标 1

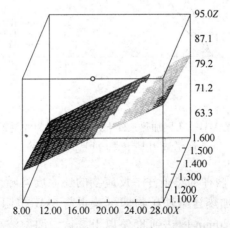

图 3-30 时间与碱度对收铁率的影响

X 轴—因素 2；Y 轴—因素 4；Z 轴—指标 1

度提高先增大后趋于不变；碱度对收铁率影响不大，这是由于本次实验用矿石自身碱度高达 1.07，不用调整碱度就可以达到较高的收铁率，碱度过大渣量变大反而会恶化反应动力学条件，降低收铁率。

3.2.5.4　微波加热和传统加热高磷铁矿碳热还原的比较

实验室利用粒度在 0.074mm 以下的煤粉作为还原剂，对粒度范围在 0.160～1.000mm 内的铁矿粉进行碳热还原，混合后含碳铁矿物的 C/O 摩尔比为 1.0，同时将二元碱度调节至 1.2 的水平。分别对比电阻炉常规加热和微波外场加热条件下，含碳矿物中铁氧化物还原度与时间的关系。两种加热条件下的实验结果如图 3-31 所示。

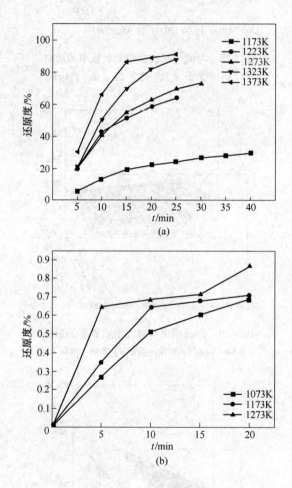

图 3-31　不同加热条件下还原度同时间的关系
（a）普通电阻炉加热；（b）微波炉加热

由图 3-31 可以看出，两种加热条件下反应物的还原度均随反应时间的延长而逐渐升高，利用 528W 微波功率加热含碳铁矿物即可获得与 6kW 电阻炉较为接近的反应速率，铁氧化物的还原度均可在 20min 内达到 85% 以上。这说明微波相对于普通加热有着更优异的反应效率。

对比两种加热条件下原料的还原度曲线可以看出，利用微波外场对原料进行加热的条件下，含碳铁矿物在900℃条件下的反应速率相比同温度下普通加热的反应速率更为迅速，与电阻炉内1050℃条件下样品还原反应速率较为接近，说明微波外场可在一定程度上加速含碳铁矿物中铁氧化物的还原速率。从能量的观点分析，微波量子可以作用于FeO和CO的分子轨道，提高分子能，使分子变形，取向容易，降低FeO与CO反应的活化能，从而可降低反应还原温度，提高还原度。微波加热还原含碳铁矿粉的反应路径相比普通加热直接还原路径更短，在相同的还原温度下可达到更高的还原度，因此利用微波外场碳热还原含碳铁矿粉可使还原温度降低100~200℃。

3.2.6 微波作用高磷铁矿碳热还原脱磷实验的研究

本书中涉及的脱磷率是指原料中含磷质量和还原后磁选所得铁粉中含磷质量之差与反应前混合料中磷质量的比值，其具体的计算公式如下：

$$\eta_2 = \frac{M_1 P_{前} - M_2 P_{后}}{M_1 P_{前}} \tag{3-86}$$

式中　η_2——脱磷率，%；

M_1——反应前混合料的质量，g；

M_2——反应后磁选所得金属铁质量，g；

$P_{前}$——反应前混合料的磷含量，%；

$P_{后}$——反应后磁选所得金属铁的磷含量，%；

综合运用正交设计和均匀设计分别分析碳氧摩尔比、还原温度、微波功率、还原时间、渣相碱度和铁矿粒度对高磷铁矿粉碳热还原脱磷效率的影响，从而确定微波碳热还原高磷铁矿的合理条件。

3.2.6.1 微波碳热还原高磷铁矿粉的脱磷效率分析

不同反应条件下铁矿粉预处理的脱磷率结果见表3-24。对比不同还原反应条件下试样的脱磷率可知，通过对还原条件进行优化可使脱磷率达到90%左右，实验结果中脱磷效率最高的实验条件为：碳氧摩尔比为1.0、还原温度为1000℃、还原时间为24min、二元碱度为1.1、矿粉粒度为0.074~0.160mm。

表3-24　正交实验结果

实验编号	碳氧摩尔比	温度/℃	反应时间/min	碱度	粒度/mm	脱磷率/%
1	0.8	900	12	1.1	<0.074	65.9
2	0.8	950	16	1.2	0.074~0.160	75.7
3	0.8	1000	20	1.4	0.106~1.000	86.8
4	0.8	1050	24	1.6	1.000~2.000	78.6
5	1.0	900	16	1.4	1.000~2.000	67.8
6	1.0	950	12	1.6	0.160~1.000	75.5
7	1.0	1000	24	1.1	0.074~0.160	87.6
8	1.0	1050	20	1.2	<0.074	85.3
9	1.2	900	20	1.6	0.074~0.160	77.1
10	1.2	950	24	1.4	<0.074	79.4

实验编号	碳氧摩尔比	温度/℃	反应时间/min	碱度	粒度/mm	脱磷率/%
11	1.2	1000	12	1.2	1.000~2.000	82.5
12	1.2	1050	16	1.1	0.160~1.000	86.7
13	1.4	900	24	1.2	0.160~1.000	83.6
14	1.4	950	20	1.1	1.000~2.000	80.3
15	1.4	1000	16	1.6	<0.074	76.9
16	1.4	1050	12	1.4	0.074~0.160	79.4

通过对实验所得结果进行直观分析，可获得脱磷效率更高的因素组合。在碳氧摩尔比为 0.8 的实验条件下，计算四次还原实验的脱磷率之和为：$T_1^2 = 65.9 + 75.7 + 86.8 + 78.6 = 307$，从而其平均值为：$M_1^2 = T_1^2/4 = 307/4 = 76.75$。类似地，计算出 C/O = 1.0、C/O = 1.2 和 C/O = 1.4 条件下四次实验的平均脱磷率为 79.05、81.43 和 80.05。四个平均值的极差是 $R = \max\{76.75、79.05、81.43、80.05\} - \min\{76.75、79.05、81.43、80.05\} = 81.43 - 71.75 = 4.675$。类似的计算应用于温度、时间、碱度和粒度，见表 3-25。

表 3-25　脱磷率直观分析表

因素	C/O	温度	反应时间	碱度	粒度
M_1^2	76.75	73.60	75.83	80.13	76.88
M_2^2	79.05	77.73	76.78	81.78	79.95
M_3^2	81.43	83.45	82.38	78.35	83.15
M_4^2	80.05	82.5	82.30	77.03	77.30
R	4.675	9.85	6.55	4.75	6.28

在一项多因素且多条件的实验中，诸因素对实验所得结果的影响强弱不同。对上述微波碳热还原铁矿石的脱磷实验来讲，各因素对脱磷效率的影响较为直观，某一因素对铁矿石还原度的影响较大，从而该因素不同水平下的脱磷率之间差异显著，则此因素为影响脱磷率这一指标的主要因素；反之，若某一因素对某一指标的影响不显著，则此因素对于该指标来说是次要的，此因素不同水平所对应的指标之间差异则不明显。通过直观分析所得的极差数值 R_2 可判断各因素对脱磷率影响的主次关系：

主 ———————— 次

温度　时间　粒度　碱度　碳氧比

由各因素的均值 M_1^2、M_2^2、M_3^2、M_4^2 判断最佳脱磷率的工艺水平组合为：碳氧摩尔比为 1.2、反应温度为 1000℃、反应时间为 20min、碱度为 1.2、粒度为 0.16~1.00mm。正交实验方案中并未包括上述水平组合，因此需通过优化实验对最佳脱磷效率进行探索。优化实验所得结果见表 3-26。

表 3-26　优化实验所得结果

碳氧摩尔比	温度/℃	时间/min	碱度	粒度/mm	脱磷率/%
1.0	1000	24	1.1	0.074~0.160	86.5
1.2	1000	20	1.2	0.160~1.000	87.8

优化实验所得脱磷率优于正交实验所得结果，说明该实验条件是高磷铁矿碳热还原脱磷工艺的更优参数组合。此外，为了深入研究微波碳热还原高磷铁矿的脱磷机理，应首先掌握各单一因素对脱磷率的影响规律，对后续碳热还原脱磷工作的深入开展具有重要意义。

3.2.6.2 各因素对脱磷效率的影响分析

A 还原温度对脱磷率的影响

对比不同还原温度下脱磷率的变化可以看出，在碳氧摩尔比较低的条件下进行碳热还原时，脱磷率随还原温度的不断升高而升高，即在高温下易于获得较好的脱磷效果，但脱磷率的增幅随碳氧摩尔比的升高减小。当反应物的碳氧摩尔比达到1.4的水平时，脱磷率不再与反应温度保持正相关的关系，脱磷率与反应温度间存在先升高、再降低的抛物线关系，并可在970℃左右达到最大值，如图3-32所示。

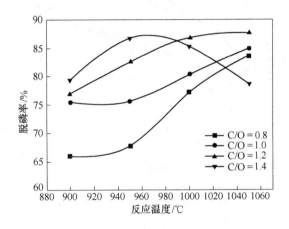

图3-32 反应温度对脱磷率的影响

高磷铁矿样品中的磷元素是以磷灰石形式存在，在不同二元碱度条件下磷灰石的反应方程式如下：

当 $R < 0.8$ 时：

$$Ca_3(PO_4)_2 + 3SiO_2 + 5C \Longrightarrow 3(CaO \cdot SiO_2) + 5CO + P_2 \qquad (3-87)$$

当 $R = 1.4$ 时：

$$Ca_3(PO_4)_2 + 2SiO_2 + 5C \Longrightarrow 3CaO \cdot 2SiO_2 + 5CO + P_2 \qquad (3-88)$$

当 $R > 2.0$ 时：

$$2Ca_3(PO_4)_2 + 3SiO_2 + 10C \Longrightarrow 3(2CaO \cdot SiO_2) + 10CO + 2P_2 \qquad (3-89)$$

上述还原反应在1250℃以上才能够进行，而实验过程中达到的最高温度仅为1100℃。微波加热依靠物料自身能量耗散来加热物料，其热效应具有选择性；Fe_2O_3、Fe_3O_4、无烟煤粉等组分均对微波具有良好的吸收性能，而磷灰石和硅酸盐等组分对微波的吸收能力较差。利用微波外场对含碳铁矿物进行加热时，铁氧化物所吸收的微波能量远多于磷灰石。因此，在还原实验所选取的温度范围内，碳素还原剂主要作用于赤铁矿的还原，铁氧化物还原程度随温度升高而增大，还原产生的金属铁破坏了磷灰石的嵌布结构，而磷灰石中的磷并未得到还原进入金属铁，仍然赋存于矿物质组分的脉石中，为铁与磷的分离过程创造了良好物理条件；此外，金属的铁颗粒随还原温度的升高而长大，从而有利于渣和铁的单体分离，带入产品的渣相磷含量较低，因此在高温下易于获得更好的脱磷效果。由于微波的非热效应，当配碳量过大时，部分磷灰石可能在高温下被还原，进入到还原所得的金属铁中，使磁选所得铁粉的磷含量升高，导致脱磷率随温度的升高表现出先增大、后减小的现象。

　　B　还原时间对脱磷率的影响

　　对比不同温度下脱磷率与反应时间之间的关系（图3-33）可以看出，低温下的脱磷率随反应时间的延长而升高。然而，在反应温度为1000℃的条件下，脱磷率随反应时间的延长先升高而后趋于稳定。在反应温度为1050℃的条件下，脱磷率随反应时间的延长出现先升高再降低的抛物线趋势，脱磷率在反应时间超过20min后甚至大幅下降。

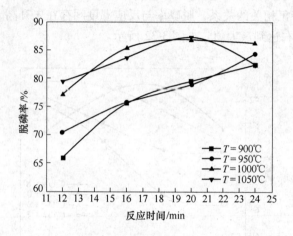

图3-33　反应时间对脱磷率的影响

　　影响氧化物还原时间的主要因素有煤粉的反应性、配碳量和还原温度。在还原反应温度较低的条件下，碳素还原剂主要参与还原铁氧化物的还原。还原所得金属铁的聚集程度随反应时间的延长而增强，金属铁颗粒的直径随还原过程不断增大，从而有利于渣与铁的物理分离，致使磁选所得铁样中的含磷渣相较少，因此延长反应时间有利于脱磷。在反应温度较高的还原条件下，由于微波的非热效应以及煤粉反应性的增强，磷灰石中少量的磷元素可能被还原进入成品铁，从而导致磁选样品中磷含量增加。

　　C　碱度对脱磷率的影响

　　由磷灰石的还原方程式可知，较高的二元碱度可阻碍磷灰石的还原过程，有利于磁选过程中铁与含磷渣相的分离。二元碱度对脱磷率的影响如图3-34所示。由图3-34可以看出，当二元碱度在1.1~1.2范围内升高时有利于提高脱磷率，但当二元碱度在1.2以上时进一步升高则不利于反应物的脱磷。上述现象的原因是由于CaO对微波吸收性能较强，CaO配加量的增加影响了铁氧化物对微波的吸收，从而对铁氧化物的还原过程产生不利影响；随着反应物二元碱度的不断升高，矿物质渣相的熔点也随之显著升高，从而抑制了铁相在固态介质中的扩散传质，因此高碱度条件下还原出的金属铁粒度较小，大大增加了渣与铁进行物理分离的难度，经过磁选后所得产品中的含磷渣相比例较大，从而显著降低了铁矿石碳热还原的脱磷率。实验所用铁矿石的自身碱度高达1.07，无需调整碱度即可获得较高的脱磷率。

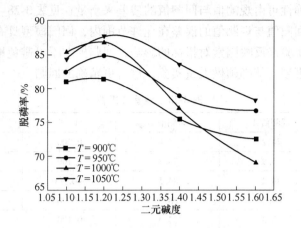

图 3-34　二元碱度对脱磷率的影响

3.2.6.3　多因素对脱磷效率的耦合影响研究

利用均匀实验测试微波外场条件下高磷铁矿在不同条件下的脱磷率，结果见表 3-27。所用矿粉和煤粉粒度为正交实验选出的最佳粒度 0.16 ~ 1.00mm。考察碳氧摩尔比、还原时间、混合料碱度和微波功率对脱磷率的影响，并用回归分析法建立局部回归模型。

表 3-27　均匀实验结果

均匀实验	碳氧摩尔比	时间/min	功率/kW	碱度	脱磷率/%
1	0.8	12.0	4.5	1.6	74.2
2	0.9	20.0	9.0	1.5	75.9
3	1.0	28.0	3.0	1.4	84.2
4	1.2	8.0	7.5	1.3	68.2
5	1.3	16.0	1.5	1.2	73.5
6	1.4	24.0	6.0	1.1	81.5

回归分析采用逐步回归法，显著性水平 $\alpha = 0.10$，引入变量的临界值 $F_a = 0.5$，剔除变量的临界值 $F_e = 0.5$。为建立局部回归模型，规定如下：指标 y_2 名称：脱磷率（%）；因素1名称：碳氧摩尔比；因素2名称：时间（min）；因素3名称：功率（kW）；因素4名称：碱度。拟建立回归方程：

$$y_2 = b_{(0)} + b_{(1)}X_{(1)} + b_{(2)}X_{(2)} + b_{(3)}X_{(3)} + b_{(4)}X_{(4)} + b_{(5)}X_{(1)}X_{(1)} + b_{(6)}X_{(1)}X_{(2)} + b_{(7)}X_{(1)}X_{(3)} + b_{(8)}X_{(1)}X_{(4)} + b_{(9)}X_{(2)}X_{(2)} + b_{(10)}X_{(2)}X_{(3)} + b_{(11)}X_{(2)}X_{(4)} + b_{(12)}X_{(3)}X_{(3)} + b_{(13)}X_{(3)}X_{(4)} + b_{(14)}X_{(4)}X_{(4)}$$

用均匀设计软件 Ud5.0 进行回归分析拟合，依次逐步回归得出方程：

$$y_2 = b_{(0)} + b_{(1)}X_{(2)} + b_{(2)}X_{(3)} + b_{(3)}X_{(1)}X_{(4)} + b_{(4)}X_{(3)}X_{(3)} + b_{(5)}X_{(1)}X_{(3)} + b_{(6)}X_{(2)}X_{(2)}$$

回归系数 $b_{(i)}$：$b_{(0)} = 61.75$；$b_{(1)} = 1.45$；$b_{(2)} = 0.7985$；$b_{(3)} = -1.015$；$b_{(4)} = -0.112$；$b_{(5)} = 2.055e^{-3}$；$b_{(6)} = -1.28e^{-2}$。

回归方程的复相关系数 $R = 0.9989$，决定系数 $R^2 = 0.9978$，修正的决定系数 $R^{2a} = 0.9945$。

　　回归方程的准确性可由观测值与回归值的残差来衡量，见表3-28。可以看出，在本实验参数选取区间，回归值与观测值的误差在允许范围内，回归模型具有一定的可信度。均匀设计是用较少的实验来反映因素对指标的影响，回归模型不可避免地会存在误差；要获得适用范围更大的模型，就必须做大量实验，进行更精确的回归。

表 3-28　残差分析表

均匀实验	观测值 A	回归值 B	$A-B$	$(A-B)/B \times 100\%$
1	74.2	74.0	0.200	-0.270
2	75.9	75.8	0.100	-0.132
3	84.2	84.5	-0.300	0.356
4	68.2	68.5	-0.300	0.440
5	73.5	73.4	0.100	-0.136
6	81.2	80.9	0.300	-0.369

　　正交实验分析了温度、碳氧摩尔比、碱度、粒度等单因素对脱磷率的影响规律。均匀实验通过均匀设计软件 Ud5.0 处理实验数据，分析碳氧摩尔比与时间的交互作用、时间与微波功率的交互作用、微波功率与碱度的交互作用和温度与碱度的交互作用对脱磷率的影响，如图 3-35 ~ 图 3-38 所示。

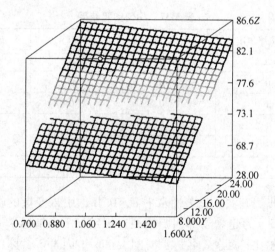

图 3-35　配碳比和时间对脱磷率的影响
X 轴—因素 1；Y 轴—因素 2；Z 轴—指标 1

　　由图 3-35 可知，还原时间对脱磷率影响很大，随还原时间的延长，脱磷率增加；随配碳比的增加，脱磷率略微下降。脱磷率随两者的同时增加而增加，说明还原时间比配碳比对脱磷率影响明显，在两者的交互作用中占主导，但考虑到经济效益还原时间不应过长。

　　由图 3-36 可知，脱磷率随微波功率增加先增大、后减小，这是由于微波功率增大，铁氧化物吸收微波能量增多，其晶格缺陷中储存能量增多，降低了铁氧化物的晶格能。铁氧化物还原速度加快，还原铁颗粒易于长大，进而利于渣铁分离，进入还原铁的含磷渣少，所以脱磷率提高；但微波功率过大，温度急速升高，会形成不容易还原的低熔点物质，此外，少量的磷灰石中的磷被还原出来进入还原铁，所以脱磷率降低。

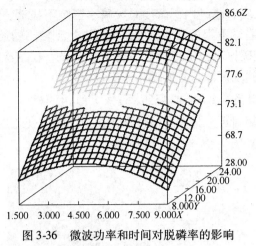

图 3-36　微波功率和时间对脱磷率的影响

X 轴—因素 3；Y 轴—因素 2；Z 轴—指标 1

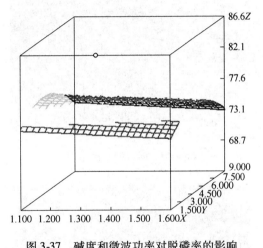

图 3-37　碱度和微波功率对脱磷率的影响

X 轴—因素 4；Y 轴—因素 3；Z 轴—指标 1

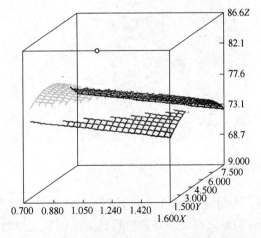

图 3-38　配碳比和微波功率对脱磷率的影响

X 轴—因素 1；Y 轴—因素 3；Z 轴—指标 1

由图 3-37 可知，在实验范围内，碱度对脱磷率影响不显著，这是因为本次实验用矿石自身碱度高达 1.1 左右，不用再调高碱度，就可以达到较高的还原率。

由图 3-38 可知，配碳比对脱磷率影响不是十分明显。在本次实验温度范围内，煤粉对磷灰石的还原较少，进而配碳比对脱磷率影响也较小。

3.2.6.4　微波作用高磷铁矿碳热还原的微观结构分析

利用扫描电子显微镜对还原过程中高磷铁矿微观结构的变化进行了分析，还原前后高磷铁矿的表面微观形貌如图 3-39 ~ 图 3-42 所示。

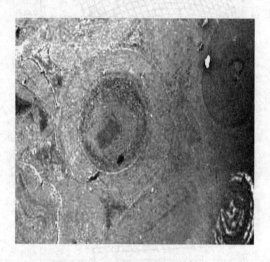

图 3-39　原矿的微观结构

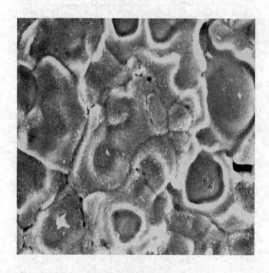

图 3-40　微波作用还原后高磷铁矿的微观结构（$C/O = 1.2$，$T = 900℃$）

由图 3-39 可以看出，本研究使用的"宁乡式"高磷赤铁矿中铁氧化物呈鲕状结构分布；磷元素主要以磷灰石的形式存在，呈散粒状浸染于铁氧化物颗粒的边缘，嵌布于石英或碳酸盐矿物中，少量赋存于铁矿物的晶格中。由于铁氧化物和磷灰石嵌布粒度极小，因而无法通过选矿脱除矿石中的磷，而矿石中的磷含量却较高，从而给铁矿石的经济利用带

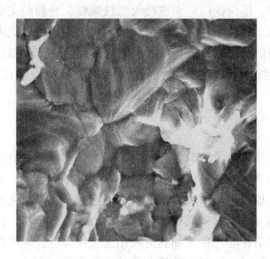

图 3-41 微波作用还原后高磷铁矿的微观结构（C/O = 1，$T = 950℃$）

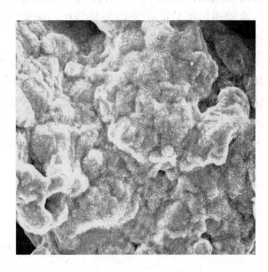

图 3-42 微波作用还原后高磷铁矿的微观结构（C/O = 1.2，$T = 1050℃$）

来困难。

通过与高磷铁矿原始的微观结构进行对比可以看出，在微波作用高磷铁矿碳热还原过程中，900℃时铁矿石中部分氧化铁开始被还原，鲕状结构出现相互黏结的现象，此时仅有少量金属铁得到了还原，磷灰石嵌布的结构开始遭到破坏，但铁矿石中的鲕状结构仍然存在，如图 3-40 所示。

图 3-41 中呈白色发亮是还原出的铁，呈灰色的是脉石。从图中可以看出，950℃时，铁矿石大量还原，磷灰石嵌布结构由于铁颗粒的长大已经被破坏。鲕状结构已经不存在，只有呈条纹状的矿物。这是由于微波整体作用于铁碳混合物，高磷铁矿内外同时进行还原。高磷铁矿构造普遍发生变化，鲕状结构不复存在，形成条纹状结构。随反应进行，某些低熔点物质形成，充当铁颗粒长大的形核，铁颗粒已经可见。

经能谱分析可知，图 3-42 中白色发亮的是还原出的铁，呈灰色的是脉石。从图 3-42

中可以看出，1050℃时，还原铁已汇聚成较大的铁颗粒，铁颗粒完全破坏了原来矿物的嵌布结构，整体呈海绵状。还原铁和高磷渣部分分离，为后续的磁选形成有利条件。微波加热物质是依靠物质自身的介电损耗进行的，具有选择性。由于铁氧化物的介电常数比磷灰石大，因此微波作用促进了铁氧化物的还原，抑制了磷灰石的还原，有助于高磷铁矿脱磷。

3.3   小结

基于铁矿石、生物质木炭及两者混合物在不同微波功率下的升温行为，综合讨论并分析了物质种类及微波功率对原料升温过程的影响。在此基础之上，通过正交实验分析了不同反应条件对铁矿石还原过程的影响，讨论了不同因素和水平对还原结果的影响程度。此外，本书也对不同升温方式下含碳铁矿物还原的动力学进行分析，证明了微波外场条件下铁矿石碳热还原反应的活化能与传统加热方式相比大幅降低，说明微波外场可加快含碳铁矿物的还原反应速率，同时也证明了微波非热效应对化学反应的催化。对比生物质木炭经不同微波功率辐射处理后的微观结构变化，分析并阐述了微波处理过程对木炭表面微波结构产生的影响及其原理。希望通过本节的研究结果及分析，能够为微波碳素还原铁矿物方面更为深入的研究提供理论基础。

针对微波作用高磷铁矿脱磷提铁工作进行研究，产品的脱磷率和铁的收得率这两个指标很难兼得。微波加热具有选择性，可以促进铁氧化物还原，抑制磷灰石的还原，因此研究微波作用下高磷铁矿碳热还原 – 磁选脱磷提铁，进而使高磷铁矿得到应用，具有显著的现实意义。通过深入分析相关因素对脱磷率和铁的收得率的影响，优化微波作用下高磷鲕状赤铁矿煤基碳热还原工艺的参数，为今后此工艺的工业化提供理论基础。

参 考 文 献

[1] 陈津，宋平伟，王社斌，等. 微波加热含碳氧化锰矿粉体还原动力学研究 [J]. 过程工程学报，2009，9 (zl)：4~5.

[2] 胡宁，徐安武. 鄂西宁乡式铁矿分布层位岩相特征与成因探讨 [J]. 地质找矿论丛，1998，13 (1)：40~47.

[3] 国家地质总局矿产综合利用研究所. 矿产综合科用 [M]. 北京：地质出版社，1978：41~47.

[4] David E C, Diane C F, Jon K W. Processing Materials with Microwave Energy [J]. Mat. Sci. Eng. A-Struct.，2000，287 (2)：153~158.

[5] 崔吉让，卢寿慈. 高磷铁矿石脱磷工艺研究现状及发展方向 [J]. 矿产综合利用，1998 (6)：20~24.

[6] 何良菊，胡芳仁. 梅山高磷铁矿石微生物脱磷研究 [J]. 矿冶，2000，9 (1)：31~35.

[7] 毕学工，周进东，黄治成，等. 高磷铁矿脱磷工艺研究现状 [J]. 河南冶金，2007，15 (6)：4.

[8] 卢尚文，等. 宁乡式胶磷铁矿用解胶浸矿法降磷的研究 [J]. 金属矿山，1994 (8)：30~33.

[9] 朱顺良. 铁 (锰) 矿石的湿法脱磷及综合回收研究 [J]. 湖南冶金，1991 (1)：25~28.

[10] 孙克己，李逸群. 弱磁性铁矿石脱磷选矿试验研究 [J]. 中国矿业，1999 (6)：18~21.

[11] Prasad M, Majmudar A K. Flotation studies on a low grade, cherty-caleareous rock phosphate ore from

Jhabua [J]. India Mineral & Metallurgical Processing, 1995, 12 (2): 221~223.

[12] Yu Zhang, Muhammed M. The removal of phosphorus from iron ore by leaching with nitric acid [J]. Hydrometallurgy, 1989, 21 (3): 255~275.

[13] 衣德强, 刘安平, 尤六亿. 梅山选矿降磷工艺研究及应用 [J]. 宝钢技术, 2003 (1): 13~17.

[14] 纪军. 高磷铁矿石脱磷技术研究 [J]. 矿冶, 2003, 12 (2): 33~37.

[15] 方启学. 微细粒弱磁性铁矿分散与复合聚团理论及分选艺研究 [D]. 长沙: 中南工业大学, 1996.

[16] 王涛, 夏幸明. 铁水"三脱"的工艺特点及对转炉冶炼的影响 [J]. 炼钢, 2005, 21 (2): 7~11.

[17] 河内雄二, et al. Metallurgical characteristics of hot Metal desiliconization by injection gaseous oxygen [J]. 鉄と鋼, 1983, 69 (15): 1730~1737.

[18] Shin-ya Kitamura, et al. Improvement of Reaction Efficiency in Hot Metal Dephosphorization, Proceedings of the Sixth International Conference on Molten Slags, Fluxes and Salts, Stockholm, Sweden-Helsinki, Finland, 12-17 June, 2000, Edited by S. SEETHARAMAN and DU SICHEN.

[19] 陈友谊. 对梅山铁精矿降磷的探讨 [J]. 金属矿山, 1994 (3): 30~35.

[20] Rao Y K, Patil B V. Thermodynamic study of the Mg-Sb system [J]. Ironmaking and Steelmaking, 1984 (1): 308.

[21] Fruehan R J. The rate of iron oxides by cardon [J]. Metallurgical transitions B, 1977, 18B: 279~286.

[22] 杜昆. 含碳球团的研制、结构、性能及还原动力学研究 [D]. 北京: 冶金部钢铁研究总院, 1992.

[23] 汪琦. 铁矿含碳球团技术 [M]. 北京: 冶金工业出版社, 2005.

[24] 周继承. 高磷鲕状赤铁矿煤基直接还原法提铁脱磷技术研究 [D]. 武汉: 武汉科技大学, 2007.

[25] 黄希祜. 钢铁冶金原理 [M]. 北京: 冶金工业出版社, 2002.

[26] 辛剑, 孟长功. 无机化学 [M]. 北京: 高等教育出版社, 2006: 302~333.

[27] 万谷志郎. 钢铁冶金 [M]. 北京: 冶金工业出版社, 2001: 35~38.

[28] Cartledge G H. Studies on the periodic system [J]. Am. Chem. soc., 1930 (52): 3066.

[29] Paschalis E, Weiss A. Hartree-fock-roothaan wave functions, electron density distribution Diamagnetic susceptibility, dipole polarizability and antishielding factor for ions in crystals [J]. Them. Chim. Acta, 1969 (13): 381~408.

[30] 温元凯, 邵俊. 离子极化和离子晶体的晶格能 – 离子极化能的经验计算和非标准型离子晶体的晶格能 [J]. 地球化学, 1973 (4): 276~285.

[31] Капустий. А. Ф. И. Япимпрский К. В. KOX, 1956, 26: 941.

[32] 陈津, 林万明, 赵晶. 非焦煤冶金技术 [M]. 北京: 化学工业出版社, 2007: 354~357.

[33] Hedvig P. Dielectric Spectroscopy of Polymers [M]. Akademiai Kiado, Budapest, 1977: 34~37.

[34] Li J, Chen M, Zheng F, et al. Diffusion Theory of Slow Responses [J]. Science in China, 1997, 40 (3): 290~295.

[35] 黄铭, 彭金辉, 等. 微波与物质相互作用加热机理的理论研究 [J]. 昆明理工大学学报 (理工版), 2005, 6 (30): 15~17.

4 微波辐射改善高炉喷吹煤粉燃烧性能的研究

4.1 微波改质煤粉最佳条件的确定

通过微波在日常生活中使用常识可知，物质在高功率微波的作用下升温更为迅速，物质经长时间辐射处理将会达到更高的温度，不同物质对微波的吸收能力也不相同；使用不同的微波条件对煤粉进行处理，如不同的微波功率与处理时间等，将对煤粉试样产生不同的影响。同时，不同煤种的煤粉经微波处理后，其不同性质的变化也可能完全不同。研究微波改质对不同煤种煤粉燃烧性的影响，确定不同煤种煤粉的最佳微波处理条件，可为微波改质煤粉的机理研究提供基础理论数据。

使用工业微波炉在不同的微波条件下对煤粉进行辐射处理，然后利用高炉风口燃烧模拟装置对不同改质煤粉的燃烧性能进行检测，通过煤粉在燃烧器内的燃烧率来表征煤粉的燃烧性能。比较不同改质煤粉的燃烧性能，从而确定微波改质煤粉的最佳条件。

当前各大钢铁企业所采用的主要高炉喷煤方式仍然是单种或多种无烟煤与烟煤混煤喷吹，这样不仅能兼顾混煤燃烧性与发热值，同时还可以通过各煤样成分上的差别来控制混煤中灰分和硫等不利组分的含量。试验选用鞍钢现场高炉喷吹使用的云岗烟煤和阳泉无烟煤作为微波改质试验的试样，两种煤粉试样的工业分析和元素分析结果见表4-1。

表 4-1　试验煤样的工业分析和元素分析（质量分数）　　（%）

煤　种	工　业　分　析				元　素　分　析				
	FC_{ad}	V_{ad}	A_{ad}	M_{ad}	C_{ad}	H_{ad}	N_{ad}	O_{ad}	S_{ad}
云岗原煤	52.00	30.40	8.80	8.80	67.36	3.54	0.64	8.00	0.93
阳泉原煤	70.40	11.23	10.37	8.00	75.27	2.70	0.94	3.84	0.73

陶瓷和黏土类材质对微波的吸收能力较弱，微波可以几乎完全穿透陶瓷或黏土等材质制成的容器，从而作用于容器中所盛装的物质。本试验使用黏土坩埚作为盛装煤粉的容器，这样既不会因为盛装容器而影响微波对煤粉的作用，也可避免煤粉盛装容器本身在微波的作用下迅速升温而影响煤粉化学性质。

高炉喷吹煤粉被高速喷出煤枪后，随高速热风进入风口回旋区。高炉风口回旋区是高炉内温度最高的区域，煤粉进入风口回旋区后迅速升温，继而燃烧。本试验使用煤粉燃烧器来模拟煤粉在高炉风口回旋区内的燃烧，从而对两种原煤和不同条件改质煤粉的燃烧性能进行测试，煤粉燃烧器的结构见图4-1。

根据加入煤粉燃烧器的煤粉质量和煤灰收集器中收集到的煤灰质量，以及试验前后煤粉燃烧残余物和煤灰的工业分析灰分含量，可以计算出煤粉中可燃物质在煤粉燃烧器内的

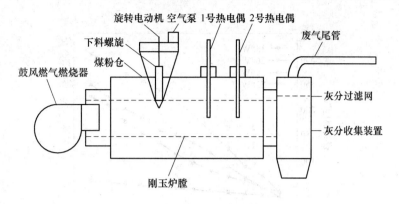

图 4-1 煤粉燃烧器结构

燃烧率 $R^{[1]}$，其计算公式如下：

$$R = 1 - \frac{W_1(1 - A_1)}{W_0(1 - A_0)} \tag{4-1}$$

式中 R——煤粉的燃烧率；

    W_0——参与燃烧的煤粉总质量；

    W_1——煤灰收集器中收集到的煤灰质量；

    A_0——煤粉燃烧前的工业分析的灰分含量；

    A_1——煤灰收集器中煤灰的工业分析灰分含量。

本研究利用不同煤粉在煤粉燃烧器中的燃烧率来表征其燃烧性能。

云岗烟煤和阳泉无烟煤煤粉在不同微波功率下煤粉温度随时间变化的曲线见图 4-2。可以看出，两种煤粉在不同辐射功率下具有基本相同的升温规律，说明煤粉种类并未对微波改质过程中煤粉的升温过程产生影响。此外还可以看出，增大微波辐射煤粉的功率可使煤粉升温速率加快，煤粉在相同时间内所能达到的温度也更高。相关研究表明[2]，煤在 200 ℃以上时即开始热解，裂解产物为小分子量的有机气体。挥发分是煤粉中十分重要的成分，它的含量和活性决定着煤粉燃烧反应的起始温度，同时也对煤粉的燃烧过程有较大的影响。因此，为了避免煤粉挥发分在微波辐射过程中发生裂解而影响煤粉燃烧性或煤粉性质因高温而发生变化，微波对煤粉进行辐射处理的整个过程中，应将煤粉温度控制在 200 ℃以下。

对比煤粉试样在不同功率下的升温曲线还可以看出，在较大的微波功率下，煤粉煤样升温速度较快。在较小的微波功率下，煤粉试样的升温较为缓慢。两种煤粉试样在 528 W 的微波功率下，仅需微波处理 1 min 即可升温至 200 ℃左右。在 396 W 和 264 W 的微波功率下，煤粉升温至 200 ℃左右则需要 100 s。但是在 132 W 的微波功率下，煤粉经过 100 s 的辐射时间仅仅升温至 50 ℃左右。

不同的微波辐射功率下，物质在相同时间内对微波的吸收量也不相同。在使用微波对煤粉进行辐射处理时，不同的微波辐射功率和不同的处理时间将对煤粉产生不同的改质效果。为了确定微波改质煤粉的最佳条件，本试验在不同微波功率下，通过不同的辐射时间对煤粉进行处理，并使用煤粉燃烧器测试煤粉的燃烧性来表征煤粉燃烧性在改质前后的变化。初步试验的结果表明，在 528 W 的微波功率下对煤粉进行处理时，煤粉试样升温十分

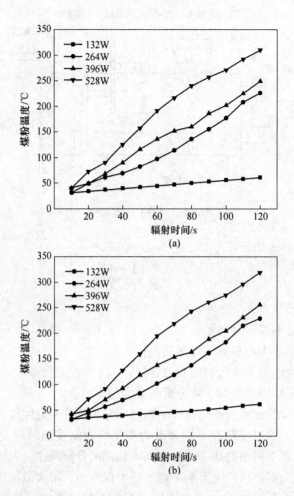

图 4-2　微波辐射过程中云岗煤粉（a）和阳泉煤粉（b）温度随时间的变化

迅速。在 100s 的改质时间内，各改质煤粉的燃烧性与原煤相比都变差。此外，当该功率下的辐射时间达到 100s 左右时，工业微波炉的气体出口偶尔析出白烟。说明尽管煤粉的温度并未超过 300℃，但挥发分在高功率微波的作用下已发生裂解，过高的功率将造成煤粉中挥发分的流失。考虑到以上因素，在设计研究煤粉最佳微波改质条件的试验方案时，并未将 528W 的微波功率作为研究内容。因此，试验选取 132W、264W 和 396W 等三个功率对煤粉进行不同时间的辐射改质，具体的处理方案见表 4-2。

表 4-2　微波改质煤粉试验方案

改质功率/W	改质时间/s			
132				
264	20	40	60	80
396				

　　表 4-3 和表 4-4 为通过公式（4-1）计算出的各煤粉试样在煤粉燃烧器内的燃烧率。将表 4-3 和表 4-4 中煤粉燃烧率绘制成曲线图，见图 4-3 和图 4-4。

表4-3　云岗原煤煤粉和各改质煤粉的燃烧率

改质功率/W	改质时间/s	燃烧煤量/g	煤灰质量/g	煤灰的灰分含量/%	燃烧率/%
—	—	70.3	21.1	19.50	73.50
132	20	68.8	17.9	18.80	76.84
132	40	77.3	15.5	18.40	82.06
132	60	74.6	19.6	18.91	76.64
132	80	80.4	25.9	17.53	70.87
264	20	99.8	25.5	19.51	77.45
264	40	72.6	18.7	25.11	78.85
264	60	100.8	26.5	18.80	76.59
264	80	73.4	26.6	16.83	66.95
396	20	84.7	23.8	18.50	74.89
396	40	64.0	19.4	16.93	72.39
396	60	78.6	28.2	17.28	67.46
396	80	89.6	32.9	15.60	66.02

表4-4　阳泉原煤煤粉和各改质煤粉的燃烧率

改质功率/W	改质时间/s	燃烧煤量/g	煤灰质量/g	煤灰灰分含量/%	燃烧率/%
—	—	48.1	22.2	12.50	54.94
132	20	62.1	25.1	28.43	67.73
132	40	60.8	28.0	24.46	61.19
132	60	59.7	25.5	20.15	61.95
132	80	54.6	26.1	26.24	60.66
264	20	53.9	26.8	29.26	60.76
264	40	59.2	31.0	31.39	59.22
264	60	61.0	33.0	22.12	59.16
264	80	54.6	28.2	27.22	56.07
396	20	60.0	28.0	29.84	63.47
396	40	56.5	26.4	30.64	63.01
396	60	53.0	32.0	34.81	58.83
396	80	55.7	29.5	30.29	58.76

　　由图4-3可以看出，通过不同的微波功率对云岗煤粉进行改质处理，对其燃烧性产生了较为明显的影响。云岗煤粉的燃烧率在不同的改质功率下，都表现出随着改质时间的延长逐渐升高然后降低的抛物线形规律。对比不同改质条件煤粉的燃烧率可以看出，在132W的改质功率下，云岗煤粉的燃烧率相比原煤提高最明显。在132W、264W和396W的改质功率下，云岗煤粉燃烧率的最高点分别出现在改质时间为40s、40s和20s时。改质前云岗煤粉的燃烧率为73.51%，经过各功率下的最佳改质后燃烧率分别为82.06%、78.85%和74.89%。燃烧率分别提高了8.55%、5.34%和1.38%。可以看出改质功率

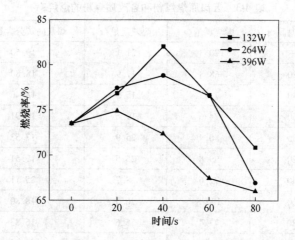

图4-3   各改质功率下云岗煤粉燃烧率随时间变化的曲线

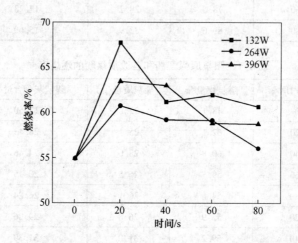

图4-4   各改质功率下阳泉煤粉燃烧率随时间变化的曲线图

132W、改质时间40s为云岗煤粉的最佳改质条件。微波改质对云岗烟煤燃烧率的提高效果十分明显。

由图4-4可以看出,各功率下阳泉煤粉燃烧率较高的数值点均出现在改质时间为20s左右时。在达到最高值之前,燃烧率都是随改质时间的延长而逐渐升高,而进一步延长改质时间,则煤粉的燃烧率开始下降。这与云岗烟煤燃烧率随改质时间变化的规律相似。与云岗烟煤燃烧率曲线为单纯的抛物线不同的是,经过不同功率改质的阳泉烟煤燃烧率在最高点出现后都有一段相对平稳的水平线,而且这些平稳线段的燃烧率都高于原煤的燃烧率。经过各功率下的最佳改质后燃烧率分别为67.73%、60.76%和63.47%。改质前阳泉煤粉的燃烧率为54.94%,燃烧率分别提高了12.79%、5.82%和8.53%,在132W的改质功率下燃烧率提高幅度最大。阳泉无烟煤最佳改质条件是改质功率132W、改质时间20s。

以上研究结果表明,两种煤粉的最佳改质功率均为132W,说明使用微波对煤粉进行处理时，不宜采用过高的功率，较低的微波功率反而能获得更佳的效果。云岗烟煤和阳泉无烟煤的最佳微波改质条件分别为 132W、40s 和 132W、20s。这说明无需在高微波功率下进行长时间处理，便可以使煤粉的燃烧性能得到明显的提高。同时，也说明微波处理煤粉的功率较低、时间较短，因此不会消耗大量的电能，不会明显增加煤粉改质后的成本。

4.2 微波改质对煤粉化学组成和物相组成的影响

煤粉中的极性分子在微波电场内受到高频的微波作用，这些极性分子在高频的旋转和运动时得到活化，降低了煤粉反应所需的活化能，从而提高煤粉的燃烧活性。为了研究煤粉化学组分及煤中物质物相组成在微波改质过程中的变化，分别研究了云岗烟煤和阳泉无烟煤两种原煤及其最佳改质煤粉经微波改质后，其工业分析、元素分析、高位发热值和物相组成等煤粉性质的变化。

4.2.1 煤粉改质前后的工业分析

两种原煤及其改质煤粉的工业分析结果见表4-5。

表 4-5 微波改质前后煤粉的工业分析（质量分数） （%）

煤 种	FC_{ad}	V_{ad}	A_{ad}	M_{ad}
云岗原煤	52.00	30.40	8.80	8.80
云岗改质煤粉	53.81	29.65	9.11	7.43
阳泉原煤	70.40	11.23	10.37	8.00
阳泉改质煤粉	71.58	10.52	10.60	7.30

由微波辐射前后煤粉的工业分析结果可以看出，由于微波辐射并没有导致煤粉温度的大幅升高，因此改质过程对挥发分和水分等成分的含量并未造成显著影响。改质后云岗煤粉的挥发分含量由 30.40% 降低到 29.65%，而阳泉煤粉的挥发分改质后由 11.23% 降低到 10.52%。同时，煤粉中的水分含量也同样出现了小幅降低，云岗煤粉中的水分含量由 8.80% 降低至 7.43%，而阳泉煤粉的水分含量也由辐射前的 8.0% 降低至 7.30%。可见，微波辐射会造成煤粉挥发分和水分含量的少量降低。此外，由于固定碳和灰分的性质较为稳定，其化学含量并不会在低温下发生改变，因此由于挥发分和水分含量的降低，使得固定碳和灰分含量有一定程度的增加，而固定碳含量的变化很可能对煤粉的发热值产生影响。

4.2.2 煤粉改质前后的元素分析

原煤与改质煤粉的元素分析结果见表4-6。元素分析结果表明，微波辐射后煤粉的固定碳含量有小幅增加，这与工业分析结果一致。而 H、N 和 S 等元素的含量较为稳定，微波辐射前后也并未发生明显变化。而两种煤粉中 O 含量在微波辐射前后的变化并不相同，云岗烟煤煤粉经过微波处理后，O 含量降低了 1.12%。阳泉煤粉经过微波处理后，其 O 含量有大约 0.20% 的增加。综合煤粉工业分析和元素分析的结果可以看出，微波辐射并未对煤粉中的各种成分产生大幅的影响，仅仅是由于水分和挥发分在改质过程中的微小变化，导致煤粉中其他的成分也出现了十分微小的变化。

表 4-6　微波改质前后煤粉的元素分析（质量分数）　　（％）

煤　　种	C_{ad}	H_{ad}	N_{ad}	O_{ad}	S_{ad}
云岗原煤	67.36	3.54	0.64	8.00	0.93
云岗改质煤粉	68.63	3.33	0.68	6.88	0.90
阳泉原煤	75.27	2.70	0.94	3.84	0.73
阳泉改质煤粉	75.46	2.66	0.94	4.06	0.75

4.2.3　煤粉改质前后的发热值分析

　　表 4-7 为原煤煤样和最佳改质煤样的高位发热值，由表中数据可以看出，两种煤粉改质后发热值并未发生显著变化，云岗和阳泉改质煤粉的高位发热值与原煤相比分别增加了 0.45% 和 0.34%。煤粉试样发热值的变化量十分微小，推断其变化可能是煤粉改质过程中水分和挥发分含量小幅度降低引起固定碳含量的相对增加所致，同时也可能是试验设备误差所致。说明微波处理过程并未对煤样的发热值产生明显的影响。

表 4-7　微波改质前后煤粉的高位发热值　　（MJ/kg）

煤　　种	$Q_{gr,ad}$	煤　　种	$Q_{gr,ad}$
云岗原煤	26.96	阳泉原煤	29.39
云岗改质煤粉	27.08	阳泉改质煤粉	29.49

4.2.4　微波改质前后煤粉的物相分析

　　煤粉中的极性分子在微波电场中高频电磁波的作用下而高速运动，使分子得到活化，使一些原本在高温下才能进行的化学反应在较低的温度下即可发生。尽管使用最佳微波条件对煤粉改质的过程中，煤粉的温度未超过 50 ℃，但其中各物质之间也可能发生化学反应。因此，利用 X 射线衍射对云岗烟煤和阳泉无烟煤两种煤粉改质前后的物相组成进行了分析。两种煤粉改质前后的 X 射线衍射图谱见图 4-5 和图 4-6。

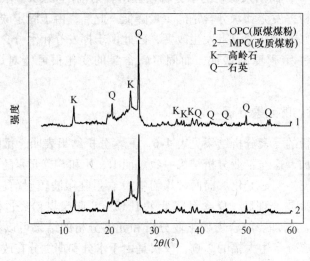

图 4-5　云岗煤粉改质前后的 XRD 衍射图

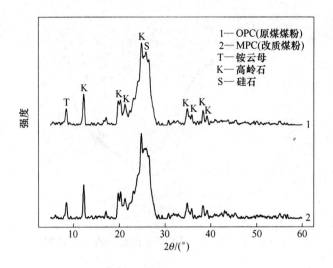

图 4-6 阳泉煤粉改质前后的 XRD 衍射图

可以看出，两种煤粉改质前后的物相组成并未发生显著变化，两条曲线中的各吸收峰的峰位和峰高基本完全相同。说明微波辐射煤粉过程中并没有新的物相生成，煤粉中各物相在改质过程中较为稳定。

4.3 微波改质煤粉燃烧的热重分析

燃烧试验结果证明，云岗烟煤和阳泉无烟煤的最佳改质功率均为 132W。因此，试验选取了云岗烟煤和阳泉无烟煤两种原煤煤粉，以及两种煤粉在 132W 微波功率下，经 20s、40s、60s 和 80s 等 4 个时间水平改质后得到的改质煤粉作为试验样品。分析了原煤与改质煤粉在缓慢升温条件下的燃烧情况，并为动力学分析提供数据。

试验分析了空气气氛条件下，（17.5±0.1）mg 煤粉试样以 20℃/min 的升温速率由室温加热至 900℃过程中煤样的质量变化。云岗原煤煤粉（OPC）和改质煤粉（MPC）在空气气氛下燃烧的 TG 和 DTG 曲线分别见图 4-7 和图 4-8。对比图 4-7 中云岗烟煤原煤煤粉及

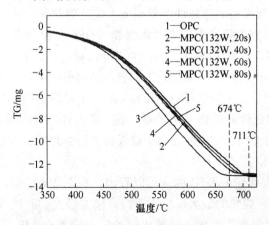

图 4-7 经不同条件改质后云岗煤粉的 TG 曲线

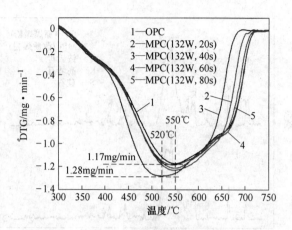

图 4-8　经不同条件改质后云岗煤粉的 DTG 曲线

其在 132W 微波功率下经不同改质时间处理后煤粉的燃烧性曲线可以看出，微波辐射对云岗煤粉的燃烧性有较为明显的影响。在 132W 的微波功率下，经过 20s 的辐射处理后，云岗煤粉的燃烧性有小幅提高。当辐射时间延长至 40s 时，云岗煤粉的燃烧性相对辐射 20s 的改质煤粉有了进一步的提高。而当辐射时间进一步延长至 60s 或 80s 时，煤粉的燃烧性相对 40s 的改质煤粉明显降低。说明在 132W 的微波功率下，煤粉的燃烧性能随着辐射时间的延长而得到提高，而当辐射时间超过一定范围后，煤粉的燃烧性提高幅度开始减小，但在一定的时间范围内仍优于原煤。由于改质后煤粉燃烧性的提高，各改质煤粉的反应结束温度均低于原煤。

　　由图 4-8 可以看出，在 132W 的微波功率下，经过 20s、40s、60s、80s 等 4 个改质时间处理后，改质煤粉的最大反应速率均相对原煤有所提高。经 40s 微波处理后，改质煤粉的最大反应速率提高幅度最为显著，该煤样在 400～600℃ 的温度区间内反应速率大幅高于原煤，同时其达到最大反应速率的温度也较原煤有明显降低。此外，尽管其他 3 种改质煤粉的最大反应速率均高于原煤，但其最大反应速率提高幅度相对 40s 的处理煤样偏低，其最大反应速率温度也与原煤十分接近。以上结果表明，在 132W 的微波功率下，进行 40s 的辐射处理可使云岗煤粉的燃烧性能得到最大幅度的改善。

　　图 4-9 和图 4-10 分别为阳泉无烟煤原煤煤粉（OPC）和经不同改质条件处理的微波改质煤粉（MPC）的 TG 和 DTG 曲线。由图 4-9 可以看出，在 132W 的改质功率下，辐射时间为 20s 时，阳泉煤粉的燃烧性提高最为明显。当辐射时间达到 40s 时，煤粉的燃烧性开始下降。当改质时间进一步延长至 60s 和 80s 时，阳泉煤粉的燃烧性进一步降低。辐射时间为 60s 时，煤粉燃烧性降低到了原煤的水平。当辐射时间达到 80s 时，煤粉的燃烧性与原煤相比变差。说明使用 132W 微波功率对煤粉进行处理时，过长的辐射时间将对煤粉的燃烧性产生不利影响。

　　对比图 4-10 中阳泉煤粉的 DTG 曲线可以看出，在 132W 的微波功率下，阳泉煤粉经 20s 的辐射时间处理后，煤粉的最大反应速率提高幅度最大，改质煤粉在 500～700℃ 的温度区间内的反应速率显著高于原煤。改质煤粉的反应速率在 550～600℃ 的温度区间内维持在约 1.41mg/min 的水平，说明阳泉改质煤粉在该温度区间内能够以很高的速率进行燃

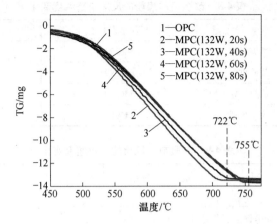

图 4-9　经不同条件改质后阳泉煤粉的 TG 曲线

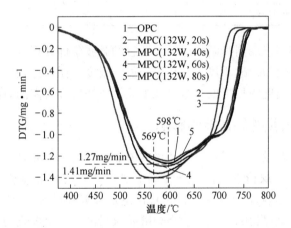

图 4-10　经不同条件改质后阳泉煤粉的 DTG 曲线

烧。同时，改质煤粉达到最大反应速率时对应的温度也明显低于原煤。而通过 40s 辐射时间改质煤粉时，煤粉的最大反应速率尽管相对原煤有一定程度的提高，但其增加幅度相对 20s 的处理煤样有一定差距，同时该反应速率维持的时间也较短。当辐射时间延长至 60s 或 80s 时，其最大反应速率与原煤十分接近。微波辐射 80s 后，煤粉的最大反应速率甚至低于原煤。

　　表 4-8 和表 4-9 分别为云岗烟煤和阳泉无烟煤原煤以及经过最佳条件改质煤粉的反应结束温度、最大失重速率及其对应温度等参数。可以看出，在适宜的微波改质条件下对两种煤粉进行处理后，两种煤粉的反应结束温度降低。云岗和阳泉改质煤粉反应结束温度相对原煤分别降低了 35.19℃ 和 34.84℃。两种煤粉的最大反应速率也增大，云岗煤粉改质后，其最大失重速率由 1.17mg/min 增大到 1.28mg/min，阳泉煤粉的最大反应速率由 1.27mg/min 增大到 1.41mg/min，两者分别提高了 9.40% 和 11.02%。同时，两种煤粉达到最大反应速率时的温度也降低，云岗烟煤和阳泉无烟煤改质后，最大失重速率对应的温度分别降低了 30℃ 和 20℃。可以看出微波改质处理可显著的提高煤粉的燃烧性能。

表 4-8　改质前后煤粉的反应结束温度变化　　　　　　　（℃）

样　　品		反应结束温度	反应结束温度变化
云岗煤粉	原煤煤粉	706.11	35.19
	改质煤粉	670.92	
阳泉煤粉	原煤煤粉	750.70	34.84
	改质煤粉	715.86	

表 4-9　改质前后煤粉的失重速率变化

样　　品		最大失重速率 /mg·min^{-1}	变化率/%	最大失重速率对应温度 /℃
云岗煤粉	原煤煤粉	1.17	9.40	550
	改质煤粉	1.28		520
阳泉煤粉	原煤煤粉	1.27	11.03	598
	改质煤粉	1.41		569

以上分析结果表明，云岗和阳泉煤粉经适宜的微波条件处理后，其燃烧性有十分明显的改善。相对于原煤煤粉，改质煤粉在相对较低的温度下便可达到更高的燃烧速率，使得煤粉燃烧反应的结束温度明显降低，显著地缩短了燃烧反应所需的时间。

4.4　微波辐射对煤焦燃烧性能的影响

高炉和锅炉等工业设备中煤粉燃烧环境的温度都较高，例如高炉风口回旋区内的温度可以达到 1500℃以上，煤粉中的挥发分在高炉风口回旋区内迅速析出、燃烧。煤粉析出挥发分后生成残炭的燃烧性十分重要，它直接决定着煤粉的在高炉风口回旋区内的燃烧率，也同时决定着未燃煤粉的生成量。高炉喷吹煤粉因不完全燃烧而产生的未燃煤粉随高炉煤气流向高炉上部运动，阻塞在料层的缝隙中，严重地影响了高炉料柱的透气性。这不仅降低了高炉喷吹煤粉的置换比，影响煤粉喷吹的效果，同时恶化了高炉的冶炼条件，加重了高炉喷吹煤粉给高炉冶炼带来的副作用。因此，通过对微波改质前后煤粉的挥发分进行了脱除，研究了脱除挥发分后残焦颗粒的燃烧性。

为了研究微波辐射对煤粉中碳素燃烧性的影响，试验通过在惰性气体中进行热处理来脱除煤粉中的挥发分，来研究原煤和改质煤粉煤焦燃烧性能的变化。管式炉加热炉的结构见图 4-11。

在反应器下部装入若干刚玉球，并在刚玉球上部放置筛板，使下部通入的气体得到均匀分布。称取 1g 0.074mm 以下煤粉试样装入刚玉坩埚中，置于管式反应器内的筛板上，向反应器内通入 60mL/min 的 N_2 对煤粉进行保护。当反应器内的空气被排出后，将管式反应器置于管式炉内加热。将反应器由室温加热至 1000℃，并恒温 2h 来完全脱除煤粉中的挥发分。2h 后，将反应器由管式炉中取出，继续通入 N_2 进行保护，待反应器冷却至室温后，将残余煤粉取出。通过差热分析仪测试残焦的燃烧性，试验方法见 4.3 节。

4 种煤粉脱除挥发分后燃烧的 TG 和 DTG 曲线见图 4-12（OPC—原煤煤粉；MPC—改质煤粉；COPC—原煤煤焦；CMPC—改质煤焦；YG—云岗煤粉；YQ—阳泉煤粉。下同）。

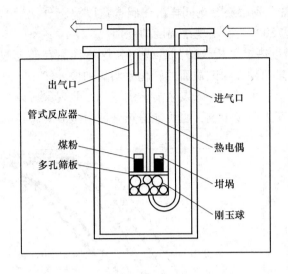

图 4-11 中温管式炉结构示意图

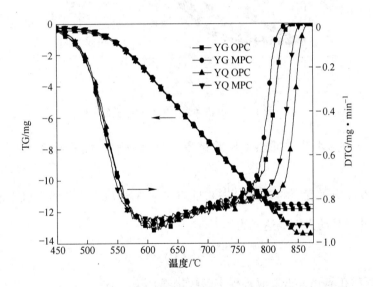

图 4-12 原煤煤焦和改质煤焦的燃烧性

由图 4-12 可以看出,脱除挥发分后,煤粉的燃烧性能明显下降。两种煤粉的反应起始温度都升高至 450℃,而反应结束温度分别升高至 800℃和 850℃。云岗煤粉和阳泉煤粉的反应起始温度分别升高了 100℃和 50℃,反应结束温度分别升高了约 100℃,可见煤粉中的挥发分对煤粉的助燃作用是十分明显的。云岗原煤煤焦和改质煤焦的 TG 曲线在 800℃左右的反应结束温度之前几乎完全重合,而阳泉原煤煤焦和改质煤焦的 TG 曲线在 850℃的反应结束温度之前基本完全重合,云岗煤焦和阳泉煤焦最终反应结束温度的不同应是两种煤焦碳含量不同所致。同时,4 种煤焦在反应结束前的 TG 曲线同样完全重合,说明云岗煤焦和阳泉煤焦的燃烧性十分接近。原煤和改质煤粉煤焦在最终失重量上的微小差别应是由于微波改质导致原煤与改质煤粉之间灰分含量微小差别所致。4 种煤焦的 DTG

曲线在 750℃之前同样差别很小，而同样由于碳含量以及灰分含量上的不同，4 种煤焦的 DTG 曲线在温度超过 750℃之后出现小幅度的差别。

图 4-13 所示为通过热重分析仪得到的煤粉和煤焦样品在升温过程中的转化率曲线。可以看出，云岗和阳泉两种煤粉改质后的转化率明显加快。然而，改质煤粉煤焦的燃烧性却与原煤煤焦维持在同一水平，并未发生显著的变化。此现象可以说明，微波改质过程并未对煤中碳素的活性产生明显影响，也可能是热处理后微波对碳素的活化作用消失。

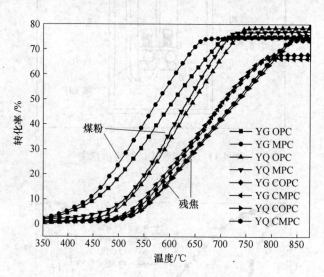

图 4-13　煤粉和煤焦的转化率曲线

根据 4.3 节和 4.4 节中的热重试验结果，对煤粉和煤焦的燃烧反应进行了动力学分析。

煤粉试样在反应过程中的转化率$\dfrac{\mathrm{d}\alpha}{\mathrm{d}t}$与反应速率常数 $k(T)$ 和燃烧机理函数三者之间的关系是线性的，其动力学表达式为[2~4]：

$$\frac{\mathrm{d}\alpha}{\mathrm{d}t} = k(T)f(\alpha) \tag{4-2}$$

式中　α——煤粉在氧化失重反应过程中的转化率，%；

t——转化率达到 α 时所需的升温时间，s；

T——转化率达到 α 时所达到的温度，K。

速率常数 $k(T)$ 通常情况下根据 Arrhenius 公式对其进行表达：

$$k(T) = A\exp\left(-\frac{E}{RT}\right) \tag{4-3}$$

式中　A——指前因子，min^{-1}；

E——活化能，kJ/mol；

R——气体反应常数，取值为 $8.314 \times 10^{-3}\mathrm{kJ/(mol \cdot K)}$。

$f(\alpha)$ 的表达式为：

$$f(\alpha) = (1-\alpha)^n \tag{4-4}$$

式中　n——反应级数。

试样的转化率 α 可通过 TG 曲线按照以下公式求得：

$$\alpha = \frac{W - W_t}{W_0 - W_\infty} \qquad (4-5)$$

式中　W_0——试样初始质量；

　　　W_t——t 时刻质量；

　　　W_∞——最终质量。

将式（4-3）和式（4-4）代入式（4-2）中，其反应动力学方程为：

$$\frac{\mathrm{d}\alpha}{\mathrm{d}t} = A\exp\left(-\frac{E}{RT}\right)(1-\alpha)^n \qquad (4-6)$$

升温速率可由下式求得：

$$\beta = \frac{\mathrm{d}T}{\mathrm{d}t} \qquad (4-7)$$

将式（4-7）代入式（4-6），式（4-6）可变形为：

$$\frac{\mathrm{d}\alpha}{(1-\alpha)^n} = \frac{A}{\beta}\exp\left(-\frac{E}{RT}\right)\mathrm{d}T \qquad (4-8)$$

对式（4-8）两边进行积分并记为 $G(\alpha)$，可得到：

$$G(\alpha) = \int_0^\alpha \frac{\mathrm{d}\alpha}{(1-\alpha)^n} = \int_{T_0}^T \frac{A}{\beta}\exp\left(-\frac{E}{RT}\right)\mathrm{d}T \qquad (4-9)$$

在等速升温速率 β 条件下：

$$T = T_0 + \beta t \qquad (4-10)$$

式中　T_0——初始温度，K。

$$\mathrm{d}T = \beta\mathrm{d}t \qquad (4-11)$$

对式（4-9）积分后两边取对数可得：

$$\ln\left[\frac{G(\alpha)}{T^2}\right] = \ln\left(\frac{AR}{\beta E}\right) - \frac{E}{RT} \qquad (4-12)$$

将 $\ln\left[\frac{G(\alpha)}{T^2}\right]$ 对 $\frac{1}{T}$ 作图，将不同 $G(\alpha)$ 代入式（4-12），用最小二乘法拟合试验数据，由斜率求 E，由截距求 A。通过将 41 个常用动力学机理函数代入式（4-12），对试验数据进行拟合后筛选出线性最好的机理函数，计算反应的活化能。通过比较，选取机理函数 $G(\alpha) = -\ln(1-\alpha)$（$n=1$）对各煤粉试样拟合曲线的线性较好，相关系数可达到 0.99 以上。

考虑到云岗烟煤和阳泉无烟煤煤粉剧烈反应的温度区间分别 450 ~ 650℃，而煤焦的剧烈反应温度为 575 ~ 775℃，分别计算了煤粉和煤焦在其剧烈反应温度区间内的活化能，各煤粉和煤焦的活化能见表 4-10。

可以看出，云岗烟煤和阳泉无烟煤改质后的活化能相对原煤分别降低了 12.40% 和 10.13% 左右，改制煤粉煤焦的活化能相对于原煤煤焦的活化能分别降低了 3.56% 和 3.67%。说明微波改质对于提高煤粉的燃烧性有较为明显的作用，而对煤焦燃烧性的作用并不明显或热处理后微波的改质效果消失。

表 4-10　煤粉和煤焦的动力学参数

样品	温度区间/℃	拟合方程	活化能/kJ·mol^{-1}	相关系数
云岗原煤煤粉		$y = -7907.99x - 4.02$	65.75	0.99
云岗改质煤粉	450~650	$y = -6959.37x - 5.53$	57.86	0.99
阳泉原煤煤粉		$y = -10768.49x - 1.81$	89.53	0.99
阳泉改质煤粉		$y = -9677.54x - 2.91$	80.46	0.99
云岗原煤煤焦		$y = -8435.92x - 5.05$	70.14	0.99
云岗改质煤焦	575~775	$y = -8135.85x - 5.41$	67.64	0.99
阳泉原煤煤焦		$y = -7547.70x - 6.16$	62.75	0.99
阳泉改质煤焦		$y = -7271.43x - 6.51$	60.45	0.99

(1) 利用煤粉燃烧器模拟高炉风口的燃烧条件, 对原煤煤粉和改制煤粉在煤粉燃烧器内的燃烧率进行了测定。试验结果表明, 云岗煤粉的最佳改质条件为微波功率 132W、改质时间 40s。阳泉煤粉的最佳改质条件为微波功率 132W、改质时间 20s。通过最佳微波改质条件改质后, 云岗和阳泉煤粉的燃烧率分别提高了 8.55% 和 12.79%。说明微波改质后煤粉燃烧性能有十分明显的提高。

(2) 微波改质后煤样各组分的最大变化量仅为 1% 左右, 说明微波处理过程对煤粉的化学成分影响较小。改质过程中煤样的温度并未超过 50℃, 改质过程未对煤样中化合物的结合方式发生明显改变。说明经过微波辐射处理后, 煤粉燃烧性能的提高并不是微波热效应的结果, 而是煤粉中的可燃物质在处理过程中得到活化, 加速了煤粉燃烧反应的进行。

(3) 在惰性气体中恒温脱除了煤样中的挥发分, 利用热重分析仪对不同煤样煤焦燃烧性能进行了分析。试验结果表明, 云岗烟煤和阳泉无烟煤原煤煤焦与改质煤焦的燃烧性并无明显差别。说明微波改质对煤粉中固定碳燃烧性能的活化作用在热处理后消失。

(4) 改质前后煤粉及其煤焦燃烧反应的动力学分析结果表明, 改质煤粉活化能相对原煤分别降低了 12.40% 和 10.13%, 而改质煤粉煤焦的活化能相对原煤煤粉煤焦分别降低了 3.56% 和 3.67%。说明微波辐射处理对于提高煤粉的燃烧性能有较为明显的作用, 而对煤粉中固定碳燃烧性能的活化作用并不明显, 也或热处理过程使该作用削弱。

4.5　微波辐射改质煤粉的机理分析

4.5.1　微波改质前后煤粉的粒度分析和微观形貌

由于煤中存在大量的极性分子, 使这些分子在微波电场下会产生高速的往复运动。这些分子的运动和碰撞将使其与非极性分子间产生相对运动, 从而使煤粉颗粒表面和内部产生裂纹或使煤粉得到进一步的破碎, 使其粒度降低。煤粉的粒度是影响煤粉燃烧反应的重要参数, 在动力学上对煤粉的燃烧有较大的影响, 其决定着煤粉与氧接触面积的大小。同时, 也决定着挥发分由煤颗粒内部向表面析出的难易程度。粒度的变化将对煤粉燃烧的活化能产生一定程度的影响。

通过对云岗烟煤和阳泉无烟煤两种煤粉改质后的燃烧性能分析可以看出，在适宜的功率和时间条件下对煤粉进行微波辐射处理可以有效地提高煤粉的燃烧性能。对比改质前后煤粉的化学组分和物相组成可以发现，煤粉改质前后的化学成分和物相组成均未发生明显变化，说明煤粉燃烧性能的提高并不是由于煤粉化学组分变化所导致的，微波作用于煤粉的机理还不明确。本章通过分析微波处理前后煤粉颗粒形貌及官能团结构的变化，研究了微波对煤粉的作用机理，并对煤粉的燃烧反应进行了非等温动力学分析。

本研究利用激光粒度分析仪对粉煤在微波辐射前后的粒度进行了分析，可得到样品的累计分布和区间分布两种信息。累积分布是某一粒度以下的粒子量与整个粒子群量的比值。区间分布是将粒子群按粒度范围分为若干组，不同粒度区间内的粒子量与整个粒子群量的比值称为区间分布。

对云岗烟煤煤粉经微波改质前后的粒度分布进行了分析，两种煤样粒度的累计分布和区间分布结果见图 4-14 和图 4-15。

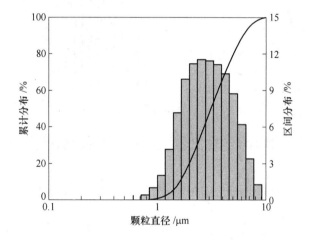

图 4-14　云岗原煤煤粉的累计分布和区间分布

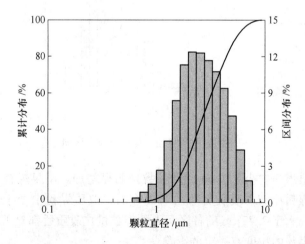

图 4-15　云岗改质煤粉的累计分布和区间分布

　　对比云岗原煤煤粉和微波处理煤粉的粒度分析结果可以看出，改质煤粉中粒度小于 3μm 的各粒度区间内颗粒数量增加，3~4μm 之间的颗粒比例基本稳定。同时，介于 4~10μm 各粒度区间内的颗粒比例显著降低。这说明云岗煤粉在改质过程中，其煤粉颗粒受到微波的辐射作用，使煤粉颗粒的粒度有一定程度的降低；但由于功率较低，辐射处理的时间也较短，并未对煤样的粒度产生十分显著的影响。

　　图 4-16 和图 4-17 所示为阳泉原煤煤粉和最佳微波条件处理煤粉经微波改质前后的粒度分析结果。

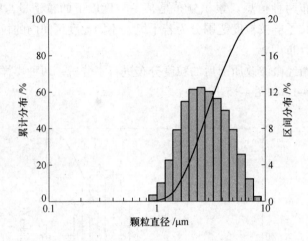

图 4-16　阳泉原煤煤粉的累计分布和区间分布

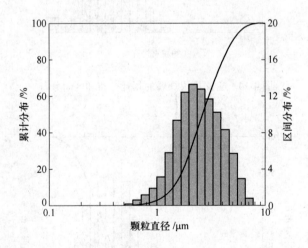

图 4-17　阳泉改质煤粉的累计分布和区间分布

　　可以看出，改质煤粉中小于 2μm 的颗粒数量明显增加。阳泉煤粉中介于 2~2.77μm 的两个颗粒区间内煤粉比例在改质前都在 12% 左右，改质煤粉中处于这两个粒度区间的颗粒数量明显增加。大于 2.77μm 的各区间内颗粒数量在改质后都显著减少。说明微波改质也对阳泉无烟煤煤粉的粒度有一定的影响。

　　表 4-11 为各煤样粒度分析的详细结果。其中 X10、X50、X90 分别表示累计分布为

10%、50%、90%时所对应的粒径。其中 X10 和 X90 可以分别代表试样的最小粒度和最大粒度，两者之间的区间也可表示试样的粒度分布区间。X50 可以用来表征试样的平均粒度。其中表面积结果为试样的体积表面积，即单位体积试样的表面积。

表 4-11　各煤粉试样的粒度分析参数

煤粉	X10/μm	X50/μm	X90/μm	比表面积/m² · cm⁻³
YG OPC	1.629	3.134	6.087	2.567
YG MPC	1.510	2.822	5.407	2.832
YQ OPC	1.638	2.987	5.687	2.619
YQ MPC	1.430	2.625	4.951	3.032

由表中数据可知，云岗煤粉的 X10、X50、X90 等参数在改质后分别降低了 7.30%、9.96%、11.17%，而阳泉煤粉分别降低了 12.70%、12.12%、12.94%。颗粒粒度上的变化对煤粉的比表面积有直接影响，云岗和阳泉改质煤粉的比表面积相对于原煤分别增加了 10.32% 和 15.77%，煤粉比表面积的增加在动力学上对煤粉的燃烧有一定的促进作用。

通过电子显微镜对云岗烟煤和阳泉无烟煤煤粉在微波辐射前后煤粉颗粒的微观形貌进行了观察。图 4-18 ~ 图 4-21 分别为云岗烟煤和阳泉无烟煤的原煤煤粉微波处理前后煤粉的 SEM 照片。

10μm

图 4-18　云岗煤粉改质前的 SEM 照片

对比两种煤粉微波处理前后的颗粒外观形貌和颗粒分布可以看出，由于使用的微波功率较低，辐射处理时间也较短，因此并未观察到微波处理对煤样颗粒的外观形貌产生明显的影响。两种煤粉改质前后的粒度分布结果也表明，改质煤粉的粒度相对原煤有一定程度的降低，但其降低幅度并不十分显著，因此未能在 SEM 照片中观察到两者的明显区别。但可以看出，云岗原煤和改质煤粉的颗粒相对阳泉煤粉更为均匀，细小煤粉颗粒所占比例更大。

煤属于成分复杂的混合物，其中含有碳基质、矿物质、硫（有机和无机）及少量金属化合物等。这些物质对微波的吸收能力都不相同，而且存在较大差别。使用微波对煤粉进行处理时，不同物质由于吸收微波能力的差别而产生不同频率或幅度的振动，此种振动极有可能导致不同物质接触界面之间因相对运动而产生裂纹。

图 4-19 云岗煤粉改质后的 SEM 照片

图 4-20 阳泉煤粉改质前的 SEM 照片

图 4-21 阳泉煤粉改质后的 SEM 照片

图 4-22 和图 4-23 所示分别为云岗和阳泉原煤煤粉颗粒的微观形貌。

图 4-22　云岗原煤煤粉颗粒的微观形貌

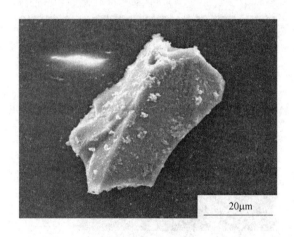

图 4-23　阳泉原煤煤粉颗粒的微观形貌

观察两种原煤煤颗粒外部的 SEM 图片可以看出，两种原煤煤颗粒的各个切面十分光滑，同时不同切面交界线处具有十分明显的棱角，并未在煤颗粒的表面观察到裂纹。

图 4-24 和图 4-25 所示分别为两种原煤煤粉颗粒剖面的微观形貌。

由图 4-24 和图 4-25 可以看出，两种原煤煤样颗粒的内部结构十分致密，其剖面十分光滑，仅在部分区域发现少量微气孔，并未观察到煤颗粒中任何裂纹的存在。这些气孔与煤的形成物质及其演变过程有关，并非破碎制粉过程所致。

图 4-26 和图 4-27 所示分别为两种改质煤粉颗粒剖面的微观形貌。改质后煤粉颗粒内部出现大量明显裂纹，但煤粉颗粒并未因裂纹而完全破碎，煤粉颗粒仍然十分完整。贯穿裂纹所产生的粉碎颗粒粒度仍维持在 10μm 左右。

煤粉粒度的降低可能与很多因素有关，但其中最主要的影响因素应是图 4-28 中所示。煤是一种由多种化合物组成的复杂混合物，其中包括碳基质、有机烃类化合物、水和矿物质等。通过对比改质前后煤粉工业分析和元素分析的结果发现，两种煤粉在改质前后各种

图 4-24　云岗原煤煤粉颗粒剖面的微观形貌

图 4-25　阳泉原煤煤粉颗粒剖面的微观形貌

成分均未发生明显变化，说明在改质过程中煤粉的各组分相对稳定。然而，煤粉中的不同组分对微波的吸收能力有较大的区别。微波吸收能力较强的组在微波场内的运动速度较快或幅度较大，而微波吸收能力较差的组分在微波场内运动速度相对较慢或幅度较小。尽管各组分的含量在微波改质过程中并未产生明显变化，但由于运动速度的不同，不同组分之间很可能产生相对运动。这种相对运动在不同组分之间产生应力，使不同组分物质的界面产生裂纹甚至破碎，如图 4-28 中所示。煤种的碳基质和矿物质对微波的吸收能力相差较大，因此煤粉粒度在微波辐射后的变化很可能是由于两者相对运动而产生裂纹或破碎而导致的。然而，由于使用的微波功率较小、时间也较短，煤粉粒度上的变化较小。

　　以上分析结果表明，煤粉粒度经微波辐射后有一定程度的降低，同时煤粉颗粒的比表面积增大。因此可以说明，煤粉在微波辐射过程中粒度上的变化有利于改善煤粉燃烧性能，并不会对煤焦的反应性产生显著的影响。微波改质提高煤粉燃烧性的机理有待进一步研究。

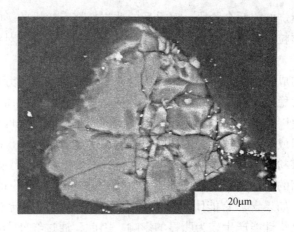

图 4-26　云岗改质煤粉颗粒剖面的微观形貌

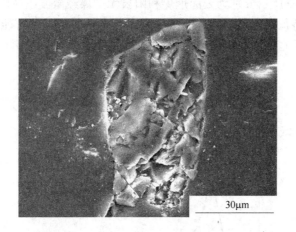

图 4-27　阳泉改质煤粉颗粒剖面的微观形貌

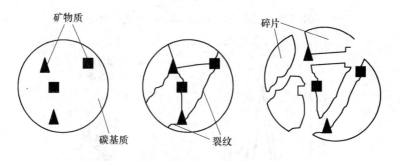

图 4-28　改质过程中煤粉颗粒减小的机理

4.5.2　改质前后煤粉表面官能团的变化

煤粉在高炉风口回旋区内的燃烧可以分为三个阶段：第一阶段是煤粉中挥发分的裂解析出；第二阶段是裂解析出的挥发分燃烧；第三阶段是煤粉残炭的燃烧。煤粉挥发分的析出和燃烧作为煤粉燃烧的前两个阶段，对最后的残炭燃烧有较大的影响。挥发分燃烧放出热量加热煤粉残炭颗粒，促进其燃烧。因此挥发分析出的难易程度对整个煤粉燃烧过程有较大的影响。

　　煤粉中最主要的成分是碳，它在煤中主要是以复杂有机高分子芳香烃形式存在的。这部分高分子碳链较为稳定，在较高的温度下才会与氧发生化学反应而断裂。而这部分高分子链的侧链主要是由碳、氢、氧等三种元素以不同的有机结合方式构成含氧的官能团，煤粉中的含氧官能团组成对煤粉挥发分的裂解过程有很大的影响，不仅决定着煤粉的裂解温度，同时还决定着煤粉的裂解产物[5]。同时，煤粉中的羟基和与芳香族相连的亚甲基等含氧官能团具有较高的活性，是煤粉受热过程中最先发生化学反应的基团[6]。在微波对煤粉的辐射过程中，如果含氧官能团因微波作用而得到活化或者含氧官能团构成发生变化，将会对煤粉的燃烧性能产生较为明显的影响。因此，通过红外光谱对微波改质前后煤粉中的含氧官能团结构进行了分析。

　　图 4-29 和图 4-30 所示分别为云岗烟煤和阳泉无烟煤经微波改质前后的红外光谱曲线。红外光谱曲线中各特征峰所对应的官能团见表 4-12[7]。对于某种官能团，其特征峰的相对吸收强度代表着这种官能团在煤粉中的振动强度，可用来表征该基团在煤粉中的相对含量。

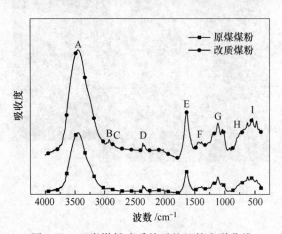

图 4-29　云岗煤粉改质前后的红外光谱曲线

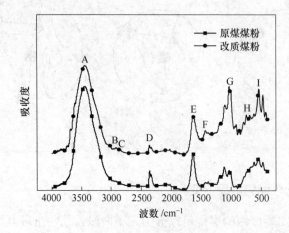

图 4-30　阳泉煤粉改质前后的红外光谱曲线

表 4-12 不同吸收峰所对应的官能团

峰	波数/cm^{-1}	官　能　团
1	3300	—OH（氢键缔合）
	3030	—CH（芳环）
2	2950（肩峰）	—CH$_3$
3	2920, 2860	—CH$_3$（环烷烃或脂肪烃）
4	2780~2350	—COOH
5	1610	氢键缔合的羰基
	1590~1470	芳烃
	1460	—CH$_2$，—CH$_3$，无机盐
6	1375	—CH$_3$
7	1330~1110	C—O（酚，醇，醚，酯）
	1040~900	灰分
8	860	CH（1,2,4-；2,4,5-；1,2,3,4,5-取代芳烃）
	750	CH（1,2-取代芳烃）
	700	CH（单取代或1,3-取代芳烃）
9	550	—SH

　　通过对比可以看出，微波处理对煤粉中的多数有机官能团均产生了十分明显的影响。—OH 是煤中活性最强的有机官能团，—OH 的氧化反应对煤的分子结构有较大的破坏作用，可使煤中的大分子链发生断裂，使碳链骨架分解成较小的有机分子，因此其反应过程对煤粉燃烧性能的影响较大。对比图 4-29 中曲线可以看出，—OH 的吸收峰强度经微波辐射处理后大幅升高，说明云岗烟煤分子中—OH 的数量有大幅度的增加，这应是云岗煤粉经微波改质后燃烧性大幅提高的原因。相关研究结果表明[8~10]，煤中—CH$_3$ 和—CH$_2$ 等官能团的反应活性也较强，这些官能团在低温下便可被氧化。改质煤粉中这两种官能团的吸收峰也有一定程度的增强，因此有助于煤粉燃烧性的提高。与之相比，其他官能团的吸收强度改变较小。由于水分和挥发分在微波辐射过程中的流失，导致灰分的吸收峰有一定程度的增加。此外，芳香烃和—SH 等官能团在微波辐射以后其吸收峰强度也有一定程度的增加。

　　相比之下，阳泉无烟煤经过微波辐射处理之后，其—OH 吸收峰并未出现十分明显的变化，说明其燃烧性的提高原因与云岗烟煤不同。同样由于微波辐射使阳泉煤粉中的水含量和挥发分含量都有一定程度的降低，灰分的吸收峰升高十分明显。此外，与云岗煤粉相同，阳泉煤粉中—SH 的吸收峰同样也出现了升高，且其升高程度较云岗煤粉更为明显。阳泉改质煤粉中 6 号峰和 8 号峰的强度有一定程度的提高，说明—CH$_3$ 和芳香烃上的—CH 取代数量增加，这对煤粉的燃烧性能是有利的。阳泉煤粉燃烧性的提高应是芳香烃上高活性的取代基团数量增加的结果。

　　对比微波辐射前后红外光谱曲线上的吸收峰强度变化可以看出，微波辐射对煤样分子中多种有机官能团都有十分明显的影响。其中多数高活性官能团的吸收峰强度都有较大幅度的增强，说明微波辐射可提高煤粉挥发分的活性，加速其燃烧过程中的裂解过程。

4.5.3　挥发分析出对煤粉颗粒结构的影响

煤主要结构由碳素骨架构成,其外围则是各类烷基侧链和含氧官能团支链。其中碳素骨架在低温下的化学性质较为稳定,而侧链和支链的基团性质较为活泼。在燃烧过程中侧链和支链上的基团易于参与化学反应,主要是煤中活性官能团的氧化和挥发分的析出。官能团的氧化和挥发分的析出将对煤粉颗粒的结构产生明显的影响,如煤粉颗粒的比表面积将随着侧链和支链上基团的析出而不断增大。由于微波改质煤粉挥发分的析出速度明显高于原煤煤粉,因此改质煤粉的颗粒在相同温度下易于拥有较大的比表面积,为碳氧化学反应的进行提供了更大的反应界面,从而加速了碳氧之间化学反应的进行速率。研究改质煤粉与原煤煤粉在燃烧过程中微观结构的变化,可进一步明确微波改质煤粉的机理,为微波改质煤粉在工业领域中的应用提供理论基础。

为了研究煤粉试样在不同温度阶段主要进行的化学反应及煤中主要参与反应的有机官能团。试验选用了一种燃烧过程中 DTA 曲线波动较为明显的烟煤作为试验的原料。该烟煤的工业分析和元素分析结果见表4-13。将该煤样恒温干燥脱除空气干燥基水分后,破碎筛分出 0.074mm 以下的煤粉试样。然后利用热重分析仪分析了 (17.5±0.1)mg 该煤粉试样在空气气氛下,以 20℃/min 的升温速率由室温升温至 900℃ 的燃烧过程,试验得到的 TG、DTG 和 DTA 曲线见图4-31。

表 4-13　王佐烟煤的工业分析和元素分析

煤种	工业分析/%			元素分析/%					$Q_{gr,d}$ /MJ·kg^{-1}
	FC_d	V_d	A_d	C_d	H_d	N_d	O_d	S_d	
王佐煤	62.97	31.73	5.30	75.87	4.38	0.90	12.63	0.44	29.62

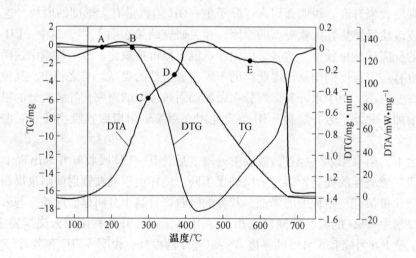

图 4-31　王佐煤的热重分析曲线

由煤粉试样在空气气氛下的热重分析曲线可以看出,煤粉试样在加热至200℃之前既有小幅度的失重,煤样的失重速率在100℃左右时达到最大值。由 DTA 曲线可以看出,煤粉试样在这一失重过程中发生的主要是吸热反应。这可能是由于煤粉试样中的水分受热蒸发或小分子挥发分开始裂解析出过程吸热所致。但在该失重的后期，反应已经开始放出热量，说明煤粉中挥发分的氧化或燃烧在这一失重过程的后期已经开始。然而，当煤粉试样升温至170℃（A点）时，DTG数值变为零，说明此时煤粉试样已停止失重。在170℃~260℃（B点）的温度区间内，DTG的数值变为正值，说明煤粉试样在这一温度区间内的反应使其重量增加，推断这部分增重应是煤粉试样因发生氧的化学吸附而产生的。在260℃时，煤粉试样的质量基本恢复到反应前的初始质量。

此外，通过煤粉试样的DTA曲线可以看出，煤粉试样的热流曲线分别在300℃（C点）、370℃（D点）和570℃（E点）等三个温度位置出现了较为明显的转折，说明煤粉试样在这三个温度位置均有新的化学反应发生，使得煤粉试样的放热量发生变化。

为了研究上述过程中煤样在不同温度区间内发生的化学反应，以及这些化学反应对煤样官能团结构和颗粒微观结构的影响，试验分别将煤粉试样加热至170℃、260℃、300℃、370℃和570℃等不同温度，使其煤样发生不同程度的氧化和裂解反应。通过红外光谱对不同热解程度煤样的官能团结构进行分析，研究不同温度区间内主要进行反应的官能团。同时，观察氧化裂解过程中煤样微观形貌的变化，研究煤粉的氧化和裂解对其微观结构的影响。

试验利用WCT–2C型热重分析仪，在空气气氛下以20℃/min的升温速率对(17.5±0.1)g粒度在0.074mm以下的煤粉试样进行加热，当煤粉试样的温度升高至目标温度时停止加热。为了防止煤粉试样在降温过程中继续受到氧化或挥发分因高温而继续裂解析出，在降温过程中通入流量为100mL/min的Ar气对剩余煤粉试样进行吹扫，较大流量的惰性气体不仅可以隔绝高温煤粉试样与空气的接触，同时也可起到加速煤粉试样冷却的作用，避免了降温过程中煤粉试样的氧化和裂解。待煤粉试样冷却至室温后，利用红外光谱对坩埚中剩余的煤粉试样进行官能团结构分析，同时利用SEM对剩余煤粉试样的微观结构进行观察。

原煤煤粉试样以及经过不同条件加热处理后煤粉试样的红外光谱曲线见图4-32。图中各曲线在不同波数的位置特征峰所对应的官能团种类参见表4-12。

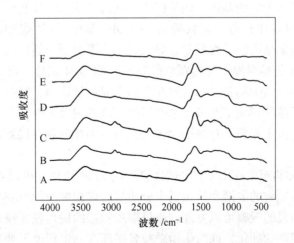

图4-32 氧化煤样的红外光谱

A—原煤；B—160℃；C—260℃；D—300℃；E—370℃；F—560℃

对比原煤煤粉试样与经160℃加热氧化后煤粉试样的红外光谱曲线可以看出，煤粉试样氧化至160℃后，其—CH₃官能团的吸收峰强度有十分明显的增强，说明由室温加热至160℃的过程中，煤样中的—CH₃数量有一定程度的增加。对比160℃时煤粉试样的红外光谱曲线可以看出，260℃时煤粉试样中—CH₃、—COOH和—C═C—等基团的吸收峰强度均有较为明显的增强，说明煤粉试样由160℃升温至260℃的过程中，煤粉试样中的部分官能团发生了氧化，试验结果与文献中的结论一致[11]。说明260℃时煤粉试样发生了氧的化学吸附，其中苯甲基和—OH等官能团被氧化生成—COOH，从而导致煤粉试样的质量有一定的增加。

王佐煤粉被加热至300℃后，煤样中—CH₃、—COOH和—C═C—等官能团的吸收峰相比260℃时显著降低。—CH₃官能团在红外光谱曲线上的吸收峰已经变得不太明显，其强度已低于原煤—CH₃官能团的吸收峰，说明升温过程中产生的—CH₃已经完全分解，同时原煤中存在的—CH₃也大量分解。此外，—COOH官能团在这一温度的吸收峰几乎完全消失，说明加热过程中煤样化学吸附的氧已经完全脱附，同时原煤试样中的—COOH官能团也已经完全分解。—C═C—官能团在300℃时的吸收峰恢复到原煤的水平，说明加热过程中生成的—C═C—官能团已完全分解，而原煤煤样中存在的—C═C—官能团在加热过程中未发生任何变化。由以上结果可以看出，尽管由260℃升温至300℃时的温度变化仅为40℃，但王佐煤粉在这一温度区间内发生了大量的化学反应，之前升温过程中生成的某些官能团在此区间内均已分解，这也是王佐煤粉试样燃烧反应的DTG数值在该温度区间内直线增大的原因。

在300~370℃的温度区间内，煤样的官能团结构并未发生显著的变化。仅是波数3300cm⁻¹位置—OH官能团的吸收峰强度稍有降低，说明该温度区间内主要是—OH官能团参与反应。

370~560℃的温度区间为王佐煤粉燃烧反应剧烈进行的阶段。对比370℃和560℃反应后煤焦红外光谱曲线可以看出，经过该阶段的反应后，煤粉试样中活性较高的基团都明显减少，—OH和—C═C—等基团的吸收峰强度明显下降。以上现象表明，—C═C—官能团是王佐煤粉中最为稳定的基团，该基团在温度达到370℃以上时才会参与煤粉的燃烧反应。同时，560℃时煤焦含有一定数量的—COOH基团，说明煤中的活性基团在560℃大部分已被氧化，剩余基团的活性较差，导致燃烧速度有所减缓。

图4-33所示为王佐烟煤原煤煤粉颗粒微观形貌的SEM照片。可以看出，煤粉颗粒在反应前保留着较为明显的尖端和棱角，颗粒上的平面数量较少，同时煤粉颗粒各个切面较为光滑规整，煤粉颗粒的切面上并未出现明显的凹坑或裂纹，颗粒的形状呈棱角明显的无规则多边形。同时，由于煤粉颗粒各平面较为光滑，因此附着在煤颗粒表面更为细小的粉末较少。

图4-34所示为加热至160℃时王佐烟煤颗粒的SEM照片。可以看出，当煤粉被加热至这一温度时，煤粉颗粒的尖端和棱角仍十分明显，煤粉颗粒的形貌与原煤相比并未发生显著的变化。通过细致的观察可以发现，原煤煤粉颗粒的棱角较为锋利，而加热后煤粉颗粒的棱边出现一定程度的钝化，同时煤粉颗粒各平面在一定程度上变得凹凸，导致附着在煤粉颗粒表面的粉末增加。

图4-35所示为加热至260℃时王佐烟煤颗粒的SEM照片。可以看出，煤粉颗粒尖端

和棱角钝化程度加深，煤颗粒切面数量增加，同时各切面的面积变小，原本光滑的切面变得凹凸不平，煤粉颗粒开始向球形变化，部分煤粉颗粒内部出现穿透性裂纹。煤样在此温度时的氧化学吸附量达到最大。说明氧的化学吸附对煤粉颗粒的结构产生显著影响。

图 4-33 王佐烟煤原煤颗粒的 SEM 照片

图 4-34 加热至 160 ℃时王佐烟煤颗粒的 SEM 照片

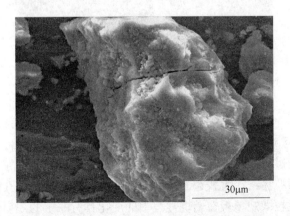

图 4-35 加热至 260℃时王佐烟煤颗粒的 SEM 照片

煤粉颗粒由 260℃ 加热至 300℃ 时，由于温度变化的区间较小，因此煤颗粒的形貌与 260℃ 时相比并未发生显著变化，如图 4-36 所示。300℃ 时王佐煤粉挥发分并未开始大幅裂解，其试样的失重量仅为 0.36% 左右，因此其结构仅由受热膨胀产生内部应力而导致部分颗粒出现裂纹。

图 4-36   加热至 300℃ 时王佐烟煤颗粒的 SEM 照片

图 4-37 为升温至 370℃ 时王佐烟煤颗粒的 SEM 照片。尽管 300~370℃ 的温度区间变化较小，但煤颗粒在此温度区间内的结构变化最为显著。由于煤中挥发分在此升温过程中大量裂解，370℃ 时的煤粉颗粒内部出现大量孔隙，整个煤粉颗粒呈现类似于松塔式的结构。

图 4-37   加热至 370℃ 时王佐烟煤颗粒的 SEM 照片

图 4-38 为加热至 560℃ 时王佐烟煤颗粒的 SEM 照片。可以看出，370℃ 时煤粉颗粒呈现的松塔结构消失。煤粉颗粒外部结构因燃烧反应而发生破碎，颗粒外部产生大量的细小颗粒，这些微小的颗粒黏结在大颗粒的表面，阻塞在大颗粒表面的孔隙中。

综上可知，煤颗粒微观形貌在燃烧过程中的变化具有一定的规律性。随着燃烧反应的进行，煤粉颗粒的比表面积呈先增大、后减小的抛物线规律。但总体来讲，煤粉颗粒在燃

图 4-38 加热至 560℃ 时王佐烟煤颗粒的 SEM 照片

烧反应后期时的比表面积要远远大于反应初期时煤粉颗粒的比表面积。因此，挥发分裂解得越早，则残焦颗粒的比表面积增大的速度越大。微波改质后煤粉试样中挥发分在相对较低的温度下便开始裂解，说明微波改质煤粉在相对较低的温度下即可拥有相对较大的比表面积，因此可为改质煤粉提供相对较大的燃烧反应界面，加速残炭颗粒燃烧反应的进行。

4.5.4 微波改质煤粉的非等温动力学分析

利用 Flynn-Wall-Ozawa（FWO）非等温模型对微波辐射前后两种煤粉的燃烧特性进行非等温动力学分析。试验在 WCT-2C 型微机差热天平上选取了 5K/min、10K/min 和 20K/min 等三个升温速率对煤粉燃烧进行了分析，具体试验方法见本章第一节。试验参数条件为：煤粉样品质量（17.5±0.1）mg；在空气气氛条件下由室温升温至 900℃。试验结果见图 4-39。

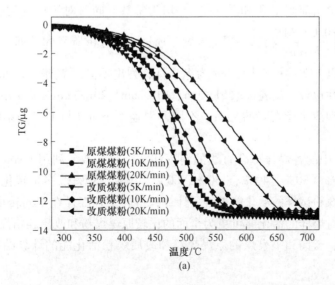

(a)

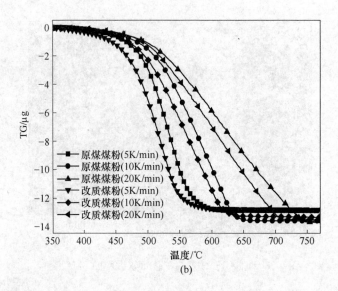

图 4-39　云岗原煤煤粉和阳泉原煤煤粉和改质煤粉在不同升温速率下的失重曲线
(a) 云岗煤粉；(b) 阳泉煤粉

可以看出，在 5K/min、10K/min 和 20K/min 等三个升温速率下，云岗改质煤粉的燃烧结束温度相对原煤分别降低约 33℃、29℃ 和 26℃。而阳泉改质煤粉的反应结束温度也降低了约 26℃、21℃ 和 31℃。两种煤粉经微波辐射改质后，在不同升温速率下的燃烧性能相比原煤均有十分明显的提高，说明微波预处理可以显著提高煤粉的燃烧性能。

非等温动力学分析需要得出试样在不同的升温速率下的失重曲线，并利用 Flynn-Wall-Ozawa 非等温模型对所得数据进行动力学分析。Flynn-Wall-Ozawa 非等温模型基于以下方程[8]：

$$\ln\beta = \ln\left[\frac{0.0048AE_a}{RG(\alpha)}\right] - 1.0516\frac{E_a}{RT} \tag{4-13}$$

式 (4-13) 中指前因子 A 和活化能 E_a 均为常数，同时对于一定的转化率 α，$G(\alpha)$ 为常数，因此 $\ln\left[\frac{0.0048AE_a}{RG(\alpha)}\right]$ 这一项为常数。通过差热分析所得的数据，在不同的转换率和升温速率下，以 $1/T$ 为横坐标、$\ln\beta$ 为纵坐标，列出不同升温速率下 $\ln\beta$ 与 $1/T$ 之间的关系，并进行线性拟合。试验选取 5K/min、10K/min、20K/min 等三个不同的升温速率来研究煤粉转化率和活化能之间的关系。不同升温速率下 $\ln\beta$ 与 $1/T$ 关系的拟合结果见图 4-40。

根据图 4-40 中的各煤样拟合直线的斜率和截距等参数，利用 Flynn-Wall-Ozawa 非等温模型分别在 20%、30%、40%、、50%、60%、70%、80% 等多个转化率下对原煤煤粉试样及最佳改质煤粉试样的活化能进行了计算，得到了各煤样在不同转化率时的活化能。根据不同转化率时煤样的活化能可更为全面的比较原煤煤粉和改质煤粉煤试样燃烧过程中燃烧性能的差别，云岗和阳泉煤的原煤煤粉和改质煤粉活化能的计算结果分别见表 4-14 和表 4-15。

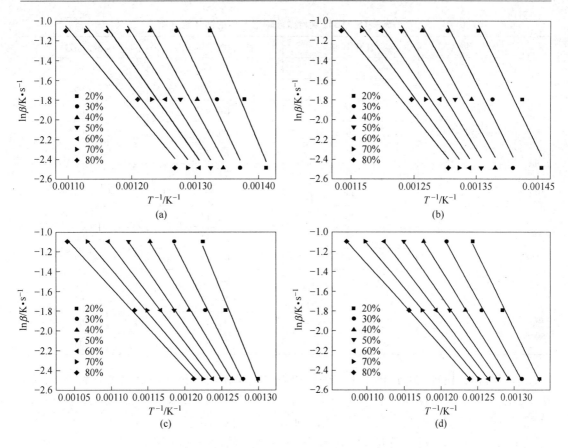

图 4-40 lnβ 与 $1/T$ 关系的拟合图

（a）云岗原煤；（b）云岗改质煤粉；（c）阳泉原煤；（d）阳泉改质煤粉

表 4-14 云岗煤粉微波辐射前后的活化能

煤 种	转化率/%	活化能/J·mol⁻¹	相关系数
云岗原煤	20	133.19	0.96
	30	117.52	0.95
	40	102.29	0.95
	50	90.29	0.95
	60	80.83	0.95
	70	73.13	0.94
	80	67.71	0.93
云岗改质煤粉	20	112.82	0.90
	30	109.25	0.91
	40	98.92	0.92
	50	90.50	0.92
	60	82.69	0.93
	70	75.36	0.94
	80	68.82	0.94

表 4-15　阳泉煤粉微波辐射前后的活化能

煤　　种	转化率/%	活化能/J·mol^{-1}	相关系数
阳泉原煤	20	159.08	0.98
	30	129.76	0.99
	40	108.99	1.00
	50	96.06	1.00
	60	85.80	1.00
	70	77.21	1.00
	80	70.57	1.00
阳泉改质煤粉	20	132.17	1.00
	30	117.03	1.00
	40	104.12	1.00
	50	94.28	1.00
	60	85.38	1.00
	70	78.74	1.00
	80	72.88	1.00

　　可以看出，在较低的转化率下，微波辐射改质煤粉的活化能相对原煤有大幅度的降低。微波辐射后，云岗煤粉的活化能由原煤的 133.19J/mol 降低到 112.82J/mol，活化能降低了 20.37J/mol。而阳泉煤粉的活化能则由 159.08J/mol 降低到 132.17J/mol，活化能降低了 26.91J/mol，可见微波辐射对于促进两种煤粉的燃烧有较为明显的效果。随着转化率的增加，原煤和改质煤粉的活化能差距减小，云岗和阳泉改质煤粉的活化能分别在 50% 和 60% 的转化率时与原煤达到同一水平。超过这一转化率时，改质煤粉的活化能小幅高于原煤。当转化率达到 80% 时，改质煤粉的活化能超过原煤幅度最大，此时云岗和阳泉改质煤粉与原煤的活化能差距也仅为 1.11J/mol 和 2.31J/mol，基本与原煤维持在同一水平。

　　同时可以看出，利用微波辐射对煤粉进行处理之后可以使其活化能降低，云岗和阳泉煤粉的活化能相对原煤分别降低了 15.29% 和 16.92%。随着失重率的增加，煤粉中的挥发分逐渐脱除完全，改质煤粉和原煤煤粉的活化能逐渐达到同一水平。煤粉挥发分和水分在微波辐射过程中的少量流失使得改质煤粉中灰分含量增加。随转化率的提高，改质煤粉的灰分含量高于原煤的幅度增大，因此改质煤粉残炭颗粒的活化能较原煤有小幅度升高。

4.6　微波辐射对煤粉物理性质的影响

　　本书的主要目的是利用微波辐射活化煤中的有机官能团，提高煤粉的燃烧性能，从而促进喷吹煤粉在高炉风口回旋区内的高效燃烧。通过本章第 1~5 节的研究结果可以看出，煤样在较低的功率下经某些条件改质后，其燃烧性有较为明显的改善。本章第 1 节对改质前后煤粉颗粒微观形貌的观察结果表明，粒径在 0.074mm 以下的煤粉试样经微波改质后，可观察到颗粒内部出现明显裂纹。说明微波在作用于煤粉中的有机官能团提高其活性的同时，也可能对煤粉的其他性质产生影响[12,13]，因此本章研究了微波改质过程对煤样制粉性能、碳素结构特征以及电磁性能等的影响。尽管在较高的微波功率下对煤样进行改质后，改质煤粉的燃烧性相对原煤的提高并不显著，甚至煤样燃烧性能经某些条件改质后变差，但基本都与原煤保持在同一水平。因此，可在较大的功率下对原煤进行微波辐射处理，在不大幅劣化煤燃烧性能的前提下改善原煤的其他物理性质。研究微波辐射作用对煤样其他物理性质的影响，可扩大微波在改质原煤性质方面的应用领域，优化煤质燃料在各种工业活动中的应用。

4.6.1 微波辐射对煤可磨性的影响

煤是一种脆性物质，通过机械力可以对煤进行破碎。可磨性是在一定破碎条件下将某粒级煤样粉碎至某规定粒级所消耗的功耗比，也就是将单位质量的煤样从某规定粒级破碎至某目标粒级所消耗的机械能。将相同质量的不同煤样破碎至相同粒度，所消耗的能量可能存在较大差别，因此采用煤的可磨性来对比不同煤样制粉时对能量的消耗。

煤的可磨性是用来表征原煤被破碎成煤粉的难易程度。一般来讲，选取某种可磨性较好的烟煤作为标准煤，将此种烟煤的可磨性指数数值设定为 100，用来相对地比较不同煤种的可磨性。可磨性指数越大的煤种，则越容易被破碎成煤粉；相反则难以破碎。煤可磨性指数的测定在以煤粉为主要燃料的工业生产中意义重大，如高炉炼铁生产中的煤粉喷吹和以煤粉燃烧为主的火力发电厂等，根据其生产用煤的可磨性来估算其制粉系统的产量和电力损耗，从而衡量煤粉的制粉成本及终产品的成本。煤的可磨性指数与煤化度、煤岩组成、煤中水分含量和矿物质的种类、数量及分布状况等性质之间都存在着复杂的关系[14~21]。

国际上广泛被采用的可磨性指数测试方法主要有两种，分别为哈氏可磨性指数测定法和前苏联的全苏热工研究所法。西欧和美国等国家主要采用哈氏可磨性指数测定法，后者则被东欧等国家采用。由于全苏热工研究所法测定时操作较为复杂，且测定结果重现性较差，因此本书采用哈特葛罗夫指数测定法对不同煤样的可磨性指数进行测定[21]。

试验选择了唐山钢铁公司实际高炉喷吹中使用的一种烟煤和一种无烟煤作为本研究的试验用煤，分别研究了 132W 和 264W 微波功率下不同辐射时间对煤样可磨性的影响。两种喷吹用煤的工业分析和元素分析见表 4-16。

表 4-16　试验煤样的工业分析与元素分析　　　　　　　（%）

煤　种	工　业　分　析			元　素　分　析				
	FC_d	V_d	A_d	C_d	H_d	N_d	O_d	S_d
孔家庄烟煤	66.17	25.64	8.19	69.45	3.46	0.89	14.13	0.36
阳泉无烟煤	82.66	6.29	11.05	79.86	2.94	1.11	3.44	0.67

首先，将煤样放置在 105℃ 的恒温干燥箱中进行恒温干燥，以排除水分对可磨性试验的影响。对干燥脱水后的块状煤样进行破碎，然后使用孔径为 1.25mm 的方孔筛对破碎后的煤样进行筛分，如煤样有部分残余未通过该方孔筛，则对筛上部分煤样进行再次破碎，直至煤样完全通过 1.25mm 的方孔筛为止，收集筛下煤粉试样；使用孔径为 0.63mm 的方孔筛对筛下煤粉试样进行再次筛分，收集粒径大于 0.63mm 的煤粉试样作为可磨性分析的试验样品。哈氏可磨性指数分析仪设备及关键部件的结构示意图分别见图 4-41 和图 4-42。

图 4-41　哈氏可磨性指数测定仪

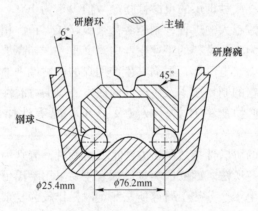

图 4-42　研磨碗结构图

　　称取筛分出的 0.63～1.25mm 的煤粉试样（50±0.01）g，将称量好的煤样均匀地平铺在研磨碗的底部，若有煤样散落在研磨碗底部中心的凸起部分，则需使用毛刷将其扫到研磨碗底部的周围，然后将 8 个直径为 25.4mm 的钢球轻轻放置在煤样上。

　　将带方孔的研磨环轻轻放置在钢球上，然后将研磨碗放入桥形底座上的指定位置。将主轴和研磨环的十字槽方位对正，然后拉动磨机右侧的手柄，使研磨碗上升至指定位置并悬挂在两侧的螺栓上，旋紧螺母。磨机上部 284N 的砝码将被主轴顶起，8 颗钢球将均匀地承受砝码的重量。

　　接通设备的电源，转数控制器上的数字计数器将显示磨机旋转过的圈数，将计数器上的数字调节到零位。按下控制器上的启动按钮，研磨机开始工作。电动机以 20r/min 的速度旋转，运行 3min 后，当数字计数器显示的转数达到 60 圈后，电动机自动停止运行。

　　取出研磨碗内经过研磨的煤粉试样，使用 0.074mm 的方孔筛对煤样进行筛分，称取筛下煤粉试样的质量。每个煤样重复上述试验 3 次，将筛下物质量的平均值作为哈氏可磨性指数的计算数据。根据筛下煤样的质量查校标准图 4-43，即可得到该煤样的可磨性指数。

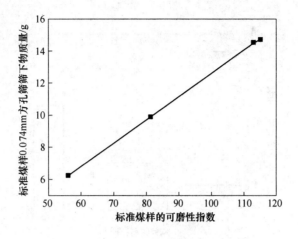

图 4-43 煤的国际可磨性标准图

　　煤样的可磨性指数越大，则煤样越容易破碎；煤样的可磨性指数越小，则煤样越难磨。高炉喷吹用煤的哈氏可磨性指数在 60~90 的范围内较为适宜，可磨性指数低于 60 的煤样因煤质较硬而难磨；而可磨性指数在 90 以上喷吹煤虽然容易破碎，但这些煤种通常煤质较黏，喷吹此类煤种可能给制粉系统和煤粉输送系统的维护工作增加难度。

4.6.1.1 微波处理对原煤可磨性的影响

　　两种高炉喷吹煤样的哈氏可磨性指数见图 4-44 和图 4-45。

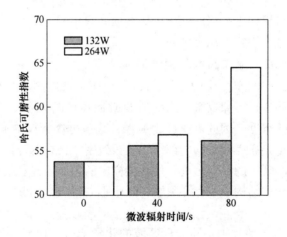

图 4-44 孔家庄烟煤改质前后的可磨性

　　由图 4-44 和图 4-45 可以看出，在 132W 的功率下对煤粉进行辐射处理是，煤样的可磨性变化较小。经 40s 的辐射处理后，两种煤样的哈氏可磨性指数由原煤的 53 左右，增加到了 56 左右，可磨性指数提高的幅度较小。当延长辐射时间至 80s 时，两种喷吹煤的可磨性指数相对 40s 的处理煤样并未发生明显变化。说明在较低的功率下对煤样进行处理时，微波不能显著改善煤样的可磨性，即使长时间处理也不能获得理想效果。

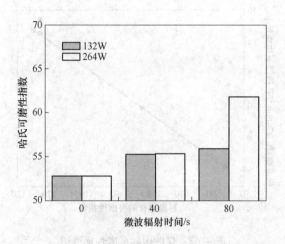

图 4-45　阳泉无烟煤经不同条件改质后的可磨性

使用功率 264W 的微波对煤样进行 40s 辐射处理后，孔家庄烟煤可磨性指数相对 132W 微波功率下相同处理时间的煤样稍有提高；而相同条件下辐射作用后阳泉无烟煤的可磨性指数与低功率处理时相比并未发生明显变化。说明使用较短时间对煤样进行微波辐射处理时，煤样的可磨性指数变化并不明显，即便提高功率也是如此。

当 264W 微波功率下的辐射作用时间延长至 80s 时，煤样的可磨性有了显著的改善。孔家庄烟煤和阳泉无烟煤经微波处理后，可磨性指数分别达到了 65 和 62 左右，相对原煤的可磨性指数分别提高了 11 和 9，达到了喷吹用煤适宜的可磨性指数范围。可以看出，使用适当的微波功率对煤样进行辐射处理可显著提高煤样的可磨性。由于无烟煤的结构较为致密，因此微波对其作用相对烟煤稍弱。

4.6.1.2　微波处理对原煤颗粒结构的影响

利用扫描电镜观察了粒度在 0.63 ~ 1.25mm，用于可磨性测试的孔家庄煤粉试样在微波辐射前后的微观结构变化。原煤微观结构的 BSE 照片见图 4-46。不同物质在 BSE 照片中将呈现出不同的灰暗程度，因此可通过 BSE 照片来区分煤颗粒中不同的组分。

通过观察可以看出，原煤颗粒的内部结构较为致密，仅在部分区域观察到少量的细小气孔，而并未发现细小裂纹的存在。说明块状煤样中的裂纹已经在机械作用的过程中发生破碎，研磨后所得煤颗粒结构中不存在裂纹，煤中不同组分之间紧密结合，仅在部分区域存在少量细小的微孔。

为了进一步确定 BSE 照片中不同颜色区域的化学成分，以研究不同组分在煤样中的存在形式及其微波处理后的变化，对图 4-46（a）中的 P1、P2、P3 和 P4 等 4 点进行了 EDS 分析，分析结果分别见图 4-47 和表 4-17。由 EDS 分析结果可以看出，煤颗粒中的黑色区域主要为碳素；灰色区域则是煤中 Si 和 Al 等酸性矿物质组成的灰分；白色区域主要为 Fe 与 S 组成的化合物。观察各组分在煤颗粒中的分布的形式可以看出，酸性矿物质在煤中主要以局部聚集或薄层状结构等两种形式存在（图 4-46（a）和（b）中的灰色部分），并均匀地分布于煤的碳素结构中；P3 和 P4 两点的 EDS 分析结果表明，Fe 和 S 等元素易于相互依存，团聚在煤的矿物质中。

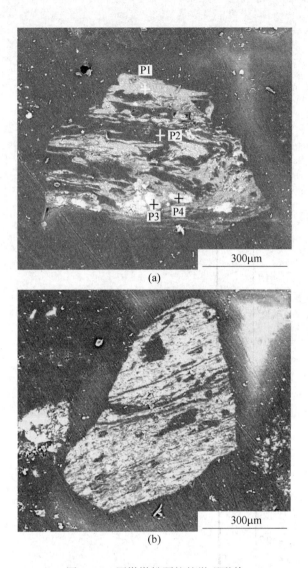

图 4-46 原煤煤粉颗粒的微观形貌

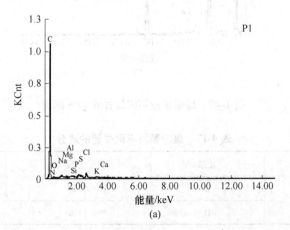

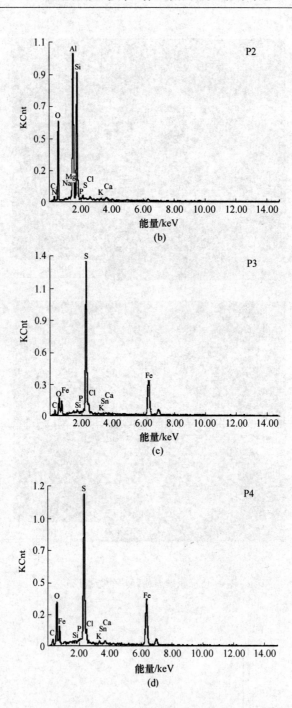

图 4-47　煤粉颗粒不同位置的 EDS 能谱

表 4-17　煤粉颗粒不同位置的成分

检测位置	元素	质量分数/%	摩尔分数/%
P1	C	92.23	95.95
	O	2.36	1.85

检测位置	元素	质量分数/%	摩尔分数/%
P2	C	8.65	14.52
	O	34.88	43.94
	Al	24.47	18.28
	Si	27.34	19.62
P3	C	8.54	21.61
	O	9.20	17.49
	S	38.03	36.05
	Fe	42.15	22.95
P4	C	7.74	17.72
	O	20.28	34.84
	S	30.31	25.98
	Fe	37.05	18.23

图 4-48 所示为 0.63~1.25mm 粒级煤粉试样在 132W 微波功率下，辐射处理 40s 和

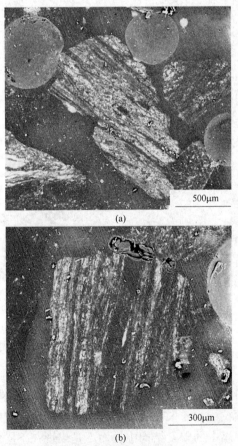

(a)

(b)

图 4-48　132W 微波功率下煤颗粒经微波辐射处理后的 BSE 照片

(a) 40s；(b) 80s

80s 后的 BSE 照片。与图 4-46 中原煤颗粒内部结构进行对比观察可以看出，辐射处理对煤颗粒的内部结构并未产生明显影响，不同组分交界面之间的结合仍十分紧密，并未观察到微波处理后煤颗粒内部有裂纹产生。说明使用较低的微波功率对粒度较大的煤样进行处理时，微波不能渗透至煤粉颗粒的内部，微波辐射作用对煤颗粒结构的影响较小。因此，孔家庄烟煤和阳泉无烟煤在 132W 的微波功率下，经不同的辐射时间处理后，煤样可磨性指数的变化较小。

图 4-49 所示为 264W 微波功率下，经 40s 和 80s 辐射处理煤样的 BSE 照片。

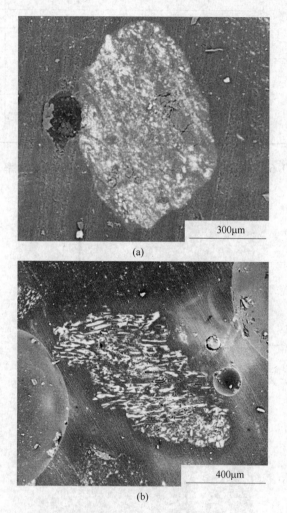

(a)

(b)

图 4-49　264W 微波功率下煤颗粒经微波辐射处理后的 BSE 照片

(a) 40s；(b) 80s

可以看出，由于煤粉颗粒的粒度较大，短时间处理后煤颗粒内部微观结构的变化较小。经微波处理后的煤颗粒结构并未观察到十分显著的变化，仅在部分区域出现少量细小的裂纹。裂纹主要存在于煤中的碳素结构中，而不是出现在不同组分之间的界面。说明使用较大的微波功率对大粒度的煤样进行辐射处理时，煤样内部结构发生了一定程度的变化，处理过程中产生的少量裂纹使煤样的可磨性稍有改善。

4.6.2 微波辐射对碳素结构的影响

在微波辐射改质煤粉的过程中,煤样并未被加热至较高的温度。但由于煤中极性分子在微波场内的高速运动产生摩擦或碰撞,很可能使煤中碳元素的化学键发生断裂或变化,如—C═C—和—C—C—等,使煤中碳素的结构发生变化,影响煤的物理和化学性质。

近年来,拉曼光谱作为一种分子光谱微区分析技术在材料学和地质学等诸多领域发展十分迅速,已经广泛被用来分析物质的分子结构和定性分析。使用拉曼光谱对煤中碳的结构特征进行分析,可以通过所得光谱曲线分析煤中碳元素的存在形态,从而为比较不同煤种之间的物理和化学性质提供重要的信息。本节使用拉曼光谱来分析微波改质过程中,煤中碳素结构在微波场内的变化。

试验对孔家庄烟煤原煤煤样和经不同条件处理后的煤样进行了拉曼光谱分析,煤粉试样粒度在 0.074mm 以下。

试验使用法国 HORIBA 公司生产的 LabRAM HR Evolution 高光谱分辨率分析级显微拉曼光谱仪对原煤及经不同微波条件处理煤粉试样中碳的结构特征进行了分析。在室温条件下,使用波长为 532nm 的激光在 $100 \sim 2500cm^{-1}$ 的波数范围内对煤粉试样进行了测试,测试的分辨率优于 $0.65cm^{-1}$。设备照片见图 4-50。

图 4-50　拉曼光谱仪

图 4-51 所示为孔家庄烟煤原煤煤粉及不同条件处理后所得煤粉试样的拉曼光谱曲线。

Francioso 等[22~24]对不同的煤样进行拉曼光谱分析,研究结果表明不同煤样的拉曼光谱曲线在波数 $1000 \sim 1800cm^{-1}$ 的范围内对拉曼光谱表现出不同的吸收,通过曲线上吸收峰的位置和强度可获得煤中碳素结构的信息。因此本研究主要对这一波数范围内拉曼光谱曲线上的吸收峰进行了分析。由图 4-51 可以看出,各煤样在 $1000 \sim 1800cm^{-1}$ 的范围内分别存在两个较为明显的拉曼频率振动区域。对比原煤和不同改质煤粉的拉曼曲线可以看出,微波辐射改质过程对孔家庄烟煤的拉曼光谱曲线产生了非常明显的影响,位于 $1360cm^{-1}$ 和 $1600cm^{-1}$ 波数位置的两个吸收峰强度经微波处理后分别发生了明显的变化。

Li 等[25~27]利用拉曼光谱对褐煤裂解反应进行的一系列研究表明,煤中碳的存在形态

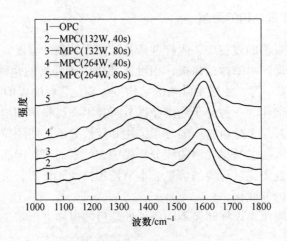

图 4-51   孔家庄烟煤微波前后的拉曼曲线

较为复杂，并不是以类似于金刚石中高度有序碳的形式存在，利用拉曼光谱可对煤中碳的不同存在形态进行定性分析。化合物中不同的化学键对拉曼光谱的吸收波数位置不同，吸收强度也不相同。煤和焦炭的拉曼光谱曲线在 $1360cm^{-1}$ 和 $1600cm^{-1}$ 位置的吸收峰之间存在较多其他化合物化学键的吸收峰，图 4-51 中的两个较为明显的吸收峰是较多吸收峰叠加在一起构成的。对煤中碳的不同存在形态进行分析，可为研究微波辐射处理煤粉过程中煤样中不同组分化学键的变化提供更为详尽的信息。

　　因此，本研究使用 peakFit v 4. 12 分峰软件对拉曼光谱曲线上 $1000 \sim 1800cm^{-1}$ 波数范围内的各吸收峰进行了分峰曲线拟合。采用 Li 等的研究方法将曲线拟合后分为 9 个吸收峰，拟合过程中限制各吸收峰波数位置的变化范围，采用拟合度最好的拟合曲线参数作为分析数据，各煤粉试样拉曼曲线的拟合结果见图 4-52 ~ 图 4-56。各煤样拉曼光谱拟合曲线与原始光谱曲线的拟合优度 r^2 都达到了 0.99 以上，说明拟合曲线和原始光谱曲线的吻合度较高。拟合所得曲线各吸收峰位置及归属见表 4-18。

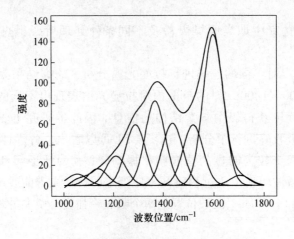

图 4-52   原煤煤粉试样的分峰拟合结果

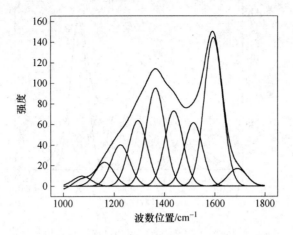

图 4-53　132W 下经 40s 改质煤粉试样的分峰拟合结果

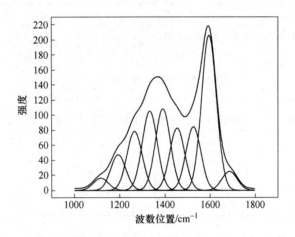

图 4-54　132W 下经 80s 改质煤粉试样的分峰拟合结果

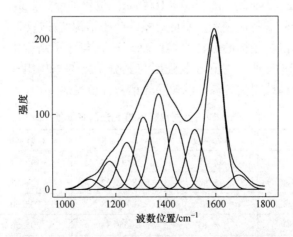

图 4-55　264W 下经 40s 改质煤粉试样的分峰拟合结果

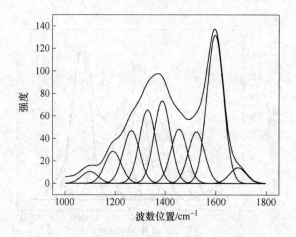

图 4-56　264W 下经 80s 改质煤粉试样的分峰拟合结果

表 4-18　拉曼曲线拟合峰位置及归属

化学键	峰位置/cm⁻¹	归　属
S_R	1060	芳环 C—H，苯环
S	1185	C 芳环—C 脂肪；芳族醚；氢化芳环的 C—C，SP^3 金刚石碳；芳环 C—H
S_L	1230	C 芳环—O—C 脂肪；聚合芳环
D	1300	高度有序碳材料的 D 键，不小于 6 个芳环间的 C—C 连接
V_R	1380	—CH₃；半芳环呼吸振动；无定型碳结构
V_L	1465	—CH₃；—CH₂—；半芳环呼吸振动；无定型碳结构
G_R	1540	3~5 个聚合芳环；无定型碳结构
G	1605	芳环呼吸，碳碳双键
G_L	1700	羰基

　　使用拉曼光谱对煤或半焦结构特征进行研究的文献表明[28,29]，在对无序碳材料的结构特征进行研究时，拉曼光谱曲线上包含重要的信息的两个吸收峰分别是位于 1350 ~ 1380cm⁻¹位置的 D 峰（defect）和 1580 ~ 1600cm⁻¹位置的 G（graphite）峰。通过研究拉曼光谱曲线上这两个峰的特征参数，便可对煤的分子结构特征进行分析。D 峰归属于非晶质石墨不规则六边形晶格结构的振动模式；而 G 峰则与分子结构中双碳原子键的伸缩振动有关。D 峰和 G 峰的吸收位置和吸收强度与其分子内部结构组成以及分子有序化有着紧密的联系，由拟合曲线得到各煤样的拉曼光谱特征值见表 4-19。

表 4-19　不同煤样的拉曼光谱特征值

煤样	D 峰强度	D 峰面积	G 峰强度	G 面积
原煤煤粉	82.03	8143.30	146.41	14530.00
改质煤粉（132W, 40s）	95.11	8708.22	144.33	13210.00
改质煤粉（132W, 80s）	82.72	8968.98	205.60	17060.00
改质煤粉（264W, 40s）	126.87	10650.00	205.56	17250.00
改质煤粉（264W, 80s）	73.16	5989.33	131.58	10770.00

相关文献的研究结果表明[30]，D 峰和 G 峰的位置及峰位差与煤化度之间存在一定的关系。随着煤化度的加深，煤中的碳碳双键数量增加，无序结构物质将随之减少。不同煤样 D 峰和 G 峰吸收位置及峰位差经微波处理的变化见图 4-57 和图 4-58。

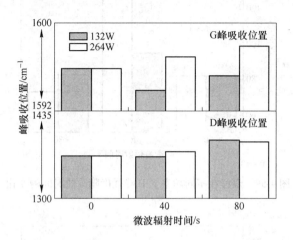

图 4-57　煤样在不同功率下 D 峰和 G 峰位置随改质时间的变化

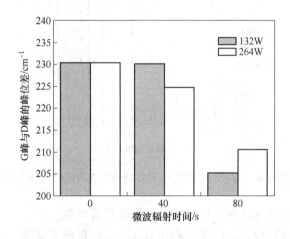

图 4-58　煤样在不同功率下 G 峰与 D 峰的峰位差随改质时间的变化

可以看出，微波辐射对 D 峰吸收位置的影响相对较小，而对 G 峰的吸收位置影响较大。在 132 W 和 264 W 微波功率下对煤样进行长时间处理，煤样的峰位差分别减小了 205cm^{-1} 和 210cm^{-1}。相关研究结果表明[30]，煤样的峰位差与煤化度之间存在一定联系。随着煤化度的升高，煤样 D 峰与 G 峰的峰位差较小。以上现象表明，过程中煤样中的无序碳素物质逐渐减少，而具有规律性碳素物质显著增多。说明微波处理有利于煤中的碳素向有序化发展。

煤样在不同功率下 D 峰、G 峰强度随改质时间的变化如图 4-59 和图 4-60 所示。

煤样 D 峰的吸收强度在不同功率下都随处理时间延长而先增强再减弱。但两种功率下煤样 G 峰的变化则截然不同，使用 264W 功率处理煤样时，煤样 G 峰的吸收强度也表现出抛物线规律。而在 132W 功率下，煤样 G 峰吸收强度在 40s 的处理时间内未发生显著

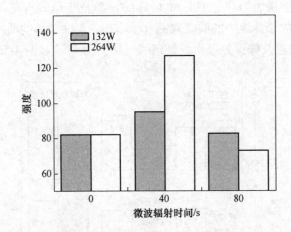

图 4-59　煤样在不同功率下 D 峰强度随改质时间的变化

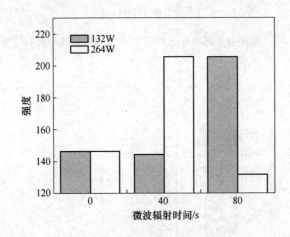

图 4-60　煤样在不同功率下 G 峰强度随改质时间的变化

变化，当处理时间延长至 80s 时，G 峰的吸收强度显著增强。

　　D 峰与 G 峰的比值（I_D/I_G）和面积比（A_D/A_G）是研究碳素材料结构的重要参数，可用来定量分析煤中碳素结构的有序程度，I_D/I_G 的数值随着石墨化程度的加深而减小[22]。煤样经不同微波条件处理后 I_D/I_G 和 A_D/A_G 的变化见图 4-61 和图 4-62，可以看出，当使用 132W 和 264W 的微波功率对煤样进行辐射时，经 40s 的处理后，煤样的 I_D/I_G 和 A_D/A_G 相对原煤增大，说明短时间的微波处理可以降低原煤的石墨化程度；当处理时间延长至 80s 后，煤样的 I_D/I_G 和 A_D/A_G 减小，说明较长时间的微波处理将加深煤样的石墨化程度。以上结果表明，短时间的微波处理可提高煤样中碳素的活性，但长时间的处理则会增加煤中碳素的有序性，使碳素活性降低。

　　图 4-63 和图 4-64 为不同功率下煤样 D 峰和 G 峰半高宽随辐射处理时间的变化。

　　由图可以看出，使用不同的微波功率对煤样进行辐射处理时，随着处理时间的延长，煤样 D 峰和 G 峰的半高宽在整体上都呈现出了线性减小的趋势。这意味着长时间的微波处理会增加煤样中的芳香结构的有序程度[22]，煤样中碳素性质变得更加稳定，煤样参与

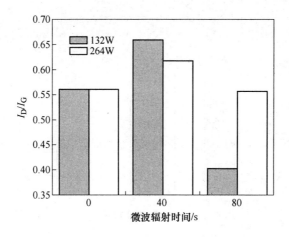

图 4-61　煤样 I_D/I_G 经不同条件改质后的变化

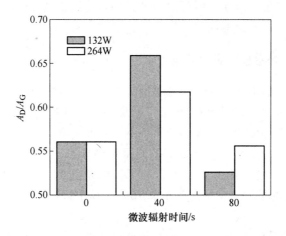

图 4-62　煤样 A_D/A_G 经不同条件改质后的变化

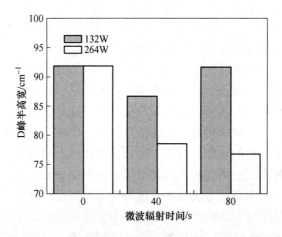

图 4-63　煤样 D 峰半高宽经不同条件改质后的变化

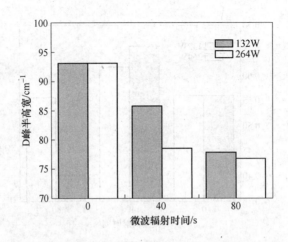

图 4-64 煤样 G 峰半高宽经不同条件改质后的变化

化学反应的活性将会降低。说明长时间的微波处理将对煤粉试样的燃烧性能产生不利的影响，此与第 4 章中煤粉在燃烧器内的燃烧率变化规律一致。

4.6.3 微波辐射对煤粉磁选性能的影响

煤是各种工业生产活动中消耗的主要燃料，其最为广泛的利用方式仍是使其燃烧放热[31,32]。煤中含有一定数量的硫和矿物质[33]，煤中的硫和矿物质在其燃烧过程中产生的大量有害气体和粉尘对环境的污染较为严重，钢铁企业和发电厂燃煤也是我国出现严重雾霾现象的主要原因之一，其对环境所造成的严重污染导致了巨额的经济损失[34]；煤中矿物质也可使煤燃烧时放出的热量减少，影响了煤燃烧时的放热效率。相关研究结果显示[35]，我国高硫煤中的平均硫含量达到了 2.76%，其中以黄铁矿形式存在的硫达到了总硫含量的 50% 左右。

为保证煤在工业燃烧器内能够快速而高效燃烧放热，大规模的燃煤发电站和钢铁企业普遍将原煤破碎至较细的粒度进行使用，一般将粒度 0.074mm 以下的煤粉所占比例控制在 60% 以上。细小的煤粉粒度为使用物理法脱除煤中的以黄铁矿形式存在的硫和灰分杂质创造了良好的分离条件[36]。利用煤中黄铁矿和矿物质的弱磁性，通过干式磁选技术对其进行有效的脱除，不仅可以有效地减少燃煤对大气环境产生的污染，同时可以提高煤粉燃烧时的有效放热，减少燃烧过程中加热矿物质灰分所消耗的热量。

处于磁场中的物质将与磁场发生相互作用，物质与磁场相吸时，则认为该物质具有顺磁性；物质与磁场相斥时，则认为该物质具有抗磁性。通过物质与磁场的相互作用可将物质分为顺磁质和抗磁质。如果物质具有较强的顺磁性，则称该物质为铁磁性物质。煤中的有机碳素均为抗磁性非常弱的物质，而煤中的灰分矿物质，如黏土和黄铁矿等则具有较弱的顺磁性，可通过高梯度磁分离等技术将其与煤中其他组分分离，达到降低煤中灰分矿物质含量和脱硫的目的。由于该种方法是在干燥条件下对煤进行处理，因此避免了繁琐的洗煤过程，减少了洗煤污水对环境的污染或脱除煤中水分对能源的消耗。

微波是一种高频率的电磁波，较长的波长使其对物质具有较好的穿透能力。使用微波对煤粉进行处理时，有可能使煤中的矿物质或硫铁化合物发生磁化，或转变为磁性较强的物质，从而提高煤的磁选性能。相关研究结果表明[37,38]，在使用微波对矿石进行磁化焙烧时，矿石中的顺磁性组分转变为铁磁性组分，所得产品的磁性得到了显著的增强，显著提高了矿物在磁选工序中的回收率。

试验对孔家庄烟煤原煤煤样和经不同条件处理后煤样电磁性能进行了分析，煤粉试样粒度在 0.074mm 以下。

试验使用 BKT–4500 型振动样品磁强计对煤粉试样的磁性进行分析。装置设备及结构原理见图 4-65 和图 4-66，设备具体参数见表 4-20。

图 4-65　振动样品磁强计

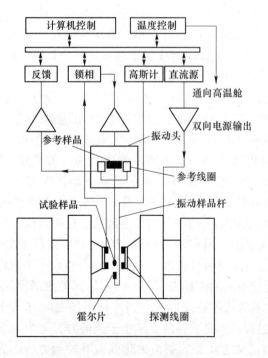

图 4-66　振动样品磁强计原理结构示意图

表 4-20　振动样品磁强计设备参数

型　号	BKT－4500	型　号	BKT－4500
电源输出 I_{max}/A	70	极面直径/cm	8
电源输出 P/kW	≤10	极距/cm	5
最大磁场 H_{max}/Oe	20000	灵敏度/emu	10^{-5}

处于磁场中的一个开路磁体，相距其某一距离的探测线圈可感应到一定的磁通。测试者可通过获得该扰动量来分析被测物体的磁性质。振动样品磁强计是将测试样品以一定的方式振动，通过探测线圈来感应样品磁通信号的交替变换。在保证测试环境中磁场和其他影响因素不发生变化的条件下，即可通过探测线圈测得样品振动所产生的磁通量变化，探测线圈可产生相应的感应电压。将此电压放大变成电流并加以记录，再通过电压磁矩的已知关系，通过计算机内置程序的计算，即可得到被测样品的体积磁化强度 M（单位体积内的磁矩）或质量磁化强度 σ（单位质量的磁矩）。

称取一定质量的煤粉样品，用生料带包裹并压实，防止煤粉因测试过程中的振动而产生位移。将试样放置在振动样品杆前端的指定位置，由上部插入振动样品杆，使测试样品达到在探测线圈中间的指定位置。开始测试，振动杆以一定的频率振动，即可在计算机上得到被测样品的磁滞回线。测试过程中应避免设备产生振动或其他外界干扰对试验结果的影响。

4.6.3.1　微波辐射对煤粉磁性的影响

图 4-67 所示为强磁物质的磁化强度 M 随外界磁场强度 H 变化的磁滞回线[39]。通常情况下，铁磁体等强磁物质的磁化强度或磁感应强度并非磁场强度 H 的单值函数，同时与外加磁场强度的变化存在一定关系[40,41]。以磁场强度 H 和磁化强度 M 均为零的磁中性状态（图中 O 点）为起始态，逐渐增大外磁场的强度 H，使物质沿磁化曲线 $OABC$ 磁化到 C 点，此时样品的磁化强度 M 已达到饱和，曲线将与 H 轴成为平行，将此时磁场强度记为 H_s、磁化强度记为 M_s。随后逐渐减弱磁场强度，则从某一磁场强度（B 点）开始，磁化强度 M 随磁场强度 H 变化，偏离起始的磁化曲线，M 的变化落后于 H。当 H 减小至零时，M 却未回到零点，此时的 M 值称为剩余磁化强度。为了消除试样的剩余磁化强度，则需对材料施加一反向磁场，该磁场的强度称为材料的矫顽力[42]。逐渐增加反向磁场的强度至 $-H_s$，则强磁体的 M 将沿反方向被磁化至饱和（$-M_s$ 点）。逐渐降低反向磁场强度然后反向至 H_s，则可得到另外一条偏离原始磁化曲线的曲线。当磁场强度由 H_s 变为 $-H_s$，再由 $-H_s$ 变到 H_s 时，强磁体磁化强度 M 随磁场强度 H 的变化将构成一条闭合的回线（如图中 $CBDEFEGBC$ 所示）。其中 BC 及 EF 两段相当于可逆磁化过程，M 为 H 的单值函数，而 $BDEGB$ 构成的闭合曲线称为磁滞回线。在此回线上，某一磁场强度 H 将有两个 M 值与其对应，这取决于材料磁状态的变化过程，此段发生的是不可逆磁化过程。如果在小于 H_s 的 $\pm H$ 之间反复对材料进行磁化，则得到较小的磁滞回线，称为小磁滞回线或局部磁滞回线。对应不同的磁场强度 H，可有不同的磁滞回线，而 $BDEGB$ 为其中最大的磁滞回线，因此称其为极限磁滞回线。当外加磁场强度 H 大于极限回线上的最大磁场强度 H_s 时，则磁化过程基本是可逆的；H 小于此值时，M 为 H 的多值函数。通常磁滞回线上 M_r 和 H_c 的数值定义为样品的剩余磁化强度及矫顽力，作为描述此种材料磁性质的重要物理量[43,44]。

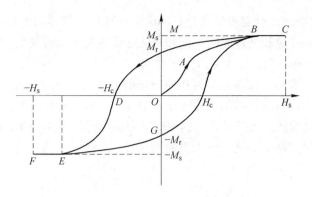

图4-67 强磁物质的磁滞回线

通过振动样品磁强计测得的各煤样的磁滞回线见图4-68。由图中曲线可以看出,各煤粉试样的磁化强度在0.005~0.020emu/g的范围内分布,说明各煤粉试样的磁性较弱。煤样的磁滞回线经微波处理后发生了较为明显的变化,不同功率下煤样的磁滞回线随改质时间的延长出现了不同程度的逆时针旋转,微波功率越大则旋转的角度越大。通过图中曲线可以得煤粉试样的饱和磁化强度、剩余磁化强度和矫顽力等参数,分别见图4-69~图4-71。

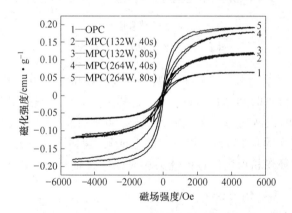

图4-68 各煤样的磁滞回线

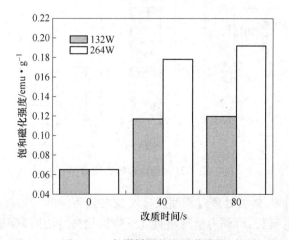

图4-69 各煤样的饱和磁化强度

由图 4-69 可以看出，对煤粉试样进行 40s 的处理后，煤样的饱和磁化强度相对原煤有显著的提升，进一步延长处理时间，饱和磁化强度则基本不再发生变化。原煤煤粉的饱和磁化强度在 0.06emu/g 左右，而在 264W 微波功率下经 80s 处理后，煤样的饱和磁化强度增大至 0.19emu/g 左右，改质后煤样相应磁场的能力是原煤的 3 倍。即使使用 132W 的微波功率进行处理，也可使煤样的磁性提高一倍左右。以上现象表明，在不同功率下对煤样进行 40s 的辐射处理后，煤样对磁场的相应能力均可得到显著增强，磁场对煤样中某些组分的引力增大，较大功率下此种现象更为明显。

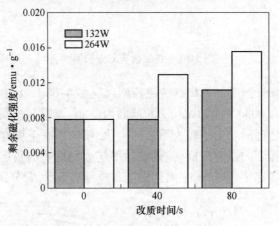

图 4-70   各煤样的剩余磁化强度

由图 4-70 可以看出，使用 132W 的微波功率处理煤粉时，40s 内煤样剩余磁化强度未发生明显变化，而当处理时间延长至 80s 后，煤样的剩余磁化强度显著增大约 43%。煤样剩余磁化强度在 264W 微波功率下变化更为明显，40s 的处理即增大约 65%，经 80s 处理煤样的剩余磁化强度大约有 100% 的提升。以上现象说明外界磁场消失后，煤样仍然能够保持一定的磁性，改质煤粉保留磁性的能力相对原煤有显著的提升。

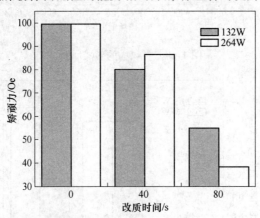

图 4-71   各煤样的矫顽力

由图 4-71 可以看出，微波处理过程使煤样矫顽力显著降低。煤样在 132W 功率下进行处理时，随处理时间的延长，矫顽力呈现出直线下降的趋势。使用 264W 微波功率对煤样进行处理时，煤样矫顽力随处理时间降低的幅度更大。经 132W 和 264W 微波辐射处理 40s

后,煤样的矫顽力分别降低至原煤的80%和85%左右。继续延长处理时间至80s,煤样的矫顽力分别降低至原煤的55%和40%左右。以上现象表明,处理后煤样抵抗外部反向磁场或其他退磁效应的能力减弱,说明煤样的软磁性能增加,消除煤样的剩余磁性变得更为容易。

4.6.3.2 微波辐射对煤粉物相组成的影响

图4-72为各煤样的XRD分析结果。对比图中各煤样的XRD曲线可以看出,由于微波处理过程煤样的温度并未发生大幅波动,因此煤样的物相结构并未发生显著变化。在

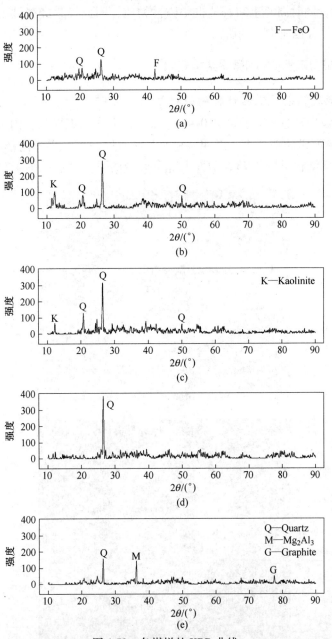

图4-72 各煤样的XRD曲线

(a) 原煤;(b) 改质煤粉132W,40s;(c) 改质煤粉132W,80s;

(d) 改质煤粉264W,40s;(e) 改质煤粉264W,80s

132W 微波功率下经不同时间处理后，高岭土和石英等物质的吸收峰强度明显增强，说明煤样中的矿物质灰分对微波吸收较好，而煤样中碳素的物相结构并未发生明显变化。在 264W 微波功率下对煤样进行不同时间处理后，石英的吸收峰强度相对原煤也升高。而当辐射时间延长至 80s 后，煤样中出现了强度较小的石墨吸收峰，可见高功率长时间的微波处理将使煤中的碳素发生石墨化，此现象与煤样拉曼光谱的分析结果一致。

此外，高功率长时间改质使煤样中出现了 Mg_2Al_3 物质，未发现有相关文献研究表明 Mg_2Al_3 具有磁性，同时高岭土和石英也非磁性物质，因此煤粉经微波处理后磁性增强的原因尚未可知，并且也非本书的研究内容。

4.6.4 微波辐射后煤粉试样的微观结构变化

4.6.4.1 微波辐射后煤粉试样的微观结构变化

为了研究微波处理过程对粒度 0.074mm 以下孔家庄烟煤煤颗粒内部结构的影响。观察了 132W 和 264W 微波功率下，经 40s 和 80s 辐射处理后，煤样内部的微观结构变化。原煤煤粉颗粒剖面结构见图 4-73，剖面上部分区域的成分分析见图 4-74 和表 4-21。可以

(a)

(b)

图 4-73　原煤煤粉试样内部的微观形貌

看出，原煤煤粉颗粒的剖面较为平整，主要由大面积的碳素构成。颗粒内部存在着一定数量的细小微孔，这与形成煤的物质及煤的演变过程有关，但在较高倍数下仍未观测到煤颗粒中裂纹的存在。

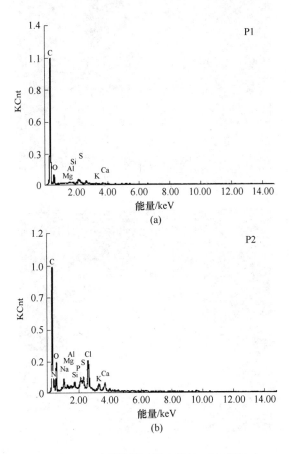

图 4-74 原煤煤粉试样内部的 EDS 能谱

表 4-21 煤粉颗粒不同位置的成分

检测位置	元素	质量分数/%	原子分数/%
P1	C	81.45	86.21
	O	16.18	12.85
P2	C	54.63	64.40
	N	13.54	13.69
	O	17.96	15.89

图 4-75 和图 4-76 所示分别为 132W 微波功率下辐射处理 40s 和 80s 的煤粉颗粒剖面形貌及其 EDS 分析。通过对比可以看出，在 132W 的微波功率下对煤粉进行不同时间的辐射处理后，在一些煤颗粒的剖面上观察到了大量裂纹。这些裂纹贯穿了整个煤粉颗粒，使煤粉颗粒发生了一定程度的破碎。破碎所产生的煤粉颗粒仍然保持着一定的粒度，较大颗粒的粒度仍然保持在 20～30μm 的粒级。

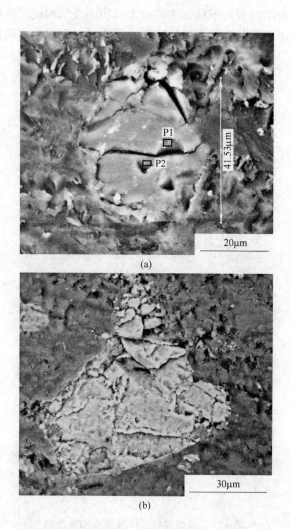

图 4-75　132W 辐射煤粉试样内部的微观形貌

（a）40s；（b）80s

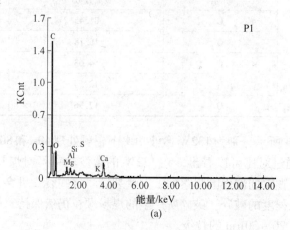

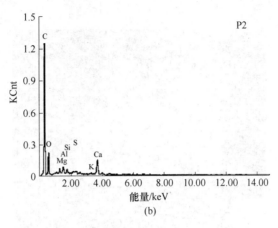

图 4-76　132W 辐射煤粉试样内部的 EDS 能谱

(a) 40s；(b) 80s

表 4-22 中断面处的化学成分分析结果表明，剖面上裂纹位置的化学成分仍是以 C 为主，说明煤中各组分对微波的不同吸收而产生的相对运动，从而导致煤中碳基质发生破裂。

表 4-22　132W 辐射煤粉颗粒不同位置的成分

检测位置	元素	质量分数/%	原子分数/%
P1	C	63.66	73.77
	O	24.38	21.21
	Ca	6.27	2.18
P2	C	65.37	75.37
	O	22.88	19.80
	Ca	6.81	2.35

264W 微波功率下经不同时间辐射处理后，煤粉颗粒的剖面形貌见图 4-77，其能谱分析结果见图 4-78 和表 4-23。

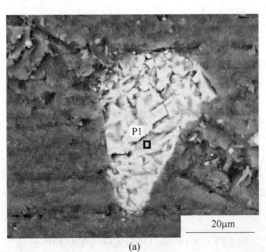

(a)

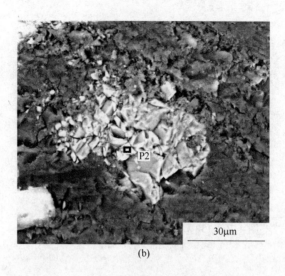

(b)

图 4-77　264W 辐射煤粉试样内部的微观形貌

（a）40s；（b）80s

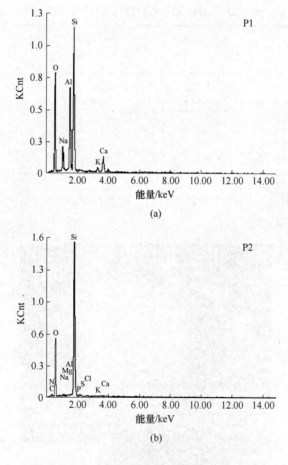

图 4-78　264W 辐射煤粉试样内部的 EDS 能谱

表 4-23　264W 辐射煤粉颗粒不同位置的成分

检测位置	元素	质量分数/%	原子分数/%
P1	O	40.77	54.74
	Na	5.16	4.82
	Al	15.83	12.60
	Si	31.98	24.46
	Ca	4.89	2.62
P2	C	5.81	9.62
	O	43.81	54.42
	Si	48.12	34.05

由以上现象可以看出，煤粉颗粒经过较大功率处理后，颗粒内部发生破碎的现象更为显著，剖面上的裂纹数量明显增加，煤粉颗粒被裂纹分割成大量细小颗粒。裂纹截面处的 EDS 分析结果也表明，颗粒内部裂纹位置的化学成分多以 Si、Al 和 Ca 等矿物质的氧化物为主，也即矿物质与碳素的交界面易于在微波辐射过程中产生裂纹。由此可以推断，在较高的微波功率下对煤粉进行处理时，煤中的碳素和矿物质由于微波吸收能力的差别[45~48]，不同物质对微波不同的吸收量导致其分子的振动幅度也不相同，因而发生相对运动导致煤颗粒内部出现裂纹。

以上研究结果表明，在使用微波辐射处理粒度较小的煤粉时，煤粉颗粒内部会在处理过程中产生裂纹，较大的微波功率有利于促进煤颗粒的粉碎。煤中矿物质和碳素等组分对微波的吸收能力不同，在微波处理过程中因微波吸收量不同而产生不同的振动幅度，导致矿物质与碳素界面之间产生相对运动，从而在煤粉颗粒的内部产生裂纹。

4.6.4.2　微波辐射对煤样粒度的影响

图 4-79 和图 4-80 所示为粒度 0.074mm 以下孔家庄烟煤与阳泉无烟煤经不同条件辐射处理后粒度的累计分布曲线。可以看出，改质后孔家庄烟煤的粒度分布变化十分明显。在不同微波功率下，随着辐射处理时间的延长，煤粉中小粒度煤粉颗粒所占比例不断增大。使用大功率辐射处理时，煤粉粒度降低现象更为显著；阳泉煤粉粒度累计分布结果表明，

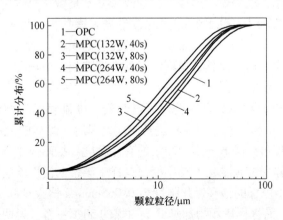

图 4-79　孔家庄烟煤经不同条件处理后的粒度变化

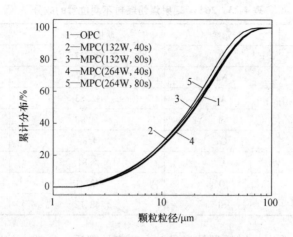

图 4-80　阳泉无烟煤经不同条件处理后的粒度变化

微波辐射作用对阳泉无烟煤粒度的影响较小。除 264W 功率下辐射处理 80s 后煤样粒度有小幅变化外，其他条件的处理煤样粒度分布均与原煤十分接近，几乎未对原煤煤粉的粒度组成产生影响。无烟煤的密度较大，结构致密而坚硬，因此微波辐射对无烟煤粒度的影响较小。

以上研究结果表明，使用微波对小粒度的煤粉进行处理时，微波可显著地降低烟煤煤粉颗粒的粒度；由于无烟煤结构较为致密，因此微波辐射并不能对其煤粉粒度产生明显的影响。

4.7　小结

本章对微波处理喷吹用煤的合理条件及煤粉燃烧性改善的机理进行了研究并分析了微波改质过程对喷吹煤部分物理性质的影响。得到以下结论：

（1）在合理的微波功率下进行一定时间的辐射处理，可使煤粉的燃烧性能得到显著的改善；煤样在微波处理过程中的温度皆未超过 50℃，改质前后煤样的化学成分和物相组成也未发生明显变化，说明煤粉燃烧性能的改善并不是微波热效应的作用。

（2）微波处理后煤粉中高活性官能团的数量显著增加，使煤粉挥发分的反应活性得到提高；随着煤粉中挥发分的裂解，煤粉颗粒的比表面积逐渐增大。改质煤粉试样挥发分因活性增强而裂解更为迅速，使其在相同的温度下拥有相对原煤更大的比表面积，从而使残炭颗粒的燃烧速率加快。

（3）使用适当的微波功率对煤样进行辐射改质，可显著提高煤样制粉过程中的可磨性；使用 132W 或 264W 微波功率对煤样进行 40s 处理后，煤样的 I_D/I_G 相对原煤皆增大，说明短时间的微波处理可以降低原煤中碳素的有序程度，提高煤中碳素的活性。长时间的微波处理则会增加煤样中芳香结构的有序度，煤样中碳素的活性将会降低；在 264W 微波功率下经 80s 处理后，煤样的饱和磁化强度由 0.065emu/g 增大至 0.191emu/g，剩余磁化强度也提升了 100%，而煤样矫顽力却降低至原煤的 50% 左右。说明煤样在磁场中的磁性显著增强，而消除煤样的剩余磁性变得更容易。

参考文献

[1] 侯国宪, 胡宾生, 李伟轩. 高炉喷吹煤粉合理配煤的试验研究 [J]. 河北理工学院学报, 2002, 14 (3): 11~15.

[2] 何佳佳, 邱朋华, 吴少华. 升温速率对煤热解特性影响的 TG/DTG 分析 [J]. 节能技术, 2007, 25 (144): 321~325.

[3] Kissingerr H E. Reaction kinetics in differential thermal analysis [J]. Analytical Chemistry, 1957, 29 (11): 1702~1706.

[4] 刘剑, 陈文胜, 齐庆杰. 基于活化能指标的煤的自然发火期研究 [J]. 辽宁工程技术大学学报, 2006, 25 (2): 161~163.

[5] Jupudi R S, Zamansky V, Fletcher T H. Prediction of light gas composition in coal devolatilization [J]. Energy & Fuels, 2009 (23): 3063.

[6] 褚廷湘, 杨胜强, 孙燕, 等. 煤的低温氧化试验研究及红外光谱分析 [J]. 中国安全科学学报, 2008, 18 (1): 171~176.

[7] 虞继舜. 煤化学 [M]. 北京: 冶金工业出版社, 2006.

[8] 余明高, 郑艳敏, 路长, 等. 煤自然特性的热重-红外光谱试验研究 [J]. 河南理工大学学报 (自然科学版), 2009, 28 (5): 547~551.

[9] 冯杰, 李文英, 谢克昌. 傅立叶红外光谱法对煤结构的研究 [J]. 中国矿业大学学报, 2002, 31 (5): 362~366.

[10] Chen C X, Ma X Q, Liu K. Thermogravimetric analysis of microalgae combustion under different oxygen supply concentrations [J]. Applied Energy, 2011, 88 (4): 3189~3196.

[11] 王国雄. 现代高炉煤粉喷吹 [M]. 北京: 冶金工业出版社, 1997.

[12] 黄孟阳, 张世敏, 彭金辉, 等. 微波场中钛精矿不同粒度吸波特性研究 [J]. 金属矿山, 2007 (7): 42~44.

[13] 夏浩. 低阶煤的微波热解研究 [D]. 焦作: 河南理工大学, 2012.

[14] Ruisánchez E, Arenillas A, Juárez-Pérez E J, et al. Pulses of microwave radiation to improve coke grindability [J]. Fuel, 2010, 102: 65~71.

[15] Sahoo B K, De S, Meikap B C. Improvement of grinding characteristics of Indian coal by microwave pretreatment [J]. Fuel Processing Technology, 2011, 92 (10): 1920~1928.

[16] Whittles D, Kingman S W, Reddish D. Application of numerical modelling for prediction of the influence of power density on microwave-assisted breakage [J]. International Journal of Mineral Processing, 2003, 68 (14): 71~91.

[17] Uslu T, Ataly U, Arol A I. Effect of microwave heating on magnetic separation of pyrite [J]. Colloids and Surface A-Physicochemical and Engineering Aspects, 2003, 225 (1~3): 161~167.

[18] 赵虹, 郑敏, 周永刚. 不同煤化程度煤的可磨性指数变化和破碎特性 [J]. 能源工程, 2006 (6): 29~31.

[19] 钟德惠, 丘纪华. 可磨性对混煤燃烧特性的影响 [J]. 电站系统工程, 2003, 19 (2): 13~14.

[20] 张妮妮. 煤的可磨性指数变化及破碎机理研究 [D]. 宁波: 浙江大学, 2006.

[21] 段健, 金龙哲, 欧盛南, 等. 喷吹煤混煤哈氏可磨性指数非线性计算方法 [J]. 北京科技大学学报, 2012, 34 (2): 113~117.

[22] Francioso O, Sanchez-Cortes S, Bonora S, et al. Structural characterization of charcoal size-fractions from a burnt pinus pinea forest by FT-IR Raman and surface-enhanced raman spectroscopies [J]. Journal of Molecular Structure, 2011, 994 (1): 155~162.

[23] Sonibare O O, Haeger T, Foley S F. Structural characterization of Nigerian coals by X-ray diffraction, Raman and FTIR spectroscopy [J]. Energy, 2010, 35 (12): 5347 ~ 5353.

[24] Chabalala V P, Wagner N, Potgieter-Vermaak S. Investigation into the evolution of char structure using Raman spectroscopy in conjunction with coal petrography; Part 1 [J]. 2011, 92 (4): 750 ~ 756.

[25] Li C Z. Some recent advances in the understanding of the pyrolysis and gasification behaviour of Victorian brown coal [J]. Fuel, 2007, 86 (12): 1664 ~ 1683.

[26] Li X´J, Hayashi J, Li C Z. FT-Raman spectroscopic study of the evolution of char structure during-the pyrolysis of a Victorian brown coal [J]. Fuel, 2006, 85 (12, 13): 1700 ~ 1707.

[27] Li X J, Hayashi J, Li C Z. Volatilisation and catalytic effects of alkali and alkaline earth metallic species during the pyrolysis and gasification of Victorian brown coal. Part Ⅷ. Raman spectroscopic study on the changes in char structure during the catalytic gasification in air [J]. Fuel, 2006, 85 (10, 11): 1509 ~ 1517.

[28] 李云生. 霍林河褐煤热解过程光谱学研究 [D]. 大连: 大连理工大学, 2013.

[29] 段菁春, 庄新国, 何谋春. 不同变质程度煤的激光拉曼光谱特征 [J]. 地质科技情报, 2002, 21 (2): 65 ~ 68.

[30] 李美芬, 曾凡桂, 齐福辉, 等. 不同煤级煤的 Raman 谱特征及与 XRD 结构参数的关系 [J]. 光谱学与光谱分析, 2009, 29 (9): 2446 ~ 2449.

[31] 焦红光, 崔敬媛, 刘鹏, 等. 煤粉磁特性及干式磁选脱硫降灰的试验研究 [J]. 中国矿业大学学报, 2009, 38 (1): 131 ~ 134.

[32] 杨天华. 煤燃烧脱硫过程中高温物相古流基础研究 [D]. 杭州: 浙江大学, 2004.

[33] 王卓雅, 赵跃民, 高淑玲. 论中国燃煤污染及其防治 [J]. 煤炭技术, 2004, 23 (7): 4 ~ 6.

[34] 陈鹏. 中国煤中硫的赋存特征及脱硫 [J]. 煤炭转化, 1994, 17 (2): 1 ~ 8.

[35] 章新喜, 段超红, 于凤芹. 微粉煤的电性质及摩擦带电研究 [J]. 中国矿业大学学报, 2005, 3 (6): 693 ~ 697.

[36] 石斌. 高硫煤燃前脱硫及强化脱硫方法 [J]. 选煤技术, 2011 (2): 68 ~ 71.

[37] Barani K. Magnetic properties of an iron ore sample after microwave heating [J]. Separation and Purification Technology, 2011, 76: 331 ~ 336.

[38] Cui Z, Liu Q, Etsell T H. Magnetic Properties of ilmenite, hematite and oilsand mineral after roasting [J]. Minerals Engineering, 2002 (15): 1121 ~ 1129.

[39] 熊林, 苏建仓, 何锋, 等. 磁性材料磁滞回线模型参数的计算 [J]. 真空电子技术, 2004 (3): 16 ~ 19.

[40] 冯本珍. 铁磁材料磁滞回线的研究 [J]. 中国科技信息, 2006 (22): 307 ~ 311.

[41] 吴丽珠, 洪远泉. 用示波器测量铁磁物质的磁滞回线 [J]. 2006, 27 (9): 46 ~ 49.

[42] 高汝伟, 董建敏, 姜寿亭, 等. 铁基稀土永磁合金的矫顽力 [J]. 物理学进展, 1995, 15 (4): 424 ~ 450.

[43] 刘皇风, 周秀, 董金明, 等. 菱铁矿热处理后的异常等温剩磁特征 [J]. 北京大学学报 (自然科学版), 1994, 30 (1): 61 ~ 70.

[44] 陈文臣, 刘帆, 陈颢, 等. 电力变压器铁心剩磁检测方法研究 [J]. 陕西电力, 2009 (10): 58 ~ 61.

[45] 姜娟. 污泥微藻生物质微波裂解试验研究 [D]. 广州: 华南理工大学, 2002.

[46] 彭志华. 碳纳米管材料的微波吸收机理研究 [D]. 长沙: 湖南大学, 2010.

[47] 范大明. 微波热效应对米淀粉结构的影响 [D]. 无锡: 江南大学, 2012.

[48] 黄云霞. 微波吸收剂的制备及性能研究 [D]. 西安: 西安电子科技大学, 2009.

5 微波改性固体废弃物处理低浓度烟气的基础研究

5.1 烧结烟气脱硫和脱氮的意义

绿色发展已成为我国工业发展的主题，在世界经济飞速增长的同时，全球的环境问题也变得日益突出。大气是人类赖以生存的最基本环境要素，然而利用煤、石油和天然气等化石能源进行工业生产则会产生 SO_2、氮氧化合物（NO_x）和颗粒物等污染物。SO_2 是造成酸雨现象的主要大气污染物之一[1]。此外，NO_x 也会对臭氧层产生破坏作用，并引起光化学烟雾等环境问题。上述大气污染物的排放已经成为制约社会和经济发展的关键因素，因而逐渐引起了世界范围内各国的广泛关注。

我国是大气污染最为严重的国家之一，这与我国的工业能源结构紧密相关。我国是世界上最大的煤炭生产国和消耗国，同时也是世界上少数几个以煤为主要工业能源的国家之一。预计中国在未来 50 年内以煤炭为主的能源格局尚难改变。在我国工业的一次能源消耗中，每年通过燃烧方式消耗的煤炭占总煤炭消耗总量的 80% 以上。化石燃料中一般都含有相当数量的硫，煤炭中含有 0.5%~3.0%（有些高硫煤中甚至可达 6.0%）的硫分，这些硫元素很难在燃烧前被彻底去除。含硫燃料燃烧时释放出硫氧化物，其中大部分硫元素以 SO_2 的形式释放，而仅有很小一部分能够被氧化为 SO_3，每年煤炭燃烧所产生的 SO_2 占总排放量的 70% 以上。随着我国工业经济的飞速发展，大量的煤炭消耗给环境带来了严重的污染。

我国 SO_2 和 NO_x 的排放大部分沉降在我国大陆境内，大量酸性物质的沉降已经导致我国的环境酸化[2,3]。目前，我国酸雨覆盖面积已占到全国国土面积 40% 左右，长江以南大部分区域长期受到酸雨的侵害，并且该区域开始不断向长江以北蔓延；全国降雨的酸度平均升高了 2~8 倍，出现了世界罕见的降雨 pH 值低于 4 的地区。我国已经有 70% 以上的城市空气质量处于 3 级或超 3 级标准，有 7 个城市进入全球十大污染最严重城市之列[4]，因此，如何控制工业生产中 SO_2 和 NO_x 的排放已成为我国政府、环境管理部门和科技工作者致力解决的问题之一。

为了有效地控制工业生产对大气的污染，我国从 20 世纪 70 年代就开始制定环境空气质量的相关标准及大气污染物排放标准，截至目前已经建立了较为完善的国家大气污染排放标准体系。要实现控制 SO_2 和 NO_x 等大气污染物的目标，关键问题是加快国产环保技术和设备的研究、开发、推广及应用。目前，我国大多数烟气脱硫和脱氮设备均从国外引进，其投资和运行费用十分昂贵。由于我国当前的经济基础较为薄弱，在我国现有的脱硫、脱氮技术的基础上研发更加适合我国国情。

5.2　SO_2 和 NO_x 的来源及危害

5.2.1　SO_2 的来源及危害

5.2.1.1　SO_2 的来源

按照产生方式进行分类可将大气中的 SO_2 分为天然来源和人为来源。天然来源包括火山爆发时喷射出的 SO_2，沼泽、洼地、大陆架等处所释放的 H_2S 进入大气后被氧化而成的 SO_2，同时包括含硫有机物被细菌分解以及海洋中形成的硫酸盐经系列变化而产生的 SO_2 等。天然源排放量约占大气中 SO_2 排放总量的 1/3。天然产生的 SO_2 属全球性分布，在广阔地域以较低浓度缓慢地排放，在大气中易于稀释和被净化，一般不会造成严重的大气污染或产生酸雨现象。天然产生的 SO_2 无法通过人力进行控制。SO_2 人为来源包括矿物燃料燃烧（占人为来源的 3/4 以上）和含硫物质的工业生产过程。SO_2 排放量较大的工业生产部门包括火电厂、钢铁制造、有色金属冶炼、化工、石油提炼和水泥等。人为产生的 SO_2 排放量约占大气中排放总量的 2/3，而且在地域上的分布较为集中，在占地球表面不到 1% 的城市和工业区上空占据主导地位，是造成大气污染和酸雨的主要原因。与天然产生的 SO_2 不同，人为排放的 SO_2 可以进行人为控制。近年来我国 SO_2 气体排放总量见表 5-1。

表 5-1　2010~2015 年中国 SO_2 排放量　　（t）

年份	2010	2011	2012	2013	2014	2015
排放量	2294	2218	2118	2044	1974	2549

5.2.1.2　SO_2 的危害

SO_2 的危害可被归纳为以下几点：

（1）SO_2 对人类健康有严重影响，它可刺激眼睛、引起呼吸道疾病甚至死亡。当有可吸入颗粒物在一起还有协同作用，能使 SO_2 的危害增加 3~4 倍。

（2）SO_2 能损害植物的叶子，影响植物的正常生长。据相关专家估算，我国受 SO_2 污染的农田面积达 2.67×10^{10} m^3，每年造成的农业经济损失多达 20 亿元。

（3）大量 SO_2 的排放是大气质量恶化、酸雨危害日益严重的主要原因之一。

（4）我国的 NO_x 排放、酸雨污染等问题也引起了周边国家地区以及国际社会的密切关注。例如，日本、韩国的舆论一再谴责中国排放的二氧化硫等污染物对其环境造成了危害。

5.2.2　NO_x 的来源及危害

5.2.2.1　NO_x 的来源

NO_x 也是一种常见的大气污染物，主要包括一氧化氮和二氧化氮。NO_x 均为酸性有毒气体，大气中 NO_x 主要来源于自然界和人类的工业排放。NO_x 的天然来源包括闪电过程、平流层光化学过程、NH_3 在大气中的氧化、从土壤中经微生物的硝化和反硝化释放出的中间产物或间接产物，同时生物质的燃烧也能够释放 NO_x。

NO_x 的人为来源包括化石燃料的燃烧（包括发电厂、钢铁企业、汽车尾气、居民取热和烹调等)、超声速飞机尾气,以及硝酸、氮肥、染料、电镀、炸药及己二酸等物质生产过程中排放的 NO$_x$ 烟气。燃料燃烧过程所释放的 NO$_x$ 中 90% 以上是 NO、NO$_2$ 占 5% ~ 10%、N$_2$O 仅占 1% 左右。全世界每年由于自然界细菌作用等自然生成的 NO$_x$ 可达 5 × 10^{8}t,而人类活动每年产生的 NO$_x$ 约为 5 × 10^{7}t,仅为自然生成数量的 1/10。尽管人为排放的 NO$_x$ 数量相对较少,但其排放位置较为集中而危害性更大[5]。

5.2.2.2 NO$_x$ 的危害

NO$_x$ 引起的环境问题及对人体健康的危害主要包括以下几方面:

(1) NO$_x$ 对人体具有致毒作用,其中危害最大的是 NO$_2$,主要影响人体呼吸系统,可引起支气管炎和肺气肿等疾病;

(2) NO$_x$ 受太阳光照射可释放出活性氧原子,从而形成强氧化性物质,因此对人和植物极为有害;

(3) NO$_x$ 与碳氢化合物在紫外线照射条件下可产生有毒的光学烟雾[6];

(4) NO$_x$ 是形成酸雨和酸雾的主要污染物之一;

(5) NO$_x$ 可与臭氧分子发生反应,对臭氧层产生破坏作用,导致大气中臭氧的含量降低;

(6) NO$_x$ 能吸收中心波长分别为 7.78μm、8.56μm 和 16.98μm 的长波红外辐射,因此也是引起地表温度升高的主要温室气体之一[7]。

5.3 SO$_2$ 和 NO$_x$ 烟气治理技术及其研究进展

5.3.1 SO$_2$ 烟气治理技术及其研究进展

如何减轻二氧化硫对环境的污染以及实现"化害为宝、综合利用",一直是人们不断探索和努力解决的关键问题[8]。目前很多学者对烟气脱硫进行了大量研究,在相关领域取得了突出成果。当前对高浓度 SO$_2$ 烟气的治理,主要采用接触氧化法制取硫酸,相关的生产工艺已十分成熟,但低浓度 SO$_2$ 烟气脱硫的相关研究仍面临两大难题:一方面是烟气量很大而 SO$_2$ 浓度又极低时工业回收 SO$_2$ 极不经济;另一方面则是运用以往的脱硫方法进行脱硫的成本较高且效果也并不稳定[9]。最理想的结果则为采用相对简单的方法进行低硫烟气处理,生产出可供销售的产品且不产生任何污染[10~12]。

5.3.1.1 SO$_2$ 烟气治理技术

按照净化原理和流程进行烟气脱硫的方法可分为四大类,即吸收法、吸附法、氧化法和还原法。表 5-2 列出了各种治理 SO$_2$ 方法的脱硫率及其利弊[13]。

表 5-2 SO$_2$ 烟气的治理方法比较

方 法		脱硫率/%	备 注
吸收法	钠碱法	95 ~ 98	脱硫率高,但腐蚀设备严重
	氨碱法	95 ~ 96	设备投资大、黑液污染环境
	双碱法	>90	可避免钙盐结垢堵塞
	海水法	98	工艺简单、脱硫率高,但只能在沿海采用
	锌法	95 ~ 98	吸收产物处理比较困难

方　　法		脱硫率/%	备　　注
吸附法		>90	吸收剂磨损大，设备庞大
氧化法	催化氧化法	>99	无废产品排放
	化学氧化法	>90	脱除效率高、设备较为简单
	电能氧化法	>80	后续处理简单、占地面积小
还原法	常压催化还原法	>96.5	治理低浓度 SO_2 需浓缩
	液相生物还原法	>98	投资费用较低

5.3.1.2　几种具有代表性的 SO_2 治理技术

A　氨法处理含硫烟气

氨法的工艺原理是采用浓度为 20% ~ 30% 的氨水溶液来吸收 SO_2。此处理工艺不会产生任何污染，硫回收率高且产品可直接进行销售。最简单的处理方法是采用氨水溶液吸收 SO_2，制备商品级亚硫酸铵 – 硫酸氢铵溶液。上述吸收过程按照以下化学反应而进行：

$$SO_2 + 2NH_3 + H_2O =\!=\!= (NH_4)_2SO_3$$

$$(NH_4)_2SO_3 + SO_2 + H_2O =\!=\!= 2NH_4HSO_3$$

为了确保烟气中的 SO_2 能够被完全吸收，则必须保证溶液中溶解的二氧化硫与氨的摩尔比维持在 0.7 的水平。在这一摩尔比下，吸收液表面 SO_2 和 NH_3 的平衡分压最低，可在 NH_3 损失最小的条件下实现 SO_2 的完全吸收。通过向吸收液中持续添加氨水可维持所需的 SO_2/NH_3 摩尔比，氨水与过剩的亚硫酸氢铵按照以下方程进行反应：

$$NH_4HSO_3 + NH_4OH =\!=\!= (NH_4)_2SO_3 + H_2O$$

吸收液中 NH_3 含量可通过测定的 pH 值来控制，pH 值应保持在 5.0 ~ 5.3 的范围内，此条件下可确保 SO_2 的回收率达到 95% ~ 96% 的水平，生产出的浓亚硫酸铵 – 亚硫酸氢铵溶液中 NH_4HSO_3 的浓度可达 820g/L，同时 $(NH_4)_2SO_3$ 的含量也可达到 20g/L 的水平。亚硫酸氢铵常用于某些化工过程中，也可用于生产 100% 的高纯度 SO_2。最普遍的方式是用硫酸分解亚硫酸铵 – 亚硫酸氢铵，其反应式如下：

$$2NH_4HSO_3 + H_2SO_4 =\!=\!= (NH_4)_2SO_4 + 2SO_2\uparrow + 2H_2O$$

$$(NH_4)_2SO_3 + H_2SO_4 =\!=\!= (NH_4)_2SO_4 + SO_2\uparrow + H_2O$$

通过上述方法可生产商品级无机肥料硫酸铵和高浓度二氧化硫。其中高浓度的 SO_2 可作为原料来生产硫酸。由于这种方法用于硫酸厂的尾气处理，因此高浓度的 SO_2 可用于生产硫酸。产品为硫酸铵和高浓度 SO_2 的氨法主要用于净化 SO_2 含量在 0.3% ~ 0.5% 的低硫烟气。其工业装置的生产能力可达 $(1.1 ~ 1.2) \times 10^5 m^3/h$，$SO_2$ 的回收率一般可达到 95% 以上。此外，利用氨法处理所产生的高浓度 SO_2 为原料，可通过甲烷法非常有效地生产元素硫。

B　锌法处理含硫烟气

众所周知，采用碱性吸收剂，如氧化锌水悬浮液进行吸收，可十分有效地处理含硫烟气[14]。在这一方面，特别值得注意的是用锌法处理含硫烟气生产硫酸锌。这种方法可用于有色冶金厂，主要是锌厂，其技术是基于二氧化硫在氧化锌悬浮液中的吸收，上述过程涉及的化学反应方程式如下：

$$ZnO + SO_2 =\!=\!= ZnSO_3$$

$$ZnSO_3 + SO_2 + H_2O =\!=\!= Zn(HSO_3)_2$$

$$ZnSO_3 + 1/2O_2 =\!=\!= ZnSO_4$$

硫酸锌的形成机理相当复杂，不排除在此过程中存在一些其他的副反应。据有关资料记载，在氧化锌过量和溶液 pH 值大于 3.0 的条件下，SO_2 吸收率相当高并且完全形成 $ZnSO_3$，其吸收率为 95% ~ 98%。Gintsvetmet 研究院经过大量研究，开发了一种氧化亚硫酸锌和亚硫酸氢锌的新工艺，其中包括在不采用任何加压空气的情况下，用氧对氧化锌吸收悬浮液进行预饱和。实际应用上述锌法对含硫烟气进行处理时存在一定困难，主要是吸收产物必须能够用于后续湿法冶炼系统，以生产锌、铅等金属及商品级硫酸锌。为此，Gintsvetmet 研究院进行了半工业化试验，通过工业试验研究结果，确定了锌法处理含硫烟气的最佳工艺条件，验证了设备参数和工艺布局的合理性，获得了工业应用所需的重要数据。

C 非稳态硫酸生产技术[15~17]

与传统工艺相比，用于硫酸生产的非稳态技术最大差别在于采用非稳态转化器对氧化硫进行氧化。采用特殊设计的阀门结构，周期性地切换流经催化剂床层的气流方向，可使转化器在非稳态模式下运行，从而实现不加热原料气体的情况下进行二氧化硫的氧化。即使 SO_2 的浓度仅在 1.0% ~ 1.5% 的范围内，催化剂不仅能够加速化学反应，同时也能够蓄存热量。非稳态二氧化硫氧化的基本装置如图 5-1 所示。

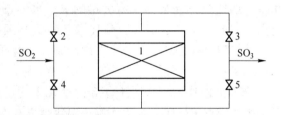

图 5-1 非稳态 SO_2 氧化的基本装置

D 软锰矿吸收法

软锰矿是一种氧化剂，在一定情况下能够氧化某些具有还原性的物质，本身被还原。SO_2 作为一种还原性气体，能够较好地被水吸收生成 H_2SO_3。H_2SO_3 属于二元弱酸，它逐步离解成 $H_2SO_3^-$ 和 SO_3^{2-}：

$$H_2O + SO_2 =\!=\!= H_2SO_3$$

$$H_2SO_3 =\!=\!= H^+ + HSO_3^-$$

$$HSO_3^- =\!=\!= H^+ + SO_3^{2-}$$

SO_3^{2-} 具有一定的还原性，能够还原溶液中的 Fe^{3+}：

$$SO_3^{2-} + 2Fe^{3+} + H_2O =\!=\!= 2Fe^{2+} + SO_4^{2-} + 2H^+$$

由于用软锰矿浆来吸收 SO_2 气体，因此 MnO_2 又将 Fe^{2+} 氧化成 Fe^{3+}：

$$MnO_2 + 2Fe^{2+} + 4H^+ =\!=\!= 2Fe^{3+} + Mn^{2+} + 2H_2O$$

铁离子在反应过程中起着载氧体的作用，由 Fe^{3+} 变成 Fe^{2+}，又由 Fe^{2+} 变成 Fe^{3+}，如此循环往复，不断地使 SO_3^{2-} 氧化成 SO_4^{2-}，同时又不断地使 Mn^{4+} 还原为 Mn^{2+}。用软锰矿吸收法来处理含 SO_2 烟气总的反应为：

$$SO_2 + MnO_2 \xrightarrow{\hspace{1cm}} MnSO_4$$

充分反应后的 $MnSO_4$ 溶液经净化除杂后即可生产 $MnSO_4 \cdot H_2O$ 产品。由于反应进行的热力学趋势较大，为了使反应在动力学上能够顺利进行，充分保障 SO_2 与软锰矿矿浆的良好接触是该工艺需解决的技术关键。试验是在一小型泡沫塔中来实现这一反应的。该方法的特点在于充分利用软锰矿和 SO_2 的氧化还原性能，省去传统硫酸锰生产工艺的还原工序，使处理流程得到很大程度的简化，同时也解决了硫酸来源的问题，使低浓度 SO_2 烟气得到充分利用，不仅治理了烟气排放对环境的污染，又降低了硫酸锰的生产成本。

5.3.2 NO_x 烟气治理技术及其研究进展

随着我国经济实力的不断增强，我国已经开展了大规模的烟气脱硫项目。但烟气脱硝并未得到大规模的开展，如果继续任由 NO_x 向大气进行排放，NO_x 的总量和其在大气污染物中的比重都将上升，并有可能取代 SO_2 成为大气中的主要污染物，因此对 NO_x 的治理已经刻不容缓。综上所述，我国应积极开展对烟气脱硝技术和设备的研究，以便能实现烟气脱硝技术和设备国产化，从而降低工业废气处理的成本。

5.3.2.1 NO_x 烟气治理技术

对于燃料燃烧所产生的烟气中存在大量的 NO_x 气体，因此工业废气具有烟气量大、NO_x 的浓度低且溶水性差、烟气成分复杂（含有大量的氧、水、二氧化碳、硫氧化物及粉尘等有害成分）等特点。因此，所采取烟气脱硝技术及装置必须具备脱硝率高、能够维持较长时间的稳定性、可以随负载变动、不产生二次污染、装置紧凑、通风损失少、设备运营费用经济等特点。

烟气脱硝技术或 NO_x 烟气治理技术可分为干法和湿法。干法主要包括选择性催化还原法、选择性非催化还原法、等离子体法、吸附法等；湿法主要有直接吸收法、氧化吸收法、氧化还原吸收法、液相吸收还原法和络合吸收法等。各种脱硝方法中，催化还原法和吸附法适用性较强，氧化吸收法和氧化还原吸收法脱硝率较高，而直接吸收法和液相吸收还原法还处在实验和中间实验阶段。总之，要从烟气中除掉 NO_x 相比 SO_2 的脱除需克服更多技术上的困难，因为 NO_x 的浓度比较低，而化学稳定性较高、溶解性差。各种 NO_x 的治理方法见表 5-3。

表 5-3 NO_x 的治理方法

净化方法		要点
干法	催化还原法 — 选择性催化还原法	用 CH_4、H_2、CO 及其他燃料气作为还原剂与 NO_x 进行催化还原反应，烟气中的 O_2 参加反应，放热量大
	催化还原法 — 选择性非催化还原法	用 NH_3 作为还原剂将 NO_x 催化还原为 N_2，烟气中的 O_2 很少参加反应，放热量小
	吸附法	用丝光沸石分子筛、泥煤、风化煤等吸附烟气中的 NO_x，将烟气净化
	电子束照射法	加速的电子使烟气的分子"爆炸"，并且促使出现化学活性微粒，与二氧化硫和氮氧化物相互作用，在有水蒸气时形成硫酸和硝酸，在氨的存在下反应生成硫铵和硝铵

净化方法		要 点
湿法	水吸收法	用水作吸收剂对 NO$_x$ 进行吸收，吸收效率低，仅可用于气量小、净化要求不高的场合，不能净化含 NO 为主的 NO$_x$
	稀硝酸吸收法	用稀硝酸作吸收剂对 NO$_x$ 进行物理吸收与化学吸收可以回收 NO$_x$，消耗动力较大
	碱性溶液吸收法	用 NaOH、Na$_2$SO$_3$、Ca(OH)$_2$、NH$_4$OH 等碱性溶液作吸收剂对 NO$_x$ 进行化学吸收。对于含 NO 较多的 NO$_x$ 烟气，净化效率低
	综合吸收法	用络合吸收剂 FeSO$_4$、Fe(II)-EDTA 及 Fe(II)-EDTA-Na$_2$SO$_3$ 等直接同 NO 反应，NO 生成的络合物加热时重新释放出 NO，从而使 NO 可以富集回收
	氧化吸收法	对于含 NO 较多的 NO$_x$ 烟气，用浓 HNO$_3$、O$_3$、NaClO、KMnO$_4$ 等作催化剂，先将 NO 氧化成 NO$_2$，然后再用碱溶液吸收，使净化效率提高
	液相还原吸收法	将 NO$_x$ 吸收到溶液中，与 (NH$_4$)$_2$SO$_3$、NH$_4$HSO$_3$、NaSO$_3$ 等还原剂反应，NO$_x$ 被还原为 N$_2$，其净化效果比碱溶液吸收法好
	微生物净化法	将 NO$_x$ 由气相转移到液相或是固相表面的液膜中，被无色杆菌属、杆菌属、色杆菌属等异氧脱氮菌、专性好氧菌、兼性厌氧菌在好氧、厌氧、缺氧条件下，利用有机质进行脱氮

5.3.2.2 几种具有代表性的 NO$_x$ 治理技术

A 选择性催化还原法（SCR）

该法将 NH$_3$ 注入烟气中作为还原剂，使处于 300~400℃ 催化剂层中的 NO$_x$ 被选择性地还原为 N$_2$ 和 H$_2$O，而不会与氧气发生反应。由于未产生其他副产物，并且装置结构简单，适用于处理大气量的烟气。以 NH$_3$ 作为还原剂的脱氮过程主要包括如下反应：

$$4NO + 4NH_3 + O_2 \Longrightarrow 4N_2 + 6H_2O$$

$$2NO + 4NH_3 + 2O_2 \Longrightarrow 3N_2 + 6H_2O$$

在上述处理过程中，通常取 NH$_3$/NO$_x$ 摩尔比为 0.81~0.82，使 NO$_x$ 的去除率可达到 90% 左右[18]。目前这一技术在欧洲、日本、美国等发达国家和地区已经得到了比较广泛的应用，是当今世界上燃煤电厂 NO$_x$ 排放控制的主流技术。SCR 的运行成本很大程度上取决于催化剂的寿命[19]。所采用的催化剂可分为贵金属、其他金属元素及其化合物。同时，烟气中的气态物质三氧化二砷能与催化剂结合引起的催化剂砷中毒；碱金属也能够吸附在催化剂的毛细孔表面，中和催化剂表面吸附的 SO$_2$ 生成硫化物，使催化剂发生中毒。此外，高温烧结、磨损和固化微粒沉积堵塞也会破坏催化剂的反应活性。采用 SCR 技术脱氮，设备投资大、运行成本高、技术较复杂，而且还有多余 NH$_3$ 的泄露。所以，无论从经济上还是技术上 SCR 技术都难以适合我国目前的国情。

B 选择性非催化还原法（SNCR）

SNCR 法是在 900~1100℃ 温度范围内，无催化剂作用的条件下，采用 NH$_3$ 或尿素等氨基还原剂几乎不与烟气中氧气发生作用的特点，选择性地把烟气中的 NO$_x$ 还原为 N$_2$ 和 H$_2$O 的一种脱氮技术。SNCR 没有催化剂对反应的加速作用，还原反应（相对于 SCR 法）需在较高温度下进行。通过还原剂在烟道气流中产生的 NH$_3$ 自由基与 NO$_x$ 反应，达到去除 NO$_x$ 的目的。其反应过程如下：

$$4NH_3 + 4NO + O_2 \Longrightarrow 4N_2 + 6H_2O$$

$$(NH_4)_2CO \Longrightarrow 2NH_4 + CO$$

$$NH_2 + NO \Longrightarrow N_2 + H_2O$$

$$2CO + 2NO \Longrightarrow N_2 + 2CO_2$$

该反应主要发生在 950℃ 的温度范围内，温度低于 900℃ 则反应不完全，NH_3 的逃逸数量加大，从而造成新的污染。温度超过 1100℃ 则将发生与 O_2 的竞争反应，也会对环境造成新的污染：

$$4NH_3 + 5O_2 \Longrightarrow 4NO + 6H_2O$$

由此可见，在 SNCR 的运行过程中，温度的控制是至关重要的。SNCR 的设备费和操作费用都仅为 SCR 的 1/5 左右，而且建设周期短，除硝效率为 50% ~ 60%。其脱除 NO_x 的效率低于 SCR 法，比较适用于对现有中小型锅炉的改造，也比较适合缺少资金的发展中国家采用[18]。但 SNCR 法也存在以下缺点[20]：氨的利用率不高；形成温室气体 N_2O，研究表明用尿素作还原剂要比用氨作还原剂产生更多的 N_2O；如果运行控制不适当，用尿素作还原剂时可能造成较多的 CO 排放。

C　等离子体法[21,22]

等离子体法是同时脱硫、脱硝技术。该技术主要利用高能电子的照射，使烟气中的 N_2、O_2 和水蒸气等产生离子、自由基、原子、电子以及各种激发态原子等活性粒子，将烟气中的 SO_2、NO 等氧化为 SO_3 和 NO_2，并与水蒸气反应生成雾状硫酸和硝酸，并注入氨，最终将 SO_3 转化成产品硫胺和硝胺化肥。高能电子的产生方法有电子束法和高压脉冲电晕放电。脱硫反应主要是热化学反应的作用，脱硝反应主要是辐射化学的作用。到 2005 年为止，国外共建成烟气处理量为 $1000m^3/h$ 以上的各类等离子体中试厂 14 个，波兰在建一座 $270km^3/h$ 烟气处理量的工业示范厂。我国已有成都热电厂引进了电子束法工艺进行烟气脱硫、脱氮示范工程。等离子体法工艺流程简单，副产物可作为化肥销售，但要达较高的脱氮效率，则耗电量大；此外，余氨排放物以及生成的产物气溶胶难以收集等问题，使其应用受到限制。

D　液体吸收脱氮工艺

该法主要是借助碱性吸收液将 NO_x 吸收，然后与其他物质结合形成无害的化合物。NO 作为 NO_x 的主要成分，并不与碱液发生反应或者反应非常缓慢，并且很容易被氧化成 NO_2，反应式如下：

$$2NO + O_2 \Longrightarrow 2NO_2 + 112.6kJ$$

a　Na_2CO_3 溶液吸收法

Na_2CO_3 水溶液法脱除 NO_x 工艺流程如图 5-2 所示。

(1) 吸收原理。NO_x 会与 Na_2CO_3 溶液发生如下反应而被吸收：

$$2NO + O_2 \Longrightarrow 2NO_2$$

$$NO + NO_2 \Longrightarrow N_2O_3$$

$$N_2O_3 + H_2O \Longrightarrow 2HNO_2$$

$$2HNO_2 + Na_2CO_3 \Longrightarrow 2NaNO_2 + H_2O + CO_2$$

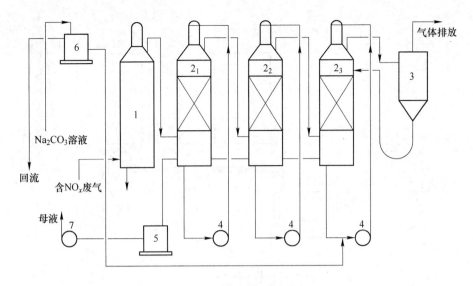

图 5-2 Na$_2$CO$_3$ 水溶液法脱除 NO$_x$ 工艺流程

1—氧化塔；2—吸收塔；3—分离器；4—循环泵；5—母液槽；6—碱液高位槽；7—母液泵

总反应为：

$$N_2O_3 + Na_2CO_3 === 2NaNO_2 + CO_2$$

$$2NO_2 + H_2O === HNO_3 + HNO_2$$

$$2HNO_3 + Na_2CO_3 === 2NaNO_3 + H_2O + CO_2$$

$$2HNO_2 + Na_2CO_3 === 2NaNO_2 + H_2O + CO_2$$

（2）工艺流程。低压下含氮氧化合物的烟气首先进入一个氧化塔，使气体中的 NO 尽量被氧化，同时将烟气中的冷凝酸、酸雾分离，以免在下一步碱吸收时发生中和等副反应，影响吸收效率。然后，气体进入一系列的吸收塔，并在其中循环。Na$_2$CO$_3$ 制成水溶液，加入最后一个吸收塔的循环液中。吸收后碱度降低的溶液向前塔转送，在第一个吸收塔将制得的合格母液送出。整个工艺流程结束。

b 石灰乳法

石灰乳法脱氮工艺流程如图 5-3 所示。

（1）反应原理。用石灰乳吸收氮氧化物的主要化学反应同 Na$_2$CO$_3$ 溶液吸收法十分相似，其总反应方程式为：

$$N_2O_3 + Ca(OH)_2 === Ca(NO_2)_2 + H_2O$$

$$4NO_2 + 2Ca(OH)_2 === Ca(NO_2)_2 + Ca(NO_3)_2 + 2H_2O$$

（2）工艺原理。烟气首先进入氧化塔 1，再由下部进入第一个吸收塔 2。吸收后的气体再从顶部进入第二吸收塔 3，在塔内循环液与气体作并流。每个吸收塔都用循环泵 5、6 将溶液送入塔内循环。从塔内流出的循环液先进入缓冲罐 4，残渣在此沉降，间断排出。中部循环液进入循环泵，再打入塔内循环。吸收尾气由排气筒 13 排出。

总的看来，目前工业上应用的方法主要是干法（气相反应法）和湿法（液相吸收法）两类。以选择性催化还原法为代表的干法，能将烟气中的 NO$_x$ 排放浓度降至较低水平，但消耗大量 NH$_3$，经济亏损大。与干法相比，湿法具有工艺及设备简单、投资少等优点，

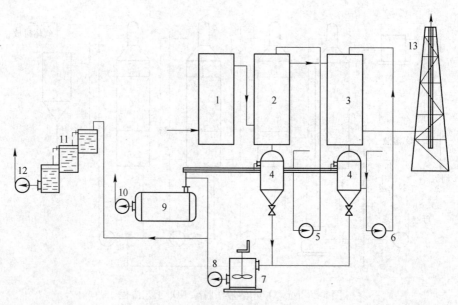

图 5-3　石灰乳法脱氮工艺流程

1—氧化塔；2，3—吸收塔；4—缓冲罐；5，6，8，10，11，12—离心泵；7—带搅拌槽；
9—溶液存储罐；11—残渣沉降槽；13—排气筒

有些方法还能回收 NO_x，具有一定的经济效益，但净化过程副反应多、产品较难分离、净化效果差、处理后的气体仍难达标。因此，研究新型 NO_x 烟气治理技术是摆在我们面前的一项严峻挑战。

5.4　微波外场辅助处理 SO_2 和 NO_x 污染物的意义

近年来，随着经济的持续快速发展和能源消费的剧增，中国的 SO_2 和 NO_x 污染不断加剧，特别在一些大城市如北京、上海、广州等地 SO_2 和 NO_x 污染超标，局部地区甚至出现了光化学烟雾污染。

鉴于今后我国 SO_2、NO_x 排放和污染的严峻形势，SO_2 和 NO_x 控制难度较大，以及现有烟气治理技术门槛较高，因此研发技术上可行、经济上合理、适合我国国情的、拥有自主知识产权的新型脱硫和脱硝技术对我国环境的治理和工业可持续发展具有重要意义。微波处理烟气作为一项崭新的技术和研究方向逐渐引起了国内外的广泛关注，是近年来烟气治理研究的热点之一。微波净化烟气技术是利用微波改性吸附剂，使烟气达到无害化的处理技术。微波应用于烟气处理领域的研究时间并不长，但实践证明微波是一种较好的烟气处理和净化技术。与传统的吸收法、吸附法、催化法等烟气处理技术相比，微波烟气处理技术拥有诸多明显的优势：烟气净化效率高、反应器所用吸收剂选择性较多、工艺和装置简单、规模能大能小、易于扩大推广、运行和维护方便、成本和运行费用低廉、无二次污染等，是净化烟气的有效方法，符合可持续发展的观点。由于微波净化 SO_2 和 NO_x 技术的种种优越性，因此它成为了烟气治理研究方向的新突破口，也是当今最有希望的烟气治理新技术之一。

目前处理 SO_2 和 NO_x 的技术方法有很多，并取得了一定的效果，但是所处理的 SO_2

和 NO_x 烟气的浓度较高,对于低浓度甚至是超低浓度的烟气处理,还没有人研究。因此本研究提出采用精炼炉渣和粉煤灰这两种固体废弃物制备吸附剂,在微波辐射条件下处理低浓度($SO_2 < 0.01\%$,$NO_x < 0.01\%$)烟气的可行性方案。通过实验室的小试研究,确定出最佳的试验工艺条件、工艺参数,并对脱硫脱硝机理进行探讨,为本工艺的工业应用提供经验和可靠的数据。本试验研究具有创新性,可以在同一反应器中实现同时高效脱硫、脱硝,是符合我国国情和经济发展的环保要求的新技术,具有较大的研究价值和应用价值。

5.5 低浓度有害烟气吸附剂的制备

5.5.1 实验原料

5.5.1.1 粉煤灰

A 粉煤灰的性质

粉煤灰为球形或微珠的集合体,粒径分布在 $1 \sim 100 \mu m$ 的范围内,其密度在 $2.02 \sim 2.56 t/m^3$ 之间,并随 CaO 和 Fe_2O_3 含量增加而增大,随未燃碳含量的增加而降低[23]。据 J. Paya[24] 的测量方法,粉煤灰的碳含量可在 $0.08\% \sim 31.39\%$ 之间。粉煤灰中 SiO_2、Al_2O_3、Fe_2O_3 三种成分占70%以上,CaO 和 MgO 的含量随原煤的组成和产出时代不同而变化,一般在 $0.2\% \sim 10\%$ 之间变动。粉煤灰主要由非晶态玻璃相构成,结晶矿物包括石英、莫来石、赤铁矿、磁铁矿、石灰和石膏。实验使用粉煤灰的化学组成与矿物组成见表5-4。

表 5-4 粉煤灰试样的化学组成(质量分数) (%)

成分	SiO_2	Al_2O_3	Fe_2O_3	CaO	MgO	SO_3	Na_2O	K_2O	C
含量	50.6	27.2	7.0	2.8	1.2	0.3	0.5	1.3	4.0

B 粉煤灰净化有害物质的原理

粉煤灰是煤粉在高温燃烧后的产物,经历了熔融、冷却等物理、化学过程,其粒度较细($80 \mu m$,筛余量7%~30%)、表面疏松多孔、比表面积大,并具有一定数量的活性基团。因此,粉煤灰具有较强的吸附能力。粉煤灰净化气体污染物的原理可归纳为以下几点[25]:

(1)物理吸附。物理吸附系单分子层吸附,吸附力以分子间的范德华力为主,粉煤灰比表面不大,但粒径很小,在 $0.1 \sim 10.0 \mu m$ 范围,有众多的微孔和次微孔,适宜的孔结构为污染物提供了极好的通道和被吸附孔穴。物理吸附主要特征是吸附时粉煤灰颗粒表面能降低、放热,故在低温下可自发进行,吸附无选择性,对各种污染物都有一定的吸附、去除能力。

(2)化学吸附。粉煤灰中存在大量的 Si—O 和 Al—O 活性基团,能与吸附质化学键或离子键发生结合,从而产生化学吸附,其特点是选择性强,通常为不可逆反应。

在通常情况下,上述两种吸附作用同时存在,但在不同条件(pH 值、温度)下体现出的优势不同,导致粉煤灰吸附性能的变化。国内外许多研究成果表明,粉煤灰的吸附等温规律符合 Freundich 吸附等温式,即:

$$\lg q_e = \lg k + 1/n \lg c_e$$

式中　　q_e——平衡吸附量，mg/g；

　　　　c_e——平衡浓度，mg/g；

　　k，n——经验常数，k 值越大，吸附能力越强。

（3）中和反应。粉煤灰组分中含有 CaO、MgO、Fe_2O_3、K_2O、Na_2O 等碱性物质，可用来中和气体中的酸性成分，净化烟气中的气态酸性污染物。

C　粉煤灰在烟气处理方面的应用

当前常见的废气分为以下 5 类：（1）以二氧化硫、三氧化硫为代表的硫氧化合物；（2）以一氧化氮、二氧化氮为代表的氮氧化合物；（3）以一氧化碳、二氧化碳为代表的碳氧化合物；（4）以多环芳烃类物质（PAH）为代表的碳氢化合物；（5）以氯化氢、溴化氢为代表的卤素化合物。粉煤灰主要用来处理（1）和（3）类废气。严岩[26]等用电厂粉煤灰的灰水喷雾脱除 SO_2 的平均脱硫率为 50.2%；P. Davini[27]在实验中利用粉煤灰与氢氧化钙质量比为 12、液固比为 20、温度为 60℃、反应时间为 4h，制得的改性脱硫吸收剂的比表面积为 20m^2/g；赵毅[28]利用粉煤灰与氢氧化钙反应得到的吸收剂来处理 SO_2 的吸收容量为 31.8mg/g。这些研究的脱硫率与吸收容量均处于较低水平，为了提高其吸收剂的比表面积、二氧化硫的吸收容量和脱硫率，也有不少学者通过改性粉煤灰来制取具有更高活性的吸收剂。

5.5.1.2　精炼炉渣

A　精炼炉渣的性质

炉渣是火法冶金过程中生成的以氧化物为主的熔体，它是钢铁、铁合金及有色重金属冶炼和精炼等过程的重要产物之一，主要成分是 CaO、FeO、MgO、MnO 等碱性氧化物，SiO_2、Fe_2O_3 等酸性氧化物及 Al_2O_3 等两性氧化物。精炼炉渣是精炼粗金属（用生铁炼钢、从粗铜炼精铜等）产生的炉渣，实验使用精炼炉渣的化学组成见表 5-5。通过精炼炉渣的化学成分可以看出，精炼炉渣中富含大量的高活性 CaO 组分，理论上可成活性高且价格低廉的烟气吸附剂。

表 5-5　精炼炉渣的化学成分（质量分数）　　　　　　（%）

成分	SiO_2	Al_2O_3	Fe_2O_3	CaO	MgO
含量	17.02	17.40	5.79	55.76	4.03

B　精炼炉渣净化有害烟气的原理

精炼炉渣经历了熔融、冷却过程，表面疏松多空、表面积大，具有一定的活性基团。精炼炉渣中的部分 CaO、MgO、Fe_2O_3、Al_2O_3 对 SO_2 气体有吸附性，包括物理吸附和化学吸附。

精炼炉渣的化学吸附能力在于其中的 Si－O 和 Al－O 活性基团能与吸附质化学链或离子结合产生吸附。此外，精炼炉渣中含有的碱性物质，能对烟气中的 SO_2、NO_x 等酸性气体进行化学中和，从而降低其在烟气中的含量。

5.5.2　吸附剂的制备

按不同的配加比例将粉煤灰与精炼钢渣进行混合，向混合料中配加一定数量的去离子水并充分混匀。利用圆盘造球机将混合料制备成不同粒径的小球，然后利用不同粒级的金属筛对吸附剂进行分级筛选，从而制备出不同成分和粒级的吸附剂样品。

5.5.3 微波对吸附剂的改性作用

微波的热作用是基于微波电磁场中极性分子之间剧烈碰撞或摩擦生热的原理。这种分子间摩擦产生的热量使吸附剂中的水分迅速升温和蒸发，与对流换热、热传导和热辐射等传统加热方式相比，微波外场对物质的热作用具有更强的渗透性。此外，物质中的极性分子在微波外场作用下将进行高速振动，增加了不同分子间碰撞进行化学反应的几率，从而降低了很多化学反应进行的活化能，同时也加快了相同条件下化学反应进行的速率，甚至使一些原本不可能发生的化学反应在较低条件下进行。在烟气处理过程中利用微波外场对吸附剂进行辐射改性处理，不仅可显著加快吸附剂的升温速率，同时使吸附剂中的活性物质得到活化，从而显著提高吸附剂对烟气中不同组分的吸附活性，最终提高烟气中有害污染物的脱除效率。

5.6 微波改性吸附剂处理低浓度烟气的实验研究

5.6.1 低浓度烟气的制备

煤中硫元素在煤燃烧过程中的转变存在多种可能性，究竟以 SO_2 的形式逸出或是以硫酸盐的形式进入渣中，主要取决于 SO_2 的扩散速度、固硫物质与 SO_2 的反应速度和硫酸盐的分解速度等因素。在不额外添加固硫剂的条件下，煤中含硫物质（主要是黄铁矿 FeS 和有机硫）受热分解，再经过氧化而以 SO_2 形式逸出，此时 SO_2 的扩散速度占主导地位，而矿物质渣相中的含硫物相对较少。如果煤中配加含钙的固硫剂后，在燃烧温度不超过 800℃ 的条件下，由于钙物质与 SO_2 间的固硫反应速度占主导地位，极易生成 $CaSO_4$ 而使硫进入渣相中，可显著降低煤燃烧生成烟气中的硫含量[29]。铁矿石中含有一定数量的氧化钙，在煤的燃烧过程中可以起到固硫作用，通过添加铁矿石可以控制煤燃烧烟气中 SO_2 的浓度。

将铁矿石和煤按照不同的质量配比混合后装入电阻炉内进行加热，当混合料的温度升高至 200℃ 时，利用空气压缩机向电阻炉内鼓入空气来制备低 SO_2 和 NO_x 浓度的烟气，并在烟气出口通过烟气分析仪对烟气成分进行检测，将加热的最终温度设定为 700℃。通过尝试性实验对烟气制备条件进行了确定，当煤和铁矿石按照质量比 8:5（1300g）进行混合时，制备的烟气能够满足实验所需要求，并可在一定时间内保持成分的稳定。

5.6.2 烟气处理流程

本试验使用煤和铁矿石为原料，实验电阻炉为燃烧设备，通过空气压缩机向实验电阻炉内鼓风使煤充分燃烧，产生试验所要求的低浓度烟气，然后通入由粉煤灰和精炼炉渣制备的吸附剂，在微波辐射所形成的能场中处理烟气中的 SO_2 和 NO_x，达到脱硫脱氮的目的。实验流程如图5-4所示。

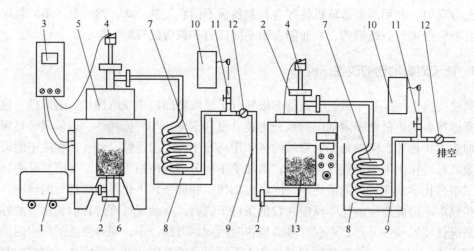

图 5-4　微波改性吸附剂处理低浓度烟气实验流程

1—空气压缩机；2—法兰；3—电阻炉控制柜；4—热电偶；5—实验电阻炉；6—煤和铁矿石；7—铜管；
8—水桶；9—橡胶管；10—气体成分分析仪；11—三通阀；12—转子流量计；13—反应器

5.6.3　实验方案设计

5.6.3.1　各因素及水平的选择

对微波外场条件下低浓度烟气脱硫和脱硝的合理条件进行实验研究。实验过程中应维持烟气中 SO_2 和 NO_x 的合理浓度。若烟气中气体污染物的浓度过低，则测量所得数据将存在较大误差；若烟气中气体污染物的浓度过高，也同样不符合本实验提出的低浓度烟气要求。

综合考虑烟气处理过程的各项影响因素，分别研究了气体流量、微波功率、气体浓度、粉煤灰和精炼炉渣的配比、吸附剂的质量及其粒径等因素对 SO_2 和 NO_x 脱除效率指标的影响。各因素的水平按如下方式确定：

（1）气体流量。在实验设备结构不变且密闭性良好的条件下，烟气流速和烟气流量呈正比例关系，因此可以通过控制流量计的流量来控制烟气流速。为使气体流量在适宜范围内尽可能均匀分布，选择了 12 个烟气流量的水平，分别为 0.07L/h、0.10L/h、0.13L/h、0.16L/h、0.19L/h、0.22L/h、0.25L/h、0.28L/h、0.31L/h、0.34L/h、0.37L/h、0.40L/h。

（2）微波功率。KH-6HMOA 型工业微波炉共有 4 个单元微波发生单元，因此微波功率共有 4 个水平，分别为 132W、264W、396W、528W。

（3）精炼炉渣和粉煤灰的配比。精炼炉渣和粉煤灰皆具有较强的吸附能力，两者都含有能够吸附 SO_2 和 NO_x 的活性组分，但两种物质的活性吸附物质含量并不相同，因此两者的配比对烟气的脱除效率会产生一定影响。在实验研究过程中选择了 6 个精炼炉渣和粉煤灰的配比水平，分别为 1:1、1:2、2:1、1:3、3:1、2:3。

（4）吸附剂质量。反应容器内部吸附剂的添加数量不仅决定着参与烟气处理过程的活性吸附物质数量，同时也将对烟气在吸附剂颗粒间的扩散过程产生影响。工业微波炉内反应器的最大质量容量为 1.5kg，为保证吸附剂能够充分覆盖透气管截面，使实验过程中烟气与吸附剂能够充分接触而又不超过反应器的最大容量，分别选择0.50kg、0.75kg、1.00kg、1.25kg 4个水平。

（5）吸附剂的粒径。若吸附剂的粒径越小，则其比表面积越大，与烟气接触的良好动力学条件下可获得较大的初始反应速率，但此时粒径间扩散阻力较大。随着吸附剂粒径的增加，粒间的扩散阻力减小。但如果吸附剂的粒径过大，颗粒发生气窒息后的未反应内核较大，从而将显著降低吸附剂对烟气的处理效率。因此，实验过程中选取了6个吸附剂的粒度水平，分别为4mm以下、4～8mm、8～12mm、12～16mm、16～20mm、20mm以上。

结合微波法处理低浓度烟气的影响因素和各因素水平参数的选择，建立了如表5-6所示的因素和水平参数设计。

表5-6　因素及水平参数设计

水平	气体流量/L·h^{-1}	微波功率/W	吸附剂配比	吸附剂用量/kg	吸附剂粒径/mm
水平1	0.07	132	1:1	0.50	<4
水平2	0.10	264	1:2	0.75	4～8
水平3	0.13	396	2:1	1.00	8～12
水平4	0.16	528	1:3	1.25	12～16
水平5	0.19		3:1		16～20
水平6	0.22		2:3		>20
水平7	0.25				
水平8	0.28				
水平9	0.31				
水平10	0.34				
水平11	0.37				
水平12	0.41				

5.6.3.2　实验计算公式

烟气由铁矿石和煤在实验电阻炉中加热燃烧产生，反应前烟气中所含SO_2和NO_x的浓度应在0.01%以下的某个比较稳定的状态持续一定时间，它们的浓度值由德国Shimadzu公司生产的Testo350M/XL烟气成分分析仪测定，然后烟气通入工业微波炉与反应器中的吸附剂发生反应，反应后烟气中所含SO_2和NO_x的浓度值由另一台同类型的烟气成分分析仪测定。烟气脱除效率按下式计算：

$$\eta = \frac{c - c'}{c} \times 100\%$$

式中　η——脱硫效率,%；

　　　c——反应器入口气体浓度,%；

　　　c'——反应器出口气体浓度,%。

5.6.3.3　均匀试验方案的设计

均匀设计由我国数学家方开泰和王元于1978年首次提出，是仅考虑实验点在实验范围内均匀散布的一种实验设计方法。均匀设计是针对正交设计很难避免多因素、多水平、需要大量实验次数的弊端而发展起来的。它能有效地处理多水平、多因素实验，是大幅度减少实验次数的一种优良的实验设计方法。均匀设计的思想在于考虑如何将设计点均匀地散布在实验范围内，从而能使用较少的实验点获得最多的信息。它对实验数据的分析借助于统计学中回归分析，一般要用到线性回归模型、二次回归模型、非线性模型及各种选择回归变量的方法。均匀设计方法虽然可以解决多因素、多水平情况下尽量减少实验次数的问题，但对因素、水平的选择有较高的要求[30~33]。经过多年的发展与推广，均匀设计方法已经广泛应用于化工、医药、生物、食品、军事工程、电子、社会经济等领域，并取得了显著的经济和社会效益。

确定了实验因素及水平参数设计表后，需要选择合适的均匀设计表来进行实验方案的设计。根据混合水平均匀设计方法制定出（1 因素 12 水平 + 2 因素 6 水平 + 2 因素 4 水平）的均匀实验方案，见表5-7。

表5-7 均匀实验方案

实验编号	气体流量/L·h⁻¹	微波功率/W	吸附剂配比	吸附剂用量/kg	吸附剂粒径/mm
1	0.10	264	1:1	1.25	8~12
2	0.25	132	1:2	0.50	16~20
3	0.07	396	2:1	0.75	>20
4	0.22	528	1:1	1.25	16~20
5	0.16	132	2:3	1.00	12~16
6	0.37	396	2:3	0.50	8~12
7	0.34	132	1:3	1.25	4~8
8	0.28	396	1:2	1.00	<4
9	0.31	528	1:1	0.75	12~16
10	0.40	264	2:1	1.00	>20
11	0.13	528	2:1	0.50	4~8
12	0.19	264	1:1	0.75	<4

5.6.3.4 最佳烟气处理条件的确定

实验过程中分别利用工业微波炉进行连续式和间歇式两种方式加热，分析不同加热方式对烟气中 SO_2 和 NO_x 脱除效率的影响。

A 连续施加微波的实验结果

首先，利用微波外场对吸附剂进行辐射处理，使其在微波外场的热作用下达到一定的温度，然后将制备的低浓度烟气通入工业微波炉中，在微波外场的作用下使烟气与吸附剂发生反应。实验结果见表5-8。

B 间歇施加微波的数据结果

首先，利用微波外场对吸附剂进行辐射处理，使其在微波外场的热作用下达到一定的温度，然后停止加热并将制备的低浓度烟气通入工业微波炉中，利用吸附剂对烟气中的 SO_2 和 NO_x 进行吸收。实验结果见表5-9。

表5-8 不同条件下烟气中 SO_2 和 NO_x 的脱除效率

实验编号	气体流量 /L·h⁻¹	微波功率 /W	吸附剂 配比	吸附剂用量 /kg	吸附剂粒径 /mm	SO_2 脱除率 /%	NO_x 脱除率 /%
1	0.10	264	1:1	1.25	8~12	52.68	57.80
2	0.25	132	1:2	0.50	16~20	38.89	41.02
3	0.07	396	2:1	0.75	>20	50.30	40.00
4	0.22	528	1:1	1.25	16~20	50.51	44.60
5	0.16	132	2:3	1.00	12~16	49.74	41.30
6	0.37	396	2:3	0.50	8~12	47.05	45.36
7	0.34	132	1:3	1.25	4~8	38.07	43.36
8	0.28	396	1:2	1.00	<4	51.02	49.44
9	0.31	528	1:1	0.75	12~16	55.41	50.27
10	0.40	264	2:1	1.00	>20	37.67	47.53
11	0.13	528	2:1	0.50	4~8	60.32	60.55
12	0.19	264	1:1	0.75	<4	51.34	45.48

表5-9 不同条件下烟气中 SO_2 和 NO_x 的脱除效率

实验编号	气体流量 /L·h⁻¹	微波功率 /W	吸附剂 配比	吸附剂用量 /kg	吸附剂粒径 /mm	SO_2 脱除率 /%	NO_x 脱除率 /%
1	0.10	264	1:1	1.25	8~12	47.70	41.54
2	0.25	132	1:2	0.50	16~20	29.33	39.87
3	0.07	396	2:1	0.75	>20	44.29	33.20
4	0.22	528	1:1	1.25	16~20	48.81	41.68
5	0.16	132	2:3	1.00	12~16	43.89	25.87
6	0.37	396	2:3	0.50	8~12	29.25	33.51
7	0.34	132	1:3	1.25	4~8	29.86	36.81
8	0.28	396	1:2	1.00	<4	46.77	47.60
9	0.31	528	1:1	0.75	12~16	48.70	45.58
10	0.40	264	2:1	1.00	>20	36.25	43.04
11	0.13	528	2:1	0.50	4~8	56.69	50.90
12	0.19	264	1:1	0.75	<4	51.34	41.74

对比微波外场连续加热和间歇加热条件下吸附剂对烟气的处理结果可以看出，连续施加微波条件下表5-12中第11号的脱除效率最高，具体的烟气处理条件和结果见表5-10。

表5-10 最佳试验条件参数

实验编号	气体流量 /L·h⁻¹	微波功率 /W	吸附剂 配比	吸附剂用量 /kg	吸附剂粒径 /mm	SO_2 脱除率 /%	NO_x 脱除率 /%
11	0.13	528	2:1	0.50	4~8	60.32	60.55

对比表 5-10 中数据可以看出，该组合中烟气流量并非处于最低水平，而吸附剂的添加质量也处于最低水平，由此可以看出不同因素间会发生耦合性作用，从而对烟气的处理效率产生综合性的影响。

5.7　各因素对 SO_2 和 NO_x 脱除效率的影响

为了能够更为科学地确定微波外场下烟气的最佳处理条件，应对不同因素的影响规律作具体分析。因此，以连续施加微波条件下烟气的最佳脱除条件为基准，研究各因素不同水平的变化对 SO_2 和 NO_x 脱除效率的影响。

5.7.1　气体流量对 SO_2 和 NO_x 脱除效率的影响

在不改变其他 4 个因素的条件情况下，分别选取气体流量为 0.10L/h、0.16L/h、0.19L/h 进行实验。烟气中 SO_2 和 NO_x 脱除效率的变化规律如图 5-5 和图 5-6 所示。

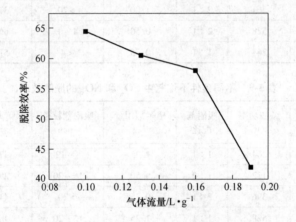

图 5-5　气体流量变化对 SO_2 脱除效率的影响

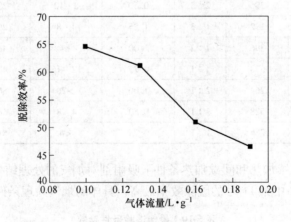

图 5-6　气体流量变化对 NO_x 脱除效率的影响

对比在不同的气体流量下 SO_2 和 NO_x 的脱除效率可知，当烟气流量处于较低的水平（<0.13L/h）时，处理过程中 SO_2 和 NO_x 的脱除效率较高。然而，随着烟气流量的逐渐

增大，烟气中污染物组分的脱除效率逐渐降低。上述现象是因为烟气流量较低时，烟气在吸附剂料层内的停留时间相对较长，从而能够与吸附剂进行较长时间的接触，使物理和化学吸附反应进行得更加完全，最终表现出较高的污染物脱除率。当烟气流量较高时，气体在吸附剂料层内的停留时间缩短，烟气中的污染物尚未与吸附剂进行充分反应，从而导致污染物的脱除效率降低。

5.7.2　微波功率对 SO_2 和 NO_x 脱除效率的影响

分别选取 132W、264W、396W 和 528W 等微波功率，在其他因素条件不变的情况下，分析 SO_2 和 NO_x 脱除效率与微波功率间的关系。不同微波功率下污染物的脱除效率如图 5-7 和图 5-8 所示。

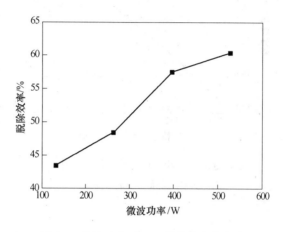

图 5-7　微波功率对 SO_2 脱除效率的影响

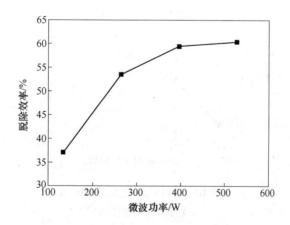

图 5-8　微波功率对 NO_x 脱除效率的影响

对比不同微波功率下 SO_2 和 NO_x 的脱除率变化可以看出，两种污染物的吸附效率均随微波功率的增大而显著升高。在 528W 微波功率下对烟气进行处理时，SO_2 和 NO_x 的脱除效率达到 60% 以上，说明增大微波功率可显著提高吸附剂对污染物的吸附速率。高微波功率下吸附剂可在相同时间内达到更高的温度，同时吸附剂中的极性分子在高微波功率下的振动幅度更大，两者的耦合作用使吸附反应在热力学和动力学两个层面均得到了改善，因此高微波功率下能够达到较高的脱除效率。

5.7.3　吸附剂配比对 SO_2 和 NO_x 脱除效率的影响

选取精炼炉渣和粉煤灰的配比为 1:1、1:2、1:3、3:1，其他 4 个因素的条件不变的情况下，SO_2 和 NO_x 脱除效率的变化规律如图 5-9 和图 5-10 所示。

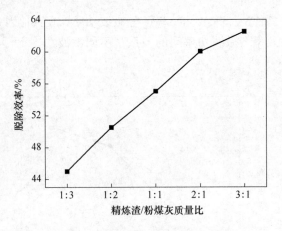

图 5-9　精炼炉渣/粉煤灰配比对
SO_2 脱除效率的影响

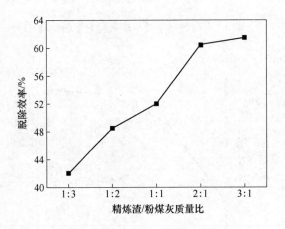

图 5-10　精炼炉渣/粉煤灰配比对
NO_x 脱除效率的影响

对比不同精炼炉渣和粉煤灰质量配比下 SO_2 和 NO_x 的脱除效率变化可以看出，随着精炼炉渣在吸附剂中所占比例的增加，气体污染物的脱除效率也随之增加。究其原因，精炼炉渣中 CaO、MgO 等活性物质的含量高于粉煤灰，因此当吸附剂中配加较大比例的精炼炉渣时，吸附剂中 CaO、MgO 的数量将显著增加，从而对 SO_2 和 NO_x 等污染物具有较强的吸附能力。然而，当精炼炉渣和粉煤灰的质量比达到 2:1 以后，继续增加精炼炉渣的比例，对 SO$_2$ 和 NO$_x$ 的脱除效率无明显影响。

5.7.4 吸附剂质量对 SO$_2$ 和 NO$_x$ 脱除效率的影响

本研究选取 0.5kg、0.75kg 和 1kg 等三个吸附剂质量水平，其他因素条件不发生变化的条件下，研究吸附剂添加量对 SO$_2$ 和 NO$_x$ 脱除效率的影响，所得结果如图 5-11 和图 5-12 所示。

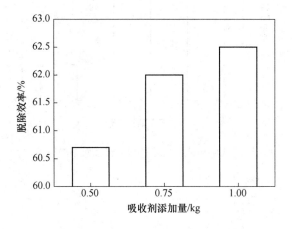

图 5-11　吸附剂添加量对 SO$_2$ 脱除效率的影响

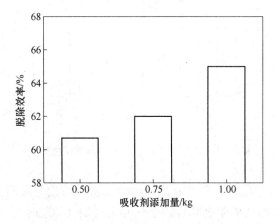

图 5-12　吸附剂添加量对 NO$_x$ 脱除效率的影响

对比不同吸附剂添加量条件下 SO$_2$ 和 NO$_x$ 的脱除率可知，吸附剂添加量的增加在一定程度上使污染物的脱除效率有所提高，但是脱除效率升高的幅度十分有限。尽管添加大量吸附剂能够显著增加系统中吸附 SO$_2$ 和 NO$_x$ 的活性物质数量，但受到吸附剂粒度和烟气停留时间两方面因素的制约，烟气中污染物与吸附剂间表面化学反应的动力学条件并未得到明显改善，从而对污染物脱除效率的提升十分有限。

5.7.5 吸附剂粒径对 SO$_2$ 和 NO$_x$ 脱除效率的影响

在其他实验因素条件不变的条件下，分别选取 4mm 以下、4～8mm 和 8～12mm 等三个吸附剂粒径水平，研究吸附剂粒度变化对 SO_2 和 NO_x 脱除效率的影响，实验结果如图 5-13 和图 5-14 所示。

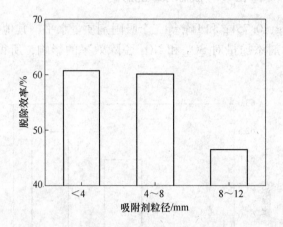

图 5-13　吸附剂粒径对 SO_2 脱除效率的影响

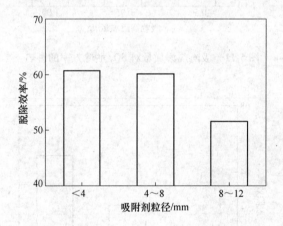

图 5-14　吸附剂粒径对 NO_x 脱除效率的影响

对比不同粒级吸附剂对 SO_2 和 NO_x 的脱除效率可以看出，吸附剂的粒度由 4mm 以下增大至 4～8mm 的范围时，吸附剂粒径的变化并未对烟气的脱除效率产生明显影响。尽管较小的吸附剂粒度可为其提供更大的比表面积，但由于物料的堆积也会使吸附剂的透气性下降，导致烟气并不能与吸附剂充分接触并发生反应，因此粒度的小幅升高并未对烟气的处理效率产生显著影响。然而，当吸附剂的粒径由 4～8mm 增大至 8～12mm 时，烟气的吸附效率发生了大幅下降，SO_2 和 NO_x 的脱除率分别下降了 14% 和 9%。由此可以看出，吸附剂粒度的波动可能对污染物的脱除效率产生显著影响，寻找比表面积与透气性之间的平衡点对烟气的处理过程至关重要。

5.7.6　SO_2 和 NO_x 浓度对脱除效率的影响

烟气中 SO_2 和 NO_x 浓度对脱除效率的影响如图 5-15 和图 5-16 所示。

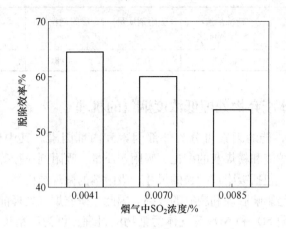

图 5-15　烟气中 SO$_2$ 浓度对脱除效率的影响

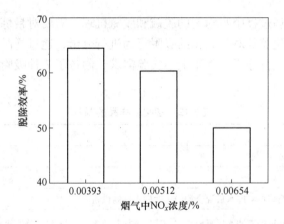

图 5-16　烟气中 NO$_x$ 浓度对脱除效率的影响

　　对不同浓度烟气在微波外场下的处理效率可以看出，随着烟气中 SO$_2$ 和 NO$_x$ 污染物浓度的逐渐增加，烟气中污染物的脱除效率逐渐下降。由于吸附剂对烟气的吸附反应属于界面反应，吸附剂表面发生物理或化学吸附后阻碍气体污染物向其颗粒内部的扩散，吸附剂内部的活性物质无法在短时间内与气体污染物接触发生物理或化学吸附。此外，处于反应器内部的烟气持续受到后续烟气的挤压而发生流动，在反应器中停留的时间不足以充分完成气体污染物的吸附。因此，限制于烟气与吸附剂界面吸附反应的速率和烟气在系统停留时间等条件，无法对浓度烟气进行高效而快速的处理。

5.7.7　单因素对烟气脱除效率的影响分析

　　根据各单项单因素对烟气中污染物脱除率的实验结果，对各因素条件下 SO$_2$ 和 NO$_x$ 脱除率较高的水平条件进行了分析，最终确定脱除率最高的烟气处理条件，见表 5-11。

表 5-11　脱除率最高的烟气处理条件

烟气流量 /L·h^{-1}	微波功率 /W	精炼炉渣/ 粉煤灰配比	吸附剂质量 /kg	吸附剂粒径 /mm	SO$_2$ 脱除率 /%	NO$_x$ 脱除率 /%
0.07	528	2 : 1	0.5	4 ~ 8	65.87	65.02

5.8　微波改性固体废弃物处理低浓度烟气的机理

影响脱硫和脱氮性能的因素可分为外部因素和内部因素。其中外部因素包括烟气流量、微波功率、精炼炉渣和粉煤灰的配比、吸附剂质量、吸附剂粒径等反应条件。内部因素则是指吸附剂的特性，包括吸附剂颗粒的尺寸、吸附剂的微观结构等，这些因素在不同的反应条件下将不同程度地影响脱硫和脱氮的效率。因此，研究烟气处理前后吸附剂微观结构的变化，探索吸附剂吸附 SO$_2$ 和 NO$_x$ 等气体污染物的机理，可为以精炼炉渣和粉煤灰为吸附剂的浓度烟气处理提供理论基础，可对烟气中气体污染物脱除效率进行进一步优化。

5.8.1　吸附剂反应前后的微观形貌及能谱分析

为了探索烟气处理过程中吸附剂的脱硫和脱氮机理，需要对精炼炉渣、粉煤灰在微波辐射前后结构上的变化及其对污染物的吸附行为进行分析，通过样品微观形貌和化学成分的变化来对反应机理进行分析。基于上述实验需求，制备了 7 种吸附剂样品，具体制备方式见表 5-12。

表 5-12　各实验样品的制备

样品编号	制　备　过　程
1	粉煤灰单体
2	精炼炉渣单体
3	粉煤灰和精炼炉渣加水后混合均匀，然后干燥制成粉末
4	粉煤灰和精炼炉渣加水后混合均匀，然后干燥制成粉末，再通过微波辐射一定时间（粉末尽量完全被微波辐射，但不能熔化）
5	粉煤灰和精炼炉渣加水后混合均匀，然后干燥制成粉末，在常温下吸附烟气
6	粉煤灰和精炼炉渣加水后混合均匀，然后干燥制成粉末，再通过微波辐射一定时间（粉末尽量完全被微波辐射，但不能熔化），在常温下吸附烟气
7	粉煤灰和精炼炉渣加水后混合均匀，然后干燥制成粉末，在施加连续微波的状态下处理烟气

5.8.1.1　样品 1 的微观形貌及能谱分析

图 5-17 所示为粉煤灰颗粒在 5000 倍下的微观形貌。粉煤灰内部大部分区域的结构较为松散，在某些区域存在由较多细小颗粒填充而成的空腔。说明煤中的矿物质灰分在碳素燃烧过程中未发生充分的熔化，燃烧形成的矿物质颗粒自然堆叠形成堆密度较小的粉煤灰结构，从而在反应过程中可为粉煤灰创造较为理想的比表面积。样品 1 表面能谱分析结果如图 5-18 所示。由于煤中的灰分通常为酸性矿物质，因此燃烧所得粉煤灰中 SiO$_2$ 和 Al$_2$O$_3$ 的元素相对含量较高，同时也含有一定数量的 C、Fe、Ca 和 K 等元素。样品 1 表面主要元素相对含量和氧化物的相对含量见表 5-13 和表 5-14。

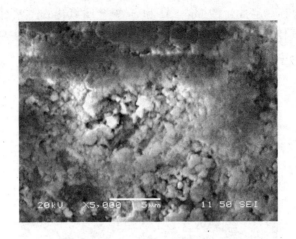

图 5-17 样品 1 的微观结构

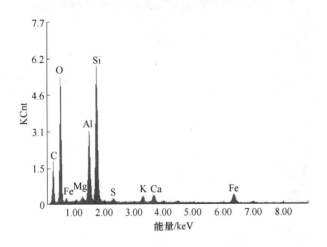

图 5-18 样品 1 表面能谱分析

表 5-13 样品 1 表面主要元素相对含量（质量分数） （%）

元素	C	O	Mg	Al	Si	K	Ca	Fe	S
含量	7.94	46.50	0.85	11.01	22.92	1.55	2.01	6.53	0.70

表 5-14 样品 1 表面氧化物的相对含量（质量分数） （%）

氧化物	MgO	Al_2O_3	SiO_2	K_2O	CaO	Fe_2O_3
含量	1.66	24.37	57.55	2.19	9.30	10.93

5.8.1.2 样品 2 的微观形貌及能谱分析

图 5-19 所示为精炼炉渣颗粒在扫描电镜下放大 5000 倍后的形貌。可以看出，经破碎后精炼钢渣颗粒的表面光滑而平整，钢渣颗粒断面处维持着较为明显的棱角和凹陷结构。由钢渣颗粒的能谱分析结果（图 5-20）可以看出，实验所用精炼炉渣样品中 CaO 的相对

含量较高，此外也含有一定数量的 Mg、Al 和 Si 等金属氧化物。精炼钢渣中质量比 60%
左右的 CaO 对酸性气体污染物具有较强的吸附性能。样品 2 表面主要元素相对含量和氧
化物相对含量见表 5-15 和表 5-16。

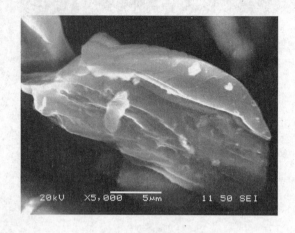

图 5-19　样品 2 的微观结构

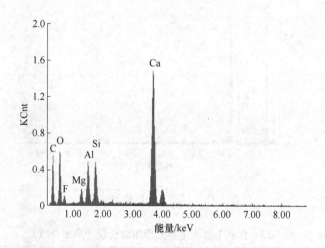

图 5-20　样品 2 的能谱分析

表 5-15　样品 2 表面主要元素相对含量（质量分数）　　　　　　　　　　（%）

元素	C	O	F	Mg	Al	Si	Ca
含量	5.87	37.96	6.14	3.23	6.87	6.79	33.41

表 5-16　样品 2 表面氧化物的相对含量（质量分数）　　　　　　　　（%）

氧化物	MgO	Al_2O_3	SiO_2	CaO
含量	6.75	16.29	18.26	58.70

5.8.1.3　样品 3 的微观形貌及能谱分析

图 5-21 所示为精炼钢渣与粉煤灰混合物在扫描电镜下放大 5000 倍的形貌。可以看

出，将精炼炉渣与粉煤灰进行充分混合后，混合物基本保持了与粉煤灰较为相似的微观结构。混合物的主体结构仍然较为松散，同时也存在小颗粒堆叠形成的空腔，从而为混合吸附剂创造了较高的比表面积。样品 3 表面能谱分析如图 5-22 所示。样品 3 表面主要元素的相对含量和氧化物的相对含量见表 5-17 和表 5-18。

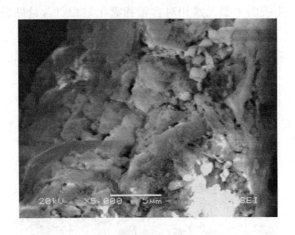

图 5-21　样品 3 的微观结构

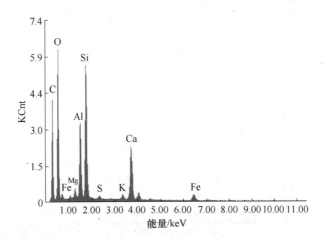

图 5-22　样品 3 表面的能谱分析

表 5-17　样品 3 表面主要元素的相对含量（质量分数）　　　（%）

元素	C	O	Mg	Al	Si	K	Ca	Fe	S
含量	11.78	47.82	1.22	8.52	15.89	0.89	10.14	3.24	0.48

表 5-18　样品 3 表面氧化物的相对含量（质量分数）　　　（%）

氧化物	MgO	Al_2O_3	SiO_2	K_2O	CaO	Fe_2O_3
含量	2.82	22.33	47.24	1.49	19.7	6.42

5.8.1.4　样品 4 的微观形貌及能谱分析

图 5-23 为吸附剂颗粒经微波改性后放大 5000 倍的形貌。可以看出，经微波外场辐射处理后，吸附剂的表面变得粗糙，原本平滑的表面变得凹凸起伏。同时，吸附剂的表面也在微波的作用下形成大量裂纹，因而对气体污染物的吸附较为有利。样品 4 表面能谱分析如图 5-24 所示。样品 4 表面主要元素相对含量和氧化物相对含量见表 5-19 和表 5-20。

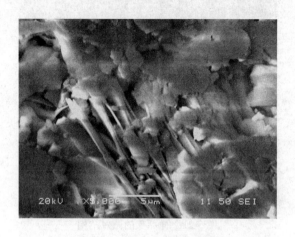

图 5-23　样品 4 的微观结构

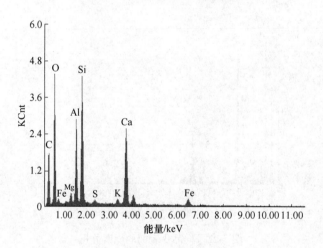

图 5-24　样品 4 表面的能谱分析

表 5-19　样品 4 的表面主要元素相对含量（质量分数）　　（%）

元素	C	O	Mg	Al	Si	K	Ca	Fe	S
含量	11.05	46.74	1.49	9.51	15.65	0.94	10.58	3.42	0.61

表 5-20　样品 4 表面氧化物的相对含量（质量分数）　　（%）

氧化物	MgO	Al_2O_3	SiO_2	K_2O	CaO	Fe_2O_3
含量	3.32	24.01	44.83	1.51	19.80	6.53

5.8.1.5 样品 5 的微观形貌及能谱分析

图 5-25 所示为精炼炉渣和粉煤灰混合物吸附烟气后放大 5000 倍的形貌。可以看出，反应后吸附剂颗粒之间相互衔接，其表面变得十分粗糙，颗粒间仍存在较多孔隙，有类似胶凝状物质在颗粒表面聚集。这些物质主要是吸附剂发生吸附反应后产生的 $CaSO_4$ 和 $Ca(NO_3)_2$，由于已基本覆盖了吸附剂表面的孔隙，阻碍了 SO_2 和 NO_x 气体向吸附剂内部的扩散，导致吸附剂对烟气的脱除能力随反应的进行而逐渐降低。样品 5 表面能谱分析如图 5-26 所示。样品 5 表面主要元素相对含量和氧化物相对含量见表 5-21 和表 5-22。

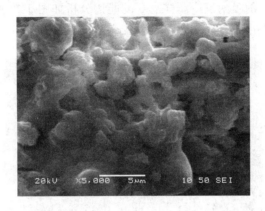

图 5-25　样品 5 的微观形貌

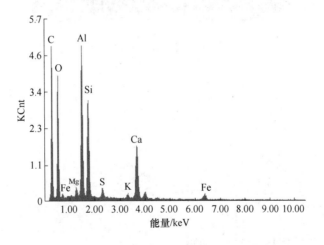

图 5-26　样品 5 的表面能谱分析

表 5-21　样品 5 的表面主要元素相对含量（质量分数）　（%）

元素	C	O	Mg	Al	Si	K	Ca	Fe	S
含量	10.68	53.35	1.12	8.94	12.02	0.66	9.38	2.55	1.30

表 5-22　样品 5 表面主要氧化物的相对含量（质量分数）　（%）

氧化物	MgO	Al_2O_3	SiO_2	K_2O	CaO	Fe_2O_3
含量	2.97	26.86	40.96	2.53	20.89	5.79

5.8.1.6 样品 6 的扫描结果、能谱图及分析

图 5-27 为精炼炉渣和粉煤灰混合物然后经微波辐射处理后，在常温下吸附烟气所得的产物在扫描电镜下放大 5000 倍的形貌。可以明显地看出，混合料表面颗粒内部存在许多微孔，说明微波改性后吸附剂的微观结构发生了变化，很大程度地提高了颗粒的比表面积，从而改善了吸附剂进行吸附反应的动力学条件。通过吸附剂颗粒表面的能谱分析结果可以看出，进行烟气处理后吸附剂表面 S 元素的含量显著增加，说明改性后吸附剂对烟气中的 SO_2 具有较强的吸附作用。同时，C 元素含量出现了小幅的下降，说明烟气处理过程中 C 参与了 SO_2 和 NO_x 的吸附反应。样品 6 的能谱分析如图 5-28 所示。样品 6 表面主要元素相对含量和氧化物相对含量见表 5-23 和表 5-24。

图 5-27 样品 6 的微观形貌

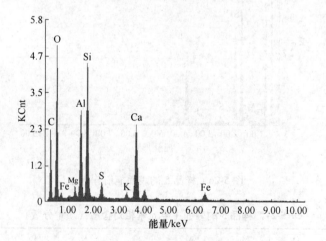

图 5-28 样品 6 的能谱分析

表 5-23 样品 6 的表面主要元素的相对含量（质量分数）　（%）

元素	C	O	Mg	Al	Si	K	Ca	Fe	S
含量	7.94	47.36	1.28	9.10	15.31	0.97	12.75	3.35	1.94

表 5-24 样品 6 表面主要氧化物的相对含量（质量分数） （%）

氧化物	MgO	Al$_2$O$_3$	SiO$_2$	K$_2$O	CaO	Fe$_2$O$_3$
含量	2.81	22.64	43.20	1.54	23.51	6.30

5.8.1.7 样品 7 的微观形貌及能谱分析

图 5-29 所示为精炼炉渣和粉煤灰混合物在微波外场下处理烟气所得产物在扫描电镜下放大 5000 倍的形貌。在微波外场的作用下烟气中的 SO$_2$ 和 NO$_x$ 与吸附剂逐渐发生反应，反应所得产物在吸附剂表面不断聚集，使得吸附剂表面的孔隙不断被覆盖，与烟气反应后颗粒表面的孔隙明显减少。反应后吸附剂表面的能谱分析结果表明，进行吸附反应后吸附剂中的 S 和 C 元素含量显著降低，且其变化幅度大于间歇性微波作用后的变化。因此，吸附剂的脱硫和脱氮能力在施加连续微波的作用下强于间歇性微波作用的效果。样品 7 表面元素和表面主要氧化物的相对含量分别见表 5-25 和表 5-26。

图 5-29 样品 7 的微观形貌

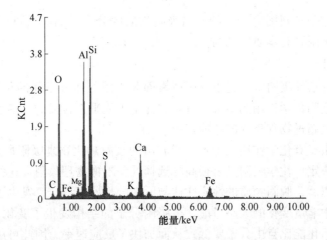

图 5-30 样品 7 的表面能谱分析

表 5-25　样品 7 表面元素的相对含量（质量分数）　　　　（%）

元素	C	O	Mg	Al	Si	K	Ca	Fe	S
含量	5.43	57.95	1.02	7.83	11.29	0.83	7.67	3.08	4.90

表 5-26　样品 7 表面主要氧化物的相对含量（质量分数）　　　　（%）

氧化物	MgO	Al_2O_3	SiO_2	K_2O	CaO	Fe_2O_3
含量	2.99	26.03	42.57	1.76	18.90	7.74

5.8.2　微波改性吸附剂的脱硫脱硝机理探讨

5.8.2.1　吸附理论

当流体与多孔固体介质发生接触时，流体中某一组分或多组分在固体表面处产生积蓄的现象称为吸附。由于吸附过程能有效捕集浓度很低的有害物质，在环境保护方面的应用越来越广泛。根据吸附的作用力不同，可把吸附分为物理吸附和化学吸附。

A　物理吸附

产生物理吸附的作用力是分子间引力，或称范德华力。固体吸附剂和烟气分子之间普遍存在着分子间引力，当固体和气体的分子引力大于气体分子之间的引力时，即使气体的压力低于与操作温度相对应的饱和蒸气压，气体分子将会冷凝在固体表面上，这种吸附进行的速度十分迅速。

物理吸附无须发生化学反应，因此所需的吸附热较低，一般只有 20kJ/mol，只相当于相应气体的液化热。也正是由于物理吸附不发生化学反应，因此它吸附的选择性较低，或者说没有选择性，它的选择性只取决于气体的性质和吸附剂的特性。物理吸附只在低温下才比较显著，吸附量随温度的升高而迅速降低，且与表面积的大小成比例。这种吸附属纯分子间引力，因此有很大的可逆性。当吸附的条件发生改变时，如降低被吸附气体的分压或升高系统的温度，被吸附的气体很容易从固体表面上逸出，此种现象称为"脱附"或"脱析"，工业上的吸附操作就是根据这一特性进行吸附剂的再生，同时对被吸附的物质进行回收。

物理吸附是靠分子间引力产生的，当吸附物质的分压升高时，可以产生多分子层吸附，这是与化学吸附具有本质区别的。

B　化学吸附

化学吸附也称活性吸附，它是由于固体表面与吸附气体分子间的化学键力所造成的，是固体与吸附质之间化学作用的结果，有时它并不生成平常含义的可鉴别的化合物。化学吸附的作用力大大超过物理吸附的范德华力。

化学吸附中由于有化学作用发生，它所放出的吸附热比物理吸附所放出的热大很多。由于化学性质所决定，化学吸附具有很高的选择性，不像物理吸附，这种吸附往往是不可逆的，而且脱附以后，脱附物质的性质往往与原来的物质不一样，发生了化学变化。

从化学吸附中能量变化的大小考虑，被吸附分子的结构发生了变化，活性显著升高，使其所需的反应活化能比自由分子要低，从而加快了反应速率，因此可用化学吸附来解释固体表面的催化作用。可见化学吸附在催化作用上特别重要。

由于化学吸附中伴有化学反应发生，因此化学吸附宜在较高温度下操作，且吸附速度随温度的升高而增加。与物理吸附不同，化学吸附是单分子或单原子层吸附。

应当指出，同一物质在较低温度下可能发生的是物理吸附，而在较高温度下往往发生的是化学吸附，即物理吸附常发生在化学吸附之前，到吸附剂逐渐具备较高的活性时才发生化学吸附，也有可能两种吸附方式同时发生。

5.8.2.2　吸附过程

吸附过程一般包括三个步骤[34]：首先是烟气与吸附剂接触，吸附质有选择地被吸附剂吸附；第二步是从烟气中分离吸附剂；第三步是更换用过的吸附剂，换入新的吸附剂。

根据分子运动理论导出了单分子层吸附理论及吸附等温式，其相关研究的结果表明[34]，固体表面均匀分布着大量具有剩余价力的原子，此种剩余价力的作用范围大约在分子大小的范围内，即每个这样的原子只能吸附一个吸附质分子，因此吸附是单分子层的。对各种气体在固体表面的吸附进行的研究已表明，吸附只在吸附剂表面发生，这是由于固体表面存在着剩余的吸引力而引起的。当 SO_2 和 NO_x 到达吸附剂的表面或进入内部后，与吸附剂内部的碱性成分发生反应而最终被固定下来。

5.8.2.3　微波改性吸附剂脱硫和脱氮的机理研究

在由精炼炉渣和粉煤灰制备的吸附剂中的吸附有可逆的物理吸附，即在一定温度和压力下达到平衡的体系，在高温、低压下被吸附质又解析出来。物理吸附主要取决于范德华力。在此过程中被吸附的化合物不发生化学变化。

除物理吸附之外，便是众所周知的化学吸附。这种类型的吸附类似于其他的化学转化过程，其特点是具有较大活化能，在此过程中，生成能改变被吸附物分子化学性质的化学键。

微波改性后的吸附剂对烟气中 SO_2 和 NO_x 的吸附作用，实际上起到了一种固体催化剂的作用，即 SO_2 和 NO_x 在微波改性吸附剂的催化作用下被氧化。这种吸附作用类似于工业催化过程，其机理也十分相似。由于微波改性后的吸附剂具有巨大的内表面积，其外表面积和内表面积相比是十分微小的，因此催化反应主要是在内表面进行，提高了吸附剂的吸附能力。

在吸附剂上所发生的吸附过程如图 5-31 所示。

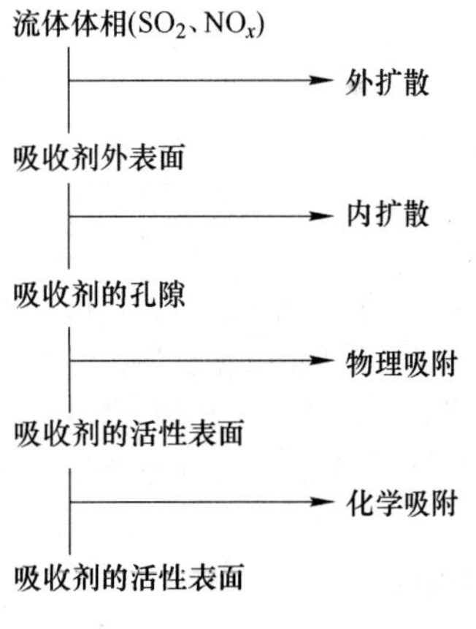

图 5-31　微波改性吸附过程

在本章研究所进行的实验中，SO_2 和 NO_x 主要与吸附剂中所含的 CaO 发生物理吸附和化学吸附，生成 $CaSO_4$ 和 $Ca(NO_3)_2$。除此以外，吸附剂中含有少量煤中未燃尽的碳。在微波外场的辐射作用下，气相中的 SO_2 和 NO_x 与碳发生接触时，碳能夺取这些氧化物中的氧，将 SO_2 和 NO_x 还原为单质 S 和 N_2，美国的 Cha 公司已经进行过这方面的研究。通过对比反应前后吸附剂表面能谱分析的结果可以看出，在微波外场下利用吸附剂对烟气进行处理后，吸附剂中 C 元素的含量发生了较为明显的下降，很可能是 C 元素在微波场中与 SO_2 和 NO_x 发生氧化还原反应而被气化。

5.9　小结

　　本章研究了以钢铁企业常用物料精炼炉渣和粉煤灰制备为处理低浓度烟气的吸附剂，在微波辐射下进行低浓度烟气脱硫和脱氮的实验研究。在研究所得结果的基础上，分别分析了微波功率、气体流量、精炼炉渣和粉煤灰配比、吸附剂添加量以及粒径等因素对脱硫和脱氮效率的影响，并确定此方法下获得最佳脱硫和脱氮效率实验条件。可将上述实验研究结果总结为以下几点：

　　（1）吸附剂中的主要成分 CaO 在微波作用下与烟气中 SO_2 和 NO_x 发生化学吸附，反应生成硫酸盐或者亚硫酸盐，从而脱除了大部分的 SO_2 和 NO_x；同时，吸附剂中的 C 在微波作用下也能够与烟气中的 SO_2 和 NO_x 发生氧化还原反应，因此也能够发挥一定的脱硫和脱氮作用。

　　（2）连续微波作用下烟气中污染物的脱除效率更高。吸附剂的微观结构在微波外场的持续作用下微孔数量增加，同时孔隙也在一定程度上加深，从而显著提高了吸附剂的吸附能力。

　　（3）实验确定的最佳脱硫和脱氮条件为：微波功率 528W、气体流量为 0.07L/h、精炼炉渣和粉煤灰配比为 2:1、吸附剂质量为 0.5kg、吸附剂粒径为 4～8mm。在此条件下，SO_2 的脱除效率可达到 65.87%，NO_x 的脱除效率可达到 65.02%。

参 考 文 献

[1] 钟秦. 燃煤烟气脱硫脱氮技术及工程实例 [M]. 北京：化学工业出版社，2002.

[2] 国家环保局. 1997 年环境状况公报 [J]. 环境保护，1998，5 (7)：3.

[3] 王文兴. 中国环境酸化问题 [J]. 环境科学学报，1997，17 (3)：259.

[4] 王德容，等. 电厂燃煤锅炉同时脱硫脱氮技术与分析 [J]. 环境保护科学，2000 (28)：6～8.

[5] 吴忠标. 大气污染控制技术 [M]. 北京：化学工业出版社，2002，44～319.

[6] 孙锦余. 利用氮氧化物控制技术治理大气污染 [J]. 节能，2004 (5)：41～44.

[7] 李智森. 燃烧中氮氧化物的形成和防治 [J]. 环境保护，1994 (11)：6～7.

[8] 孙荣庆. 我国二氧化硫污染现状与控制对策 [J]. 中国能源，2003 (7)：25～28.

[9] 卞兆双. 低浓度二氧化硫烟气脱硫治理方案研究 [J]. 江汉石油学院学报，2004，26 (2)：171～173.

[10] Habashi F. Principles of extractive metallurgy [M]. Pyrometallurgy, Gordon and Breach：Science publishers, 1993 (3)：28～32.

[11] Yeemin O G, Dobroselskaya N P. Methods for collection and utilization of low – sulphur gases [M]. Moscow, Tsvetmetiformatia, 1971, 95.

[12] Vasilyev B T, Otvagina M I. Technology for sulphuric acid manufacture [M]. Khimia, 1985.

[13] 刘会建. 低浓度二氧化硫烟气处理技术研究 [J]. 环境科学动态，2003 (4)：3～4.

[14] USSR Author's Certificate [C]. No. 295 406, 1968. CI. COlg9/06.

[15] Atrous Yu Sh. Non-stationary processes in catalytic reactors [M]. Novosibirsk：Nauka Publishing House, 1982.

[16] Boreskov G K. Matrous Yu Sh. Method for oxidation of sulphur dioxide to form sulphur trioxide, author's

Certificate, No. 994 400 (1975. 10. 07).

[17] Yeremin O G, Filatova N S, Berman I F. Results of a study on improvements of sulphur and sulphuric acid manufacture from metallurgical off – gas [J]. Tsvetnaya Metallurgia Journal, 1984 (5): 49~51.

[18] 孙德荣, 吴星五. 我国氮氧化物烟气治理技术现状及发展趋势 [J]. 云南环境科学, 2003, 22 (3): 47~50.

[19] 贾双燕, 路涛, 李晓芸, 宁献武. 选择性催化还原烟气脱氮技术及其在我国的应用研究 [J]. 电力环境保护, 2004, 20 (1): 19~21.

[20] 路涛, 贾双燕, 李晓芸. 关于烟气脱氮的 SNCR 工艺及其技术经济分析 [J]. 现代电力, 2004, 21 (1): 17~22.

[21] 赵海红, 谢国勇. 燃煤烟气 SO_2/NO_x 污染控制技术 [J]. 化学工业与工程技术, 2004, 25 (1): 26~29.

[22] 张明, 徐光. 电子束法烟气净化工艺主要因素分析 [J]. 环境技术, 2003 (6): 25~28.

[23] Shun-Ichiro, Uchida. Characteristics and use of coal fly ash [J]. Inorganic Material, 1997 (4): 536~543.

[24] Paya J, Monzo J, Borrachero M V, et al. On the glass present in low-calcium and in high-calcium fly ash [J]. Cement and Concrete Research, 1998, 28 (6): 675~686.

[25] 刘学伦, 王霞, 张燕. 粉煤灰在环境工程中的应用 [J]. 山东环境, 2000 (5): 58.

[26] 严岩, 胡将军. 灰水喷雾增湿简易脱硫工艺的工业试验研究 [J]. 环境污染治理技术与设备. 2001, 2 (6): 75~77.

[27] Davini P. Investigation of the SO_2 adsorption properties of $Ca(OH)_2$ – Fly ash systems [J]. Fuel, 1996, 75 (6): 713~716.

[28] 赵毅, 赵建海, 马双忱, 等. 高活性吸收剂去除二氧化硫的实验研究 [J]. 华北电力大学学报, 2001, 28 (1): 72~75.

[29] 吕欣, 林国珍, 周广柱, 等. 型煤燃烧过程中 CaS 的形成及其固硫作用 [J]. 环境化学, 1998, 17 (6): 528~531.

[30] 方开泰. 均匀设计和均匀设计表 [M]. 北京: 科学出版社, 1994.

[31] Douglas C, Montgomery. 实验设计与分析 (第3版) [M]. 北京: 中国统计出版社, 1998.

[32] 白新桂. 数据分析与试验优化设计 [M]. 北京: 清华大学出版社, 1986.

[33] 台炳华. 工业烟气净化 [M]. 北京: 冶金工业出版社, 1999: 45~65.

[34] 刘旦初. 多相催化原理 [M]. 上海: 复旦大学出版社, 1997: 321~334.

6 微波改性炼焦煤对焦炭
质量的影响研究

6.1 焦炭在高炉内的重要地位及其评价方法

高炉正在向着大型、高产、低耗环保的方向发展，要在节能的同时实现增产，必须重视开发和采用高炉炼铁新技术。国内外高炉强化冶炼普遍采用精料、高压操作、高风温、富氧和喷吹等技术，降低了焦比，促进了高炉生产的发展。高压操作的降焦节能作用已为越来越多的高炉实践所证明；鼓风温度的不断提高，使得焦炭燃烧在高炉热量收入中的份额显著减少；而喷吹燃料的广泛使用也部分取代了焦炭作为还原剂与渗碳剂的功能。与此同时，焦炭强度带来的问题日益凸显，焦炭作为高炉料柱骨架的作用越来越明显，随着焦比的不断降低，焦炭质量必将是炼焦工作者研发的重点。

据统计，主要炼焦煤种储量（焦煤和肥煤）仅占炼焦煤储量的40%以下，所以仅靠提高主焦煤的配比来提高焦炭质量是不科学，也是不经济的。近十年来，我国焦炭产量一直处于快速发展趋势，机焦产量由20世纪80年代的4500万吨发展到现在的8000万吨，焦炭产能的快速扩张导致炼焦煤供应紧张。目前制约世界和我国炼焦工业发展的主要原因是焦煤资源短缺和分布不均衡。利用非、弱黏结煤进行配煤炼焦以达到降低炼焦成本和提高焦炭质量的目的是炼焦工作者一直以来关注的方向。到目前为止，虽然一些工艺如型煤炼焦、选择性破碎等都取得了一定的成效。但从改善效果上来看，并没有取得实质性的突破，这些工艺也就不能大规模应用于炼焦工业。所以，应当加强研发多项工艺、技术和设备手段，在不大变动炼焦煤配比的条件下，实现焦炭质量的提高。

微波加热在冶金中的应用是近年来发展起来的一种冶金新技术，世界上一些发达国家都很重视这一技术的研究。我国也在20世纪80年代开始了这一领域的研究工作，从低品味矿石和尾矿中回收金属、从矿石中提取稀有金属和重金属、工业废料的处理等。虽然还有许多问题需要解决，但这些成果已经表明了微波在冶金中的潜在应用价值。本章主要研究微波外场对炼焦煤的改性作用，并对其碳化所得焦炭的质量进行综合性评价。重点分析微波作用于炼焦煤的机理以及焦炭质量改变的因素，填补了微波外场技术在炼焦工艺上的空白，为国内炼焦工作者提供有价值的理论参考。

6.1.1 冶金焦炭在高炉内的重要作用

焦炭是高炉炼铁过程中不可或缺的原料，在高炉冶炼过程中主要有以下几方面作用：

（1）主要的热量来源。矿石还原、熔化所需的热量主要由焦炭燃烧来提供。对于一般情况下的高炉，焦炭几乎供给高炉所需的全部热量。即使在喷吹燃料的情况下，焦炭供给的热能也占全部热能的70%~80%[1]。

（2）还原剂。焦炭的还原作用是以C和CO形式来对铁矿石起还原作用。间接还原是通过上升煤气中的 CO 还原铁矿石，使氧化铁逐步从高价铁还原成为低价铁，同时生成 CO_2 的还原过程。直接还原最终表现为固体碳作还原剂的反应。

中低温区（$570℃ < t < 1000℃$）的间接还原[2]，反应式为：

$$3Fe_2O_3 + CO \Longrightarrow 2Fe_3O_4 + CO_2$$
$$Fe_3O_4 + CO \Longrightarrow 3FeO + CO_2$$
$$FeO + CO \Longrightarrow Fe + CO_2$$

中低温区的间接还原反应宏观表现为：

$$Fe_2O_3 + 3CO \Longrightarrow 2Fe + 3CO_2$$

高温区（$t > 1100℃$）直接还原，反应式为：

$$FeO + CO \Longrightarrow Fe + CO_2$$
$$CO_2 + C \Longrightarrow 2CO$$

高温区的直接还原反应宏观表现为：

$$FeO + C_{焦炭} \Longrightarrow Fe + CO$$

（3）料柱骨架。高炉风口区以上只有焦炭保持着块状结构，尤其是滴落带，在铁矿石和熔剂都已熔化，并承受着液铁、液渣冲刷的情况下，焦炭在高炉中的料柱骨架作用更加凸显。

（4）生铁渗碳的碳源。焦炭中的碳从高炉软熔带开始渗入生铁，特别是在滴落带中碳进一步渗入到铁内，最后可以使生铁的碳含量达到4%左右。焦炭在高炉内的消耗比例为：风口燃烧55%～65%，溶损反应25%～35%，渗碳10%，其他元素还原及损失2%～3%[3~7]。随着高炉喷煤的发展，焦炭作为料柱骨架和透气窗口的作用日益突出。

6.1.2 高炉焦炭质量研究现状

6.1.2.1 大型高炉对焦炭质量的要求

2000m^3 以上的高炉大多投产于 20 世纪 60 年代初到 70 年代末这一时期。虽然高炉的不断大型化使得生产效率得到较大提高，但是人们对高炉生产所用焦炭质量上的看法是有争议的。

不支持大型高炉生产需要更好焦炭者的观点是：高炉虽然不断大型化，但是小型高炉与大型高炉在料线到风口距离上都处于 25～30m 这一区间，并不能说明焦炭质量好坏在大型高炉生产中所起到的实质的作用。

但支持大型高炉生产需要更好焦炭者的观点是：高炉强化冶炼是高炉大型化的技术基础，只有这样才能得到更好的技术经济指标，如果大型高炉冶炼不能得到相比于小型高炉较好的技术经济指标，就无经济上的优势，因此焦炭质量提高是十分必要的。后来经过长期实践摸索，大家才逐渐在这个问题上取得了一致性的意见，这是因为：

（1）加深了解了焦炭在高炉中的热行为。从 70 年代初开始，许多国家通过骤冷方法对运转中的高炉进行解剖并了解炉内状况；也从料线到风口进行取样用来观察焦炭变化。这些研究大大加深了人们对焦炭的认识，也大体明白了焦炭在高炉中的行为和变化、破碎机理、焦炭性质异同对高炉生产的影响程度。

（2）焦炭质量提高使得技术经济指标和经济收益双丰收。焦比和高炉利用系数与焦炭质量指标之间有着十分密切的关系，提高焦炭质量，焦比往往降低而利用系数则明显提高。同时，焦炭质量改善后高炉经济收益明显，这是因为焦炭质量高，高炉顺行，停风及风口烧损少，大大提升了高炉生产效率。

6.1.2.2　焦炭质量改善基本措施

各个国家都进行了不同程度的焦炭改善，但都以改善原料为主。资源缺乏的国家生产的焦炭往往是世界上最好的，这是因为他们可以自由选购质量最好的炼焦煤，并按生产所需决定最理想的配煤组成。这些国家如日本、意大利、荷兰等国家，他们生产的焦炭 M_{40} 值均在 85 左右、M_{10} 值约 6 左右、灰分 10% ~ 11%。

美国、德国、澳大利亚、加拿大和前苏联属于资源充足的国家，他们生产的焦炭质量稳定，并呈现逐年提高的趋势。依仗煤炭低灰的特点，美国很长一段时间不太重视焦炭强度，M_{40} 值一般低于 70，但是通过总结 20 世纪 70 年代间几个大高炉多年生产数据，得出强度每提高 1 个单位 ASTM（转鼓值），产量可增加 1.4% 的结论，于是改变思路在炼焦煤中增加了主焦煤和低挥发分黏结性煤而减少了高挥发分煤的含量，焦炭强度大幅度提高。目前美国 3000m³ 以上高炉焦炭 ASTM 稳定度均在 55 ~ 60 左右，M_{40} 值为 80 以上。

部分国家拥有一定的炼焦煤资源，但大部分为弱黏结性煤，他们仍然坚持进口优质煤来生产高炉焦炭。例如，英国钢铁协会规定高炉焦炭 M_{40} 大于 75、M_{10} 小于 8 符合生产要求，但在 20 世纪 60 年代整个阶段均未达到，主要的钢铁厂弗罗丁罕、布鲁豪斯、奥格列夫、沃金顿 M_{40} 平均只有 66，M_{10} 则为 10.4。20 世纪 70 年代大型高炉的焦炭强度之所以达到标准，是因为各厂普遍大幅度采用进口煤，进口煤含量能占到总用量煤的 50% 左右甚至 70%，因此当时 3500m³ 高炉用焦的 M_{40} 值大体为 85、M_{10} 达到 7。

法国与英国情况差不多，20 世纪 60 年代以前一贯以煤干燥、破碎加工、捣固技术闻名于世的法国，是在利用高挥发分弱黏结煤炼焦方面的佼佼者。但随着大型高炉的建成投产，各厂毅然舍弃原有利用弱粘煤的技术而全部使用进口煤以达到焦炭强度的达标，这就保证了大型高炉良好的技术经济指标，因此他们生产的焦炭 M_{40} 始终在 85 以上。

以上这些国家通过改善原料使得焦炭质量明显提高，尤其在焦炭强度上变化更为明显，与此同时焦炭灰分、硫分也在逐渐下降，不过幅度有限。例如，20 世纪 70 年代中期美国 12 个厂焦炭平均灰分为 8.2%、硫分为 0.73%；但是在 60 年代初灰分为 9.0%、硫含量为 0.80%。

完全依靠优质煤料来达到焦炭质量改善的方式并不可取，因为主焦煤资源有限。在炼焦技术上的煤料配合、焦炉温度控制、熄焦方式的变化也都能达到焦炭质量的改善，这方面研究也是很多的。

6.1.3　提高焦炭质量的研究

随着高炉大型化和高喷煤、低焦比操作，对焦炭质量的要求逐步提高。影响焦炭的因素很多，但主要是炼焦煤的性质和备煤、炼焦的工艺条件。配合煤的结焦性、黏结性对焦炭质量的影响较大；炼焦煤的性质影响焦炭的灰分、硫分等化学组成，影响焦炭强度。炼焦的工艺条件是水分、灰分、细度、堆密度等；结焦时间影响焦炭冷态、热态性能和显微特性。另外，强化炼焦煤质量管理，也可以促进焦炭质量的提高。

6.1.3.1　配合煤性质对焦炭质量的影响

配合煤的性质是影响焦炭质量的重要因素，改善配合煤的性质是提高焦炭质量最直接、最有效的技术措施。选择合适的配煤指标就能达到配合煤性质的改善，从而满足焦炭质量的生产需求。配煤指标的选择离不开相关的理论研究，如将煤岩学融入到炼焦的理论研究以及焦炭的宏观和微观性质的研究。影响配合煤性质的参数如下：

（1）配合煤的煤化程度等参数。挥发分是配合煤煤化程度的主要指标，挥发分偏高，收缩度增大，易造成焦炭平均粒度成条状形减小、气孔率增大、抗碎强度降低。挥发分过低，收缩度变小，易对炉墙造成较大压力，推焦困难，对焦炉设备损害严重。因此挥发分是影响焦炭质量非常重要的因素，挥发分大体控制在 24% ~ 33% 较为适宜[8]。

（2）配合煤黏结性参数。膨胀度 b、流动度 MF 和胶质层厚度 Y 是配合煤黏结性的主要指标。不同配合煤的膨胀度、流动度需要现场测定，这是因为各单种煤的煤化程度区间以及塑性温度区间都不相同，并且配煤的膨胀度、流动度具有不可加和性。膨胀度、流动度量值大小与焦炭密度强度关系密切，它们代表了煤质中活性物的性质和含量。配合煤的膨胀度 b 一般控制在 50 以上[9~12]。

配合煤中胶质体含量可以通过胶质层厚度直观表征。焦煤在结焦过程中需要有大量的胶质体来充分浸润、黏结煤中固化物质。但胶质体过量也会带来负面效果，如结焦过程中挥发物的溢出，影响焦炭质量。因此合理控制 Y 值在配煤中占有重要的地位。Y 值只能作为配煤中的重要参数而不能直接用来预测强度，这是因为 Y 值只代表胶质体的含量而不反映其性质，由此不同配煤而 Y 值相同会形成不同强度的焦炭。经过实验也证明，Y 值对于配合煤具有可加成性，配合煤的 Y 值一般控制在 17 ~ 22mm 为宜，就能很好地控制焦炭的密度和强度了。

（3）配合煤结焦性参数。黏结指数 G 是煤黏结能力以及结焦性能的重要参数，足够的 G 值才能冶炼出高强度的焦炭，但是 G 值过高对焦炭质量带来负面影响，焦炭变脆，强度降低。因此，G 值大小控制是配煤过程中的重要环节，其量值控制在 60 ~ 75 为宜。

在诸多提高焦炭质量的技术措施中，优化配煤、选择粉碎和配添加物，都是通过改善配合煤的性质来提高焦炭质量的。

（1）优化配煤。优化配煤就是在焦炭质量一定的前提下，依据焦炭质量预测方程采用多种煤进行配比炼焦，然后选择出一组最合适的炼焦用煤及配比。研究证明，优化配煤技术不仅可以在保证焦炭质量的前提下降低炼焦用煤成本，而且在炼焦煤成本一定的条件下，提高焦炭质量。中冶焦耐研发的优化配煤技术，是将煤场管理系统、配煤优化系统、焦炭质量预测系统紧密地结合在一起，并且在天津天铁炼焦化工有限公司成功运行了一年多，主焦煤配比由原来的 20% 下降到 10%，给公司和社会带来巨大效益。

煤岩学是优化配煤的重要理论基础，选煤、煤炭分类、炼焦等很多领域都与煤岩学密切相关。它主要从煤岩组成方面研究探讨煤的性质，是一门能够较为深刻了解煤的各种性质的学科。优化配煤就是建立在对煤性质准确分析的基础之上，因此广大炼焦工作者都十分重视运用煤岩学理论开展优化配煤研究。

（2）选择粉碎技术。炼焦用煤的粉碎和粒度组成对焦炭质量的影响很大，不应当把各种煤先混合再去粉碎，要根据不同煤种，按不同粒度要求进行粉碎和筛分。炼焦煤分组粉碎的目的主要是解决煤种之间粉碎性能差异大以及惰性物含量高的煤需要细粉碎等问题。选择性粉碎就是根据煤岩组分的不同性质分别将煤破碎到适当的粒度。瘦煤、气煤等难粉碎的硬煤在粉碎后煤粉粒度过大，不仅在结焦过程中易形成裂纹中心，焦炭强度降低，而且在储运和装炉过程容易产生偏析；肥煤、沥青等原料的黏结性、流动性好，但是在粉碎过程中往往会使得煤粉过细，煤活性组分比表面积增大，煤的堆密度和黏结性降低。选择性粉碎技术则有效克服了上述缺陷，可以多配用岩相组分不相同的高挥发分弱黏结煤，得到合格的焦炭。此技术是利用煤岩岩相组成在硬度上的差异，避免难粉碎的惰性组分过细粉碎又能达到粉碎细度要求。同时，合理的粉碎、筛分流程使得煤中各岩相组分分别富集，从而可以利用岩相进行配煤。

比较典型的工艺是始于 20 世纪 50 年代法国的索瓦克法。前苏联采用风力分离法。日本采用立式圆筒筛代替电热筛，筛分效率高，更具有竞争力。莱钢集团在生产中通过试验焦炉优化出最佳配煤细度，并采用了先筛后粉的粉碎工艺，焦炭质量提高效果明显。

（3）配添加剂。所谓配添加剂就是在装炉煤中配入适量的黏结剂和抗裂剂等非煤添加物，以改善其结焦性的一种炼焦煤准备技术措施。配入黏结剂工艺适用于低流动性的弱黏结性煤，可以改善焦炭的机械强度和焦炭的反应性。抗裂剂使用工艺适用于高流动性的高挥发分煤种，可增大焦炭块度、提高强度、改善焦炭气孔结构、提高焦炭反应后强度。日本研究含有金属铁的焦炭，借助于金属铁的催化作用，可以大大提高反应性，从而使高炉热保存带温度降低 100℃，高炉还原剂比降至 300kg/t。为了寻找最佳粒度、配量以及混匀方法，许多焦化厂用无烟煤或焦粉作为抗裂剂。这样既可以有效利用炼焦煤资源还能对半焦收缩起到减缓的作用，焦炭块度增大。

6.1.3.2　工艺条件对焦炭质量的影响

工艺条件的改善对提高焦炭质量的影响较大，装炉煤的水分、细度、堆密度、结焦速度等都是影响炼焦工艺的重要因素。熄焦方式中的干熄焦也属于炼焦工艺的改善，干熄焦过程中所谓"焖炉"指的是 1000℃（±50℃）的焦炭在干熄炉预存段中"焖"了一段时间，起到了改善焦炭质量的效果。

（1）入炉煤的水分。炼焦煤的水分是炼焦工艺中的重要影响因素，焦炭质量、焦化废水产生量和炼焦能耗均与其密切相关。煤中水分在焦炉内受热蒸发需消耗大量热量，造成能源浪费；焦化废水的量值也是由炼焦煤带入焦炉的水分决定的。所以如何降低炼焦能耗和控制焦化废水污染，一直就是炼焦工作者持续研究的热点问题。炼焦煤的水分减少能够起到降焦节能以及减少焦化废水量的作用。

煤调湿的前身是煤干燥技术，它是将炼焦煤料在装炉前除掉一部分水分，保持装炉煤水分稳定在 6% 左右，然后装炉炼焦。入炉煤水分控制工艺（简称 CMC）有严格的水分控制措施，能够保证入炉煤水分恒定。其技术要求是通过加热系统稳定入炉煤的水分，使其在一个相对合适的水平而不是最大限度地追求水分的减少。这样可以避免水分过低而引起焦炉系统操作的困难，同时可达到增大入炉煤密度、提高焦炭质量、环保节能和焦炉操作稳定等效果，生产效率提升效果明显。

（2）捣固炼焦和成型煤炼焦技术。所谓捣固炼焦工艺是一种能够通过增加配煤中高挥发分、弱黏结性或非黏结性的低价煤的含量来扩大炼焦煤资源的方法。成型煤炼焦就是全部煤料用黏结剂或无黏结剂压成型，或者部分配煤压成型，此配煤中有弱黏结性和非黏结性组分。这两种炼焦技术都能够扩大炼焦煤资源，将弱黏结性煤和非黏结性煤用于炼焦，摆脱或减轻了炼焦生产受煤种制约的被动局面，都是目前炼焦生产中较为成熟的新技术。

捣固炼焦有利于改善煤料的黏结性。煤料通过捣固变成煤饼，煤颗粒之间的间距缩小到27%～32%，因此在结焦过程中煤料的胶质体能充分均匀浸润不同性质的煤粒表面，在煤粒之间形成牢固的结合力；由于煤粒间隙小，煤热解产物的游离基和不饱和化合物之间缩合反应很容易进行，这是因为结焦过程中产生的气体不易析出，煤料的膨胀压力增加，因此煤料的接触面积也增加。此外，煤料热分解过程中产生的中间产物便有更充分的时间相互反应，产生稳定性高而相对分子质量适度的物质，由于胶质体内不挥发的液相产物增多稳定性提高。实践表明在挥发分高于30%的情况下，捣固炼焦后焦炭冷强度M_{40}可以提高2%～4%，M_{10}也有明显改善[13]。

成型煤炼焦技术使得入炉煤密度显著提高，炭化过程中半焦化阶段的收缩降低，从而使得焦炭裂纹减少。型煤炼焦有利于改善煤的结焦性能，这是因为型煤中煤料的间隙相比于粉煤更加紧密，在炭化过程中从软化到固化的塑性区间内，煤料黏结组分和惰性组分之间的结合改善效果显著。高密度型煤和粉煤炼焦时，在熔融过程中，型煤本身煤颗粒间隙小，膨胀压力大，与周围接触的煤料更加紧密，有利于煤料之间的胶接，焦炭质量提高。江苏省新沂市恒盛化肥有限公司建设了每年3万吨的型煤生产线，到目前为止该生产线各项指标均正常。经过多年来对国外技术的研究摸索，我国已经具备了自主设计研发能力，对于此项技术的推广有其重要的意义。

（3）煤预热工艺。煤的预热使得焦炉的生产能力大大提高同时可以降低炼焦工序能耗。炼焦煤料预热到150～200℃后再装炉，煤中的水分减少、堆密度增大，而且煤的流动性也得到提高。煤预热还可以使煤的表面黏结和界面反应改善，进而改善了焦炭的气孔结构，焦炭强度提高。实施煤的预热还存在一些技术难点，影响了该技术的进一步推广。采用炼铁热风炉废气进行预热是较为普遍的方法。

（4）炼焦温度的控制。炼焦温度在焦炭的结焦过程中起关键作用。焦炭块度、气孔率与炉温高低、波动密切相关。尤其在半焦收缩阶段，炉温向下波动会影响到焦炭缩聚和最终热分解，从而影响到焦炭气孔率。因此在干馏过程中要确定满足成焦需要的标准温度，另外加热温度要均匀平稳，才能使煤质成焦过程均匀、稳定。气孔率在炉温平稳时变化平稳，当炉温平稳升高时，气孔率向好的方向转化，但块度会受到轻微影响。

经过长期生产实践，结焦速度降低，结焦时间延长，强黏结性煤结焦后的焦炭机械强度提高。如果使得焦炭更加均匀成熟，粒度更加均匀化，可以在焦饼成熟后，适当延长焖炉时间。

（5）熄焦方法对焦炭质量的影响。新型湿法熄焦相比于传统湿法熄焦后焦炭水分均匀更加稳定，此工艺对湿法熄焦原理深入剖析，并且在喷洒方式、喷洒量及控制方式的基础上做了很大改善。新型湿法熄焦有利于高炉冶炼稳定操作、降低成本。湿法熄焦焦炭水分偏高，对焦炭质量不利，采用新型湿法熄焦后焦炭水分可控制在2%～4%之间。通过实践表明，高炉焦比与焦炭水分呈正比趋势，焦炭水分每降低1%，高炉焦比可降低1.2%～1.5%。我国不少焦化厂都在推广使用美钢联开发的低水分熄焦工艺；德国的稳定熄焦工艺也已在中冶焦耐与UHDE公司合作设计的7.63m焦炉中运用，这两种工艺是目前世界上较为成熟的新型湿法熄焦工艺。

干法熄焦是一种采用惰性气体熄灭红热焦炭的熄焦方法。干法熄焦相比于湿法熄焦更加环保，而且还能回收大量红焦显热，降低能耗。回收的显热也能转化为蒸汽，蒸汽推动透平机发电，缓解企业电力供应紧张的局面。相比于湿法熄焦，干熄焦的冷热态强度均得到改善，M_{40}可提高3% ~ 9%、M_{10}和焦炭反应性降低，粒度更加均匀，从而得到较好的高炉炼铁技术经济指标（焦比降低2%、产量提高1%），提升了钢铁企业生产效率和竞争力。经过实践计算，干熄焦炭装置的年处理能力在110万吨/h，扣除吨焦综合成本外，吨焦净收益24.39元。鞍山华泰公司已能自主研发设计140t/h的干熄焦设备。

6.1.3.3　炼焦煤质量管理对焦炭质量的影响

随着越来越多焦化厂的建立，炼焦煤资源越来越紧张。单种煤质量的不稳定必然导致配合煤配比变更频繁，而引起焦炭质量波动的主要原因就是单种煤的质量波动和配合煤配比的频繁变更。

炼焦煤质量的监管是确保焦炭质量的重要因素。加强对焦煤质量的控制，质量不合格的炼焦煤不予装炉；要对备煤车间里的煤源再次采样，编号分析，不仅进一步证实进厂煤的化验，同时作为工艺监督指导生产；完善单种煤的取样、化验规章制度，健全监督检查机制，加强职工操作管理，即使在煤源紧张情况下也保证入炉煤数据的真实、可靠。其次，还要加强煤场监督：煤场按照煤料质量编号，并且进一步分类细化为肥煤、1/3焦煤、瘦煤。肥煤按照结焦性指标和硫分指标差别分为4个小类；焦煤按照结焦性指标差别分为3个小类；弱粘煤和瘦煤按照结焦性指标差别均分为2个小类。为有效地避免了混煤现象，各煤种间以分界线划分；对不同地区来煤进行工业分析、结焦性分析，按大小矿点分区堆放分析指标接近的不同地区来煤，从而有效地避免了煤质的大幅波动，在生产使用时再按合适的比例取用即可；煤场储量、位置和煤质情况最好进行动态式管理，定期绘制煤场动态平面图，使管理人员及时了解煤场的动向以便指导卸煤。只有在焦煤来源的细节上严格把关，才能确保焦炭质量平稳提高。

6.1.4　评定焦炭质量的传统指标

6.1.4.1　焦炭的冷态强度 M_{40} 和 M_{10}

M_{40}为焦炭的冷态抗碎强度指标。它对焦炭从高炉料钟落下和再承受下一批原料落下时的冲击，以及焦块在块状带阶段所受的压力具有一定的模拟性。热作用对块状带下部的焦块结构影响不大，温度并没有达到炼焦终温。大量高炉解剖研究表明：开裂对焦块平均直径影响较大，因此磨损是块状带焦块平均直径变化的主要原因。这说明M_{40}指标符合焦块经历块状带的要求。但经块状带以后，碳溶反应和高温热作用加剧，M_{40}指标就不再符合模拟要求。

M_{40}是焦炭的耐磨强度指标，能够较好地模拟高炉块状带区域的焦块与焦块、焦块与矿石、焦块与炉壁之间的磨损。但在块状带底部，微弱的碳溶反应开始发生并且带有明显的选择性，因为温度不高，也只是接触到碱循环区的边缘，碱的催化作用不剧烈，此时CO_2能扩散到焦块内部，从而破坏焦块表面结构，M_{10}就逐渐失去其模拟性。不过目前高炉生产对M_{10}的反应比M_{40}灵敏。但在特殊条件下，M_{10}指标也能起到模拟作用，即CO_2不进入焦块内部，碳溶反应只沿着表面反应，而不破坏焦块内部结构；温度因素还不足以使焦块表面产生显微裂纹；碱催化作用还不明显；焦块中灰分颗粒少而细，不因温度而形成裂纹中心。如果只考虑冷态和热态的差异，M_{10}还有一定的模拟性[14~16]。

6.1.4.2 反应性 CRI

由于化学侵蚀是焦炭劣化的根本原因,当前炼焦工作者都把焦炭的反应性和反应后强度作为焦炭的高温性能指标,俗称热强度,用它们来反映焦炭抵抗高炉下部劣化作用的能力。

随着高炉大型化和富氧喷煤技术的发展,焦炭质量在高炉生产中的地位更加突出。焦比得到大幅度降低,这就对作为料柱骨架的焦炭质量提出了更高要求。导致焦炭劣化的主要反应是焦炭中的碳与 CO_2 的气化反应。随着焦炭在高炉中的负荷加重,停留时间延长,气化反应显著加剧。焦炭的反应性指因气化反应损失的碳的质量分数,常以 CRI 表示,其计算公式见式(6-3)。

6.1.4.3 反应后强度 CSR

焦炭经高温反应后的强度称为反应后强度,以 CSR(coke strength after reaction)表示。焦炭经过气化反应后,气孔结构发生较大变化,强度自然下降。研究表明,反应后强度增加可使煤气流合理分布,料柱透气性良好,燃料利用率降低,并改善出渣,所有这些均有助于高炉的稳定运行。许多欧洲国家对模拟高炉炉况及其对焦炭反应后强度的影响进行了重点研究[17]。现在全世界普遍采用的是由新日铁公司提出的一种简易的焦炭反应后强度检验方法。我国测定焦炭反应后强度的方法在 GB 4000—1983 中有明确规定:在反应炉中装入块度为(2±1)mm 的焦炭 200g,然后加热到(1100±5)℃反应 2h;反应后的焦炭装入 I 型转鼓旋转,筛分出大于 10mm 粒级的焦炭占反应后焦炭的质量分数即为焦炭反应后强度。该数值用 CSR 表示,其计算式见式(6-4)。

6.1.4.4 显微强度与结构强度

焦炭是多孔性材料,由裂纹、气孔和气孔壁组成。显微强度可作为一种理想的办法检验焦炭气孔壁强度,显微强度测试试样粒度比较小(0.6~1.25mm),因此不受焦炭中裂纹和气孔的影响[18]。20 世纪 30 年代初期,Blayden 和 Riley 等人就开始研究显微强度。到了 80 年代,日本学者西冈邦彦通过大量测试,验证了显微强度是对焦炭基质强度较为准确的评价指标。结构强度(试样粒度为 3~6mm)表征了焦炭的微气孔和气孔壁的综合强度。20 世纪 50 年代中期,前苏联提出了焦炭结构强度的测试标准。20 世纪 60 年代,Nadgiakiewleg 利用研磨方法测定焦炭气孔壁的强度,虽然方法与 Blayden 和 Riley 类似,但试样粒度和所用指标等都不一样,属于结构强度的范围。

结构强度与转鼓强度不同。结构强度主要反映焦炭气孔结构受到力学作用后的变化情况,基本排除了焦炭内原生裂纹的影响;与工业上广泛使用的转鼓强度方法相比,它不再是入炉焦整体冷态强度宏观性质,而是焦炭多孔体冷态强度性质。

6.1.4.5 粒度均匀性

将焦炭分别放入不同规格孔径的筛子里筛分,然后称量各级筛上焦炭和最小筛孔的筛下焦炭质量,计算出各级焦炭的质量百分率或各级以上焦炭质量累计百分率,即焦炭的筛分组成,用来描述焦炭粒度分布状况。

通过焦炭筛分组成可以计算焦炭平均块度、块度均匀性,还可估算焦炭堆积密度、比表面积,并由此得到评定焦炭透气性和强度的基础数据[19]。

6.1.4.6 气孔率

焦炭气孔分为开放气孔和封闭气孔。开放气孔在成焦热解过程中形成,分解的气体经通道析出，因此气孔与外界相通；封闭气孔形成时分解的气体由于内压小于四周胶质体的阻力，气体没有析出。气孔率则为焦块中气孔体积占总体积的比率。煤的变质程度和煤岩组成是影响气孔的主要因素，另外加工工艺和加工条件也起着非常重要的作用。

焦炭中碳和CO_2的气化反应在焦炭的表面进行，气孔结构发生很大变化，强度明显下降，导致焦炭劣化。

气化反应在大气孔表面进行后，焦炭中气孔率上升，孔径增加，气孔壁变薄，也由于气孔壁的穿透，小气孔合在一起发展成大气孔。对于黏结性强的煤料，气化反应主要在大气孔内进行，很少扩散到小孔内及发展小孔。碱金属能够促进CO_2在焦炭表面反应，而不利于CO_2向深部发展微孔。当存在碱金属时，较小气孔发展少，较大气孔发展多。因此微孔的发展对焦炭劣化的影响是有限的。

6.2　微波对炼焦煤的改性和焦化

目前，国内外高炉冶炼普遍采用精料、高压操作、提高风温、富氧喷吹等技术，不仅显著降低了高炉冶炼过程的焦炭消耗，同时提高了高炉冶炼生铁的产量。然而，原料中焦炭比例的下降使料柱的透气性变差，高炉内不同料层间的压力差大幅升高，最终影响煤气流在原料中的均匀分布。因此焦炭在高炉内作为料柱骨架的作用越来越明显，焦炭质量在高炉生产中的地位变得越来越重要。我国炼焦煤资源非常有限，据统计，主要炼焦煤种储量（焦煤和肥煤）仅占炼焦煤储量的40%以下。所以，仅靠提高主焦煤的配比来提高焦炭质量是不科学也是不经济的。本研究利用微波技术应用于炼焦煤预处理工艺上，并对其结焦后的焦炭质量进行了综合性评价，收到了不错的效果。鉴于微波技术在炼焦煤预处理工艺上的空白，因此对国内炼焦工作者在炼焦工艺选择上有非常重要的意义。

6.2.1　煤粉调湿改性过程

采用质量恒重法来计算失水情况：

$$W_2 = W_1 - (m_1 - m_2)/m_1 \tag{6-2}$$

式中　　W_1——煤粉的含水量，%；

　　　　W_2——改性后煤粉含水量，%；

　　　　m_1——改性前煤粉的质量，g；

　　　　m_2——改性后煤粉的质量，g。

称取经过破碎后的煤样200g装入试样袋中，向煤粉试样中加入30g去离子水，然后将试样袋密封并在25℃恒温环境中放置48h，使水分在煤样中均匀扩散。称取150g湿润煤粉于陶瓷坩埚中，放置于105℃的恒温干燥箱中进行干燥，干燥4h后称量煤样的质量为128.6g，通过计算可知煤粉的水分含量为14.3%。由于微波改性过程的热作用会引起煤中水分的流失，为了客观比较传统加热与微波改性过程对炼焦煤性质的影响，将微波处理终点的水分含量控制在7%左右。通过多次实验获得不同微波功率下的煤样处理方案见表6-1。

对比表6-1中数据可以看出，随着微波功率的逐渐增大，相同水分条件下的改性时间显著缩短。微波外场作用下煤中水分的蒸发十分迅速。由于水分子具有较高的极性而对微波具有很强的吸收能力，同时微波的体积加热相比由外及内热传递方式的传统加热更有利于水分的蒸发。微波外场的功率每增大100W，则所需加热时间缩短50%左右。

表6-1 不同条件下的煤粉改性

加热条件	加热前水分含量 /%	加热前煤粉质量 /g	加热后煤粉质量 /g	加热后水分含量 /%	加热时间 /min
105℃	14.3	150.0	139.5	7.3	58.0
900W	14.3	150.0	139.5	7.3	53.5
1000W	14.3	150.0	139.5	7.3	25.5
1100W	14.3	150.0	139.5	7.3	12.1
1200W	14.3	150.0	139.5	7.3	5.2

6.2.2 配合煤的焦化

称取相同质量的不同改性配合煤放置于电阻炉中进行加热碳化。首先，以10℃/min的升温速率将炼焦煤样由室温（30℃）加热至300℃，然后以10℃/min的升温速率升温至1050℃，将炼焦煤样在1050℃的温度下恒温30min。上述碳化条件可使焦饼中心的最高温度达到1050℃，可保证炼焦煤在加热过程中能够充分裂解。炼焦煤样完成碳化仍放置于反应器中进行冷却，待其冷却至室温之后取出保存。为了防止碳化过程中炼焦煤与氧气接触而发生燃烧，样品加热及冷却过程中均通入 N_2 对炼焦煤进行保护。

6.3 微波改性对炼焦煤性质以及焦炭强度的影响

近年来，国外一些炼焦技术人员通过大量研究发现，对原煤快速加热预处理可以显著提高其黏结性[20~24]。日本并以此为关键技术开发了 SCOPE21 炼焦新工艺[25,26]，使炼焦生产的效率、能耗和成本均得到了明显改善。我国在这一方面的研究还未起步，因此相关研究的成果很少。微波作为一种高效和清洁新技术，与传统加热方式完全不同的加热手段还未在炼焦工艺上得以应用。为此本章结合微波这一独特的加热能源对炼焦煤进行预处理，探讨微波快速加热对炼焦煤焦化特性及焦炭质量的影响。

6.3.1 改性前后煤样的工业分析

配合炼焦煤经微波改性前后的工业分析结果见表6-2。

表6-2 配合煤样经微波加热后的工业分析结果（质量分数） （%）

加热方式	FC_{ad}	V_{ad}	A_{ad}
105℃下加热	62.30	21.14	9.26
微波功率900W	62.72	20.33	9.56
微波功率1000W	62.90	20.23	9.57
微波功率1100W	62.78	20.31	9.61
微波功率1200W	62.98	19.96	9.76

在影响焦炭强度的诸多因素中，炼焦煤的煤化度（用挥发分 V_{daf} 表示）有着决定性的作用。挥发分越高，则焦化过程中的收缩度越大，易造成焦炭平均粒度成条状减小，致使焦炭内部气孔壁的厚度变薄，宏观表现为气孔率增大引起焦炭机械强度的下降；若挥发分

含量过低，则收缩度大幅下降，易于引起炼焦炉内部强压力的显著增大，从而使焦炉内壁在高温应力和机械应力下发生损坏。

对比改性前后混合炼焦煤的工业分析结果可以看出，在不同的加热条件下煤粉的工业分析并未出现显著变化。经微波外场加热后混合煤样的挥发分略低于常规电阻炉加热，但挥发分在数值上并未出现显著的差异，可能是微波外场下煤中有机组分得到活化而发生裂解，也可能是工业分析测试过程中产生的误差，由于其差别过于微小而不会对混合炼焦煤的焦化过程产生影响。相关研究结果表明，煤中的挥发性组分可在 500℃ 温度下迅速裂解，剧烈的分解过程将使煤中的黏结性组分挥发，从而严重影响炼焦煤碳化所得焦炭的机械强度[27]。对比微波外场加热后混合炼焦煤样的挥发分含量可以看出，由于高微波功率下对炼焦煤样的加热时间较短，并未使混合煤样的温度大幅升高，因此微波加热过程并未对煤中的各项组分产生显著影响。

6.3.2 改性配合煤样的微观形貌

炼焦煤的颗粒形态及分布将对其焦化过程产生影响并最终决定焦炭的力学性能，因此利用扫描电子显微镜观察了经不同条件加热后配合煤试样微观形貌的变化，从而分析不同加热条件对配合煤物理结构的影响。各配合煤样的微观形貌见图 6-1 ~ 图 6-5。

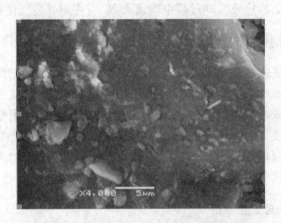

图 6-1　105℃下加热配合煤样的微观形貌

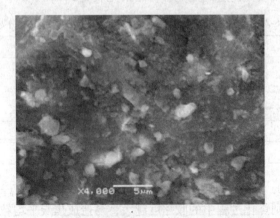

图 6-2　900W 微波功率加热配合煤样的微观形貌

图 6-3　1000W 微波功率加热配合煤样的微观形貌

图 6-4　1100W 微波功率加热配合煤样的微观形貌

图 6-5　1200W 微波功率加热配合煤样的微观形貌

　　对比不同微波功率预处理后煤粉的微观形貌可以看出，随着微波辐射功率的不断增大，煤颗粒表面的气孔结构呈现均匀化。大气孔数量逐渐减少，气孔直径也逐渐变小，使得小气孔数目逐渐增多，形成较多的微小气孔；同时，煤粉试样的比表面积也不断增大，经1100W微波功率改性后煤粉的气孔结构变化最为明显。煤颗粒经1200W微波功率处理后表现出燃烧的特征，煤颗粒的气孔结构遭到明显的破坏，说明较大的微波功率将在炼焦煤预处理过程中产生不利影响。

6.3.3　配合煤碳化制备焦炭的微观形貌

焦炭微观结构中的气孔分布及气孔壁厚度将对其高温下的冶金性能产生直接影响。因此，利用扫描电镜对改性煤粉所制备焦炭试样的微观结构进行了观察。各焦炭试样的微观结构见图6-6～图6-10。

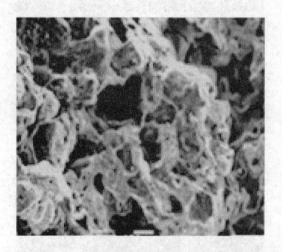

图6-6　105℃下加热配合煤制备的焦炭的微观形貌

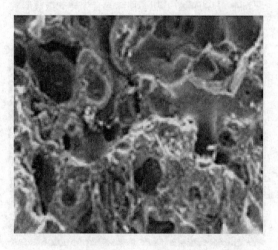

图6-7　900W微波功率加热制备的焦炭的微观形貌

对比不同焦炭试样的微观结构可以看出，普通干燥配合煤样制得焦炭的表面结构较为疏松，其内部气孔的尺寸较大且孔壁较薄。随着微波加热功率的不断增加，配合煤焦化后形成焦炭的内部气孔分布趋于均匀，气孔的尺寸也随着微波加热功率的增大而逐渐减小，

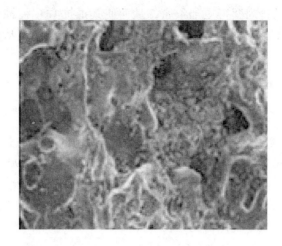

图 6-8 1000W 微波功率加热制备的焦炭的微观形貌

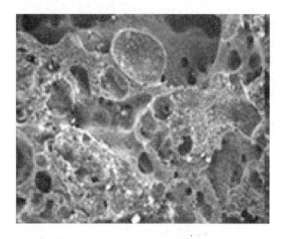

图 6-9 1100W 微波功率加热制备的焦炭的微观形貌

图 6-10 1200W 微波功率加热制备的焦炭的微观形貌

同时焦炭结构中气孔的排列变得更加致密，从而使其抵抗 CO_2 侵蚀和溶损的能力得到提高。然而，经 1200W 微波功率改性煤样制得焦炭的气孔壁过薄，从而将给焦炭的机械强度带来不利影响。

6.3.4　焦炭试样的性能分析

6.3.4.1　升温过程中焦炭试样的失重行为

由于配合煤碳化成焦过程的保温时间较短，焦炭中的挥发分未在此阶段完全裂解析出，导致碳化后所得焦炭试样的机械强度较差。焦炭试样升温至 900℃ 时即开始出现了较为明显的失重，继续加热至 1200℃ 时焦炭试样已发生严重粉化。因此，选择 900℃、1000℃ 和 1100℃ 等三个温度水平对焦炭再次加热过程中的失重行为进行分析。各焦炭试样在再次加热过程中的质量变化情况见表 6-3。

表 6-3　不同温度条件下的焦炭试样的质量损失　　　　　　　　（g）

加热条件	不同温度下的质量损失		
	900℃	1000℃	1100℃
105℃	2.1	2.8	3.6
900W	2.0	2.7	3.5
1000W	1.9	2.4	3.3
1100W	1.6	2.2	2.9
1200W	1.8	2.4	3.0

由表 6-3 中数据可计算各焦炭试样在不同温度和微波功率下的失重率，计算所得结果见图 6-11 和图 6-12。

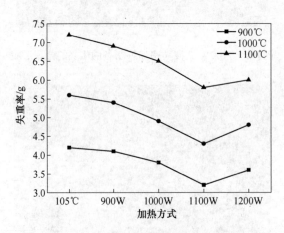

图 6-11　不同功率下的焦炭失重率

由图 6-11 可以看出，经 900W 微波功率或电阻炉预处理的配合煤碳化所得焦炭在 900℃ 时与 CO_2 反应的失重率较为接近，说明两种配合煤原料在碳化过程中裂解的程度较为接近。在加热配合煤的微波功率由 900W 增加至 1100W 的过程中，配合煤中挥发分裂解的程度逐渐增大，焦炭试样在升温过程中的失重率逐渐减小。当预处理配合煤的微波功率进一步升高至 1200W 时，焦炭试样在升温过程中的失重率则开始增大。以上现象说明利用微波外场对配合煤的加热过程可对配合煤中挥发分的裂解性能产生一定影响，通过调节合理的预处理条件可使焦炭裂解得更为充分，从而抑制焦炭在高炉内因裂解而发生劣化。

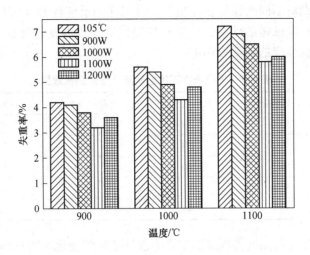

图 6-12　不同温度下的焦炭失重率

对比不同温度下各焦炭样的失重率可以看出，不同焦炭样品的失重率均随着反应温度的升高而增大，说明焦炭的挥发分在 900~1100℃ 温度区间内的裂解过程受温度影响较大。经 1100W 微波功率加热的配合煤碳化后的失重率最低，说明配合煤经此条件处理后碳化过程中挥发分的析出更为迅速，配合煤经此条件改性后制备的焦炭的热稳定性更强。

6.3.4.2　焦炭反应性和反应后强度的测定

焦炭的高温性能包括反应性和反应后强度。反应性是指焦炭在气化反应过程中损失的质量占反应前焦炭试样质量的百分比。反应性是衡量焦炭在高温状态下抵抗 CO_2 气化能力的化学稳定性指标。焦炭的反应性越高，则在高炉内发生气化溶损的程度越大，从而导致焦炭在高炉内迅速劣化，失去对矿石原料的支撑骨架作用，因粉碎而产生的大量粉末使料柱的透气性受到破坏，从而影响高炉生产的稳定和顺行。因此，钢铁企业倾向于选择反应性较低的焦炭作为高炉炼铁的原料。焦炭的反应性指数可通过式（6-3）进行计算：

$$CRI = (G_1 - G_2)/G \times 100\% \tag{6-3}$$

式中　G_1——焦炭试样质量，g；

　　　G_2——反应后剩余焦炭质量，g。

反应后强度是指将经过反应性测试后剩余焦炭试样放入转鼓设备中，以 20r/min 的转速旋转 30min 后，大于 10mm 粒级焦炭占反应后剩余焦炭质量的百分比，焦炭的反应后强度可通过式（6-4）进行计算。反应后强度通常用于表征高温条件下焦炭经受 CO_2 侵蚀时表现出的机械强度。显而易见，具有较高反应后强度的焦炭有利于高炉生产的稳定和顺行。

$$CSR = G_2/G_1 \times 100\% \tag{6-4}$$

式中　G_1——反应后剩余焦炭质量，g；

　　　G_2——转鼓后大于 10mm 焦炭质量，g。

温度大幅波动产生的热应力可导致焦炭气孔壁破裂而产生大量微裂纹，同时高温下 CO_2 对焦炭的严重侵蚀也是焦炭迅速劣化的主要原因。为了研究炼焦煤改质过程对焦炭冶金性能的影响，分别对不同改性配合煤制备焦炭试样的反应性和反应后强度进行了分析。考虑到实验室制备焦炭试样的性能，将反应性测试的终点温度设置在 1100℃。各焦炭试样的反应性和反应后强度结果见表 6-4。

表 6-4　不同条件下的焦炭热态性能测试数据

样品	反应前质量/g	反应后质量/g	转鼓强度/g	$CRI/\%$	$CSR/\%$
105℃	50.0	39.7	29.7	20.6	74.8
900W 改性	50.0	39.9	32.8	20.2	82.2
1000W 改性	50.0	40.3	33.3	19.4	82.6
1100W 改性	50.0	41.7	34.8	16.6	83.5
1200W 改性	50.0	41.5	34.5	17.0	83.1

焦炭反应性和反应后强度等性能随配合煤改性条件的变化如图 6-13 所示。

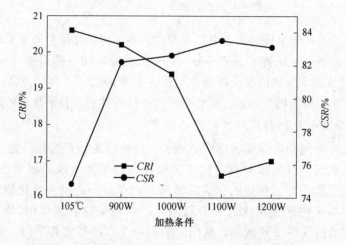

图 6-13　高温后焦炭反应性 CRI 和反应后强度 CSR 的关系

分析图 6-13 中焦炭反应性随配合煤改性条件的变化可知，微波外场对炼焦煤的改性过程对其反应性产生了一定影响。当改性配合煤的微波功率在 900～1100W 范围内逐渐升高时，碳化配合煤所得焦炭的反应性逐渐降低，改性炼焦煤制备焦炭的反应性能相对原煤降低了 4%。说明在合理的条件下利用微波外场对炼焦煤进行改性处理，可显著增强高温下焦炭抵抗 CO_2 侵蚀的能力。

此外，微波对配合煤的改性处理也对焦炭的反应后强度产生了影响，利用 1100W 微波功率对配合煤进行加热改性处理，可使其制备焦炭的反应后强度提高 4% 左右。因此，利用微波外场改性的配合煤进行焦炭冶炼，可显著提高焦炭在高炉内对料柱的支撑作用，从而缓解焦炭的溶损和劣化对料柱透气性的影响。对比不同焦炭试样反应性和反应后强度还能够看出，当改性配合煤的微波功率由1100W升高至1200W时，配合煤碳化所得焦炭的反应性和反应后强度均变差，说明利用较大的微波功率对配合煤进行处理时可能对其焦化过程产生不利影响。

6.3.5 焦炭显微强度的测定

焦炭是一种含有裂纹的多孔脆性复合材料，由裂纹、气孔和气孔壁结构组合而成。显微强度可作为一种炭气孔壁强度的理想化测试方法，由于显微强度测试选取的焦炭试样粒度较小（0.6~1.25mm），因此不受焦炭中气孔和裂纹等因素的影响。20世纪30年代初期，Blayden和Riley等人就已经开始了焦炭显微强度的研究工作。直至20世纪80年代，日本西冈邦彦杂深入研究的基础上，认为显微强度是对焦炭基质强度较为精确的评价。

尽管焦炭显微强度的测试理论很早之前即被提出，并且在实际生产中得到了较为广泛的应用，但当前并无国际标准测试方法对其进行统一。焦炭显微强度的试验方法基本相同，日本学者将焦炭装在一个长270.00mm、内径为25.00mm的圆管中，同时装入12个直径8.00mm的钢球，以25r/min的速度旋转400r后，利用0.58mm的筛子筛分，以筛上物的百分数作为显微强度指标；英国马什等人则是将焦样破碎至0.60~1.25mm，称取2g焦样放入一个内装12个直径8.00mm钢球的长305mm、内径25.40mm的管中，以25r/min的转速转800r后，使用0.60mm和0.21mm的圆孔筛在振筛机上振4min，分别称量>0.6mm、0.21~0.60mm、<0.21mm等粒度范围内的百分含量，分别以R_1、R_2、R_3表示，并以$R_1 + R_2$作为显微强度指标。本节采用Blayden和Riley的方法也对不同种焦炭的显微强度进行了测试，各焦炭试样的显微强度数据见表6-5。

表6-5 焦炭显微强度数据

样　品	测试焦炭质量/g	>0.6mm 质量/g	0.2~0.6mm 质量/g	<0.2mm 质量/g	$MSI^{0.2}$
105℃	2.001	0.416	0.973	0.611	69.45
900W 改性	2.001	0.435	0.981	0.585	70.80
1000W 改性	2.001	0.409	1.020	0.571	71.45
1100W 改性	2.001	0.525	0.913	0.562	71.90
1200W 改性	2.001	0.414	0.977	0.609	69.55

焦炭减小指数和显微强度按照如下公式进行计算：

（1）减小指数R，包括R_1、R_2、R_3：

$$R_1 = \frac{转鼓后大于0.6mm 质量}{测试焦炭质量} \times 100\% \tag{6-5}$$

$$R_2 = \frac{转鼓后大于0.2mm 小于0.6mm 质量}{测试焦炭质量} \times 100\% \tag{6-6}$$

$$R_3 = \frac{转鼓后小于0.2mm 质量}{测试焦炭质量} \times 100\% \tag{6-7}$$

（2）显微强度$MSI^{0.2}$：

$$MSI^{0.2} = \frac{转鼓后大于0.2mm 质量}{测试焦炭质量} \times 100\% = R_1 + R_2 \tag{6-8}$$

通过以上方法计算得到焦炭显微强度的各项数据如图 6-14 所示。

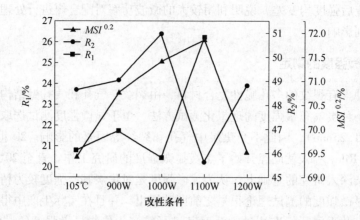

图 6-14　不同焦炭样品的显微强度

对比各焦炭试样的显微强度数据可以看出，R_1 与 R_2 的变化规律之间存在着此消彼长的关系。尽管减小指数 R_1 和 R_2 并未随改性条件改变而出现规律性的变化，但各焦炭试样显微强度的变化均呈现出较为明显的趋势。在合理的条件下利用微波外场对性配合煤样进行改质处理，制备所得焦炭的显微强度明显优于普通加热配合煤制备的焦炭；随着改性配合煤所用微波功率的逐渐增大，焦炭样品的显微强度有逐渐升高的趋势，经 1100W 微波功率改性的配合煤粉制备所得焦炭的显微强度最高，继续增大微波功率将对焦炭的显微强度产生不利影响。

6.4　微波改性对不同炼焦煤性质的影响

焦煤的资源短缺是制约我国炼焦行业发展的主要因素之一，因此利用非黏结煤或弱黏结煤进行配煤炼焦是国内炼焦工作者致力研究的重点。目前，合理配煤、捣固炼焦以及选择性粉碎等工艺均取得了一定成效，然而还不足以缓解主焦煤资源的匮乏，主要因为非主焦煤较弱的黏结性并未得到根本上的改善。微波改性炼焦煤制备焦炭的前期实验结果表明，炼焦煤经过微波改性后可使焦炭强度得到提高，因此在维持一定焦炭强度的条件下即可减少主焦煤的配比，从而实现就可有效利用煤炭资源及降低炼焦成本。为了进一步探讨微波技术对不同炼焦煤性质的影响，因此对钢铁企业现场炼焦生产使用的两种非主焦煤 A、B 及主焦煤 C 进行实验。

6.4.1　单种煤的调湿改性过程

单种煤的改性过程与配合煤的改性过程相同，只是改性前水分含量存在一定的差异。经过浸水密封法对三种煤样进行均匀加湿后，A 煤的水分含量为 15.0% 左右，B 煤的水分含量为 16.7% 左右，而 C 煤的水分含量为 15.3% 左右。利用微波外场对三种炼焦煤样进行改性调湿，分别将三种炼焦煤的水分含量调节至 7.7% 的水平，从而排除不同水分含量对炼焦煤性能测试的影响。各煤样在不同条件下的改性时间见表 6-6 ~ 表 6-8。

表6-6 A煤改性过程的各项参数

样品	改性前水含量/%	改性前煤质量/g	改性后煤质量/g	改性后水含量/%	改性时间/min
105℃	15.0	200	185.4	7.7	65
900W	15.0	200	185.4	7.7	59
1000W	15.0	200	185.4	7.7	28
1100W	15.0	200	185.4	7.7	12
1200W	15.0	200	185.4	7.7	5

表6-7 B煤改性过程的各项参数

样品	改性前水含量/%	改性前煤质量/g	改性后煤质量/g	改性后水含量/%	改性时间/min
105℃	16.7	200	182	7.7	68
900W	16.7	200	182	7.7	60
1000W	16.7	200	182	7.7	35
1100W	16.7	200	182	7.7	18
1200W	16.7	200	182	7.7	7

表6-8 C煤改性过程的各项参数

样品	改性前水含量/%	改性前煤质量/g	改性后煤质量/g	改性后水含量/%	改性时间/min
105℃	15.3	200	184.8	7.7	70
900W	15.3	200	184.8	7.7	61
1000W	15.3	200	184.8	7.7	29
1100W	15.3	200	184.8	7.7	13
1200W	15.3	200	184.8	7.7	6

不同微波功率下各煤样所需干燥时间的变化如图6-15所示。

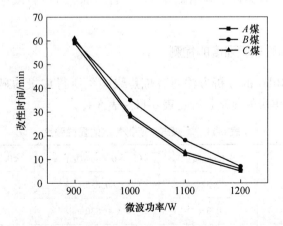

图6-15 不同微波功率下各煤样所需的干燥时间

由表中数据可知，三种炼焦煤在微波外场下干燥时间的变化趋势基本一致。高微波功率干燥煤样所需的处理时间显著缩短。一方面由于微波对物质的体积性热作用，另一方面具有极性的水分子对微波具有很强的吸收性能，从而使得炼焦煤中的水在微波下迅速蒸发，且作用于煤样的微波功率越高，则水分的蒸发速率越快。

6.4.2　炼焦煤改性前后的工业分析值

挥发分作为炼焦煤中的重要化学组分，在配合煤裂解成焦过程中发挥着十分重要的作用。挥发分的裂解速率和行为决定着焦炭微观气孔结构和分布，同时小分子有机物气化产生的内部应力过大也会使焦炭内部产生裂纹。因此，改性处理过程中炼焦煤挥发分含量的变化十分重要。三种炼焦煤改性前后的工业分析见表 6-9 和表 6-10。

表 6-9　三种炼焦煤改性前的工业分析　　　　　　　　　　（%）

炼焦煤	FC_d	A_d	S_d	V_d
A	74.0	9.8	0.5	16.2
B	73.9	9.6	1.1	16.5
C	70.1	10.1	1.1	19.8

表 6-10　三种炼焦煤改性后的工业分析　　　　　　　　　（%）

炼焦煤	FC_d	A_d	S_d	V_d
A	74.5	9.6	0.4	15.9
B	74.2	9.5	1.2	16.3
C	71.2	9.8	1.1	19.0

对比不同炼焦煤经微波处理前后工业分析结果的变化可以看出，微波外场下对炼焦煤进行的辐射处理过程并未对其化学组分产生明显影响。改性前后炼焦煤中的挥发性组分含量十分接近，其余各项组分的差异也皆在 1.0% 范围以内，属于工业分析检测的系统误差范围内，从而说明在合理条件下利用微波外场对含水炼焦煤进行改性不会对其化学性质产生影响。

6.4.3　炼焦煤改性前后显微强度的检测

利用 Blayden 和 Riley 的分析方法对各炼焦煤碳化所得焦炭的显微强度进行了分析。各炼焦煤样碳化所得焦炭的显微强度见表 6-11 ~ 表 6-13。

表 6-11　A 煤碳化所得焦炭的显微强度

样品	测试焦炭质量/g	>0.6mm 质量/g	0.2 ~ 0.6mm 质量/g	<0.2mm 质量/g	$MSI^{0.2}$/%
105℃	2.001	0.328	0.825	0.847	57.65
900W	2.001	0.346	0.830	0.824	58.80
1000W	2.001	0.332	0.855	0.813	59.35
1100W	2.001	0.350	0.925	0.725	63.75
1200W	2.001	0.329	0.961	0.810	59.50

表 6-12　B 煤碳化所得焦炭的显微强度

样品	入管焦炭质量/g	>0.6mm 质量/g	0.2~0.6mm 质量/g	<0.2mm 质量/g	$MSI^{0.2}$/%
105℃	2.001	0.315	0.798	0.887	55.65
900W	2.001	0.320	0.805	0.875	56.25
1000W	2.001	0.329	0.812	0.859	57.05
1100W	2.001	0.361	0.870	0.769	61.55
1200W	2.001	0.332	0.834	0.834	58.30

表 6-13　C 煤碳化所得焦炭的显微强度

样品	入管焦炭质量/g	>0.6mm 质量/g	0.2~0.6mm 质量/g	<0.2mm 质量/g	$MSI^{0.2}$/%
105℃	2.001	0.356	0.911	0.733	63.35
900W	2.001	0.362	0.951	0.687	65.65
1000W	2.001	0.388	0.948	0.664	66.80
1100W	2.001	0.402	0.950	0.648	67.60
1200W	2.001	0.386	0.955	0.659	67.05

各炼焦煤碳化后所得焦炭的显微强度随改性条件的变化如图 6-16 所示。

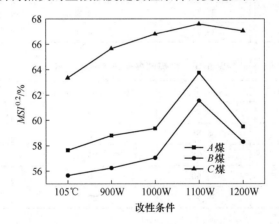

图 6-16　各炼焦煤碳化后的显微强度随改性条件的变化

对比图 6-16 中数据可以看出,微波改性炼焦煤所得焦炭的显微强度均高于 105℃加热调湿炼焦煤所得焦炭,并在一定范围内提高的幅度随改性功率的增大而增大。同时,在合理的条件下利用微波对炼焦煤进行处理后,A 炼焦煤碳化后所得焦炭的显微强度最高提高 11.6%,B 煤碳化所得焦炭的显微强度最高提高 10.9%,而 C 煤碳化所得焦炭的显微强度仅提高 6.7%。微波改性过程对各炼焦煤的显微强度均有一定的改善作用,且非主焦煤改性后显微强度的提高幅度更大,因此微波预处理可以作为提高非主焦煤配比得以提高的有效措施。

6.4.4　改性炼焦煤制备焦炭的冶金性能

焦炭的热态性能包括气化反应性和反应后强度。焦炭与 CO_2 进行气化反应时的活性越高则焦炭的物理结构越容易受到侵蚀,从而使焦炭的机械强度大幅下降。在高炉冶炼过程中因劣化而产生大量的碎焦和粉末,恶化了高炉料柱的透气性和透液性,最终给高炉冶炼过程带来副作用。为更加全面地了解微波改性过程对炼焦冶金性能的影响，对三种炼焦煤碳化所得焦炭的冶金性能进行了测试，反应性的测试终点温度仍然选择1100℃。各焦炭试样的性能数据见表6-14～表6-16。

表 6-14　A 煤制备焦炭的热态性能

样品	反应前质量/g	反应后质量/g	转鼓后大于10mm 质量/g	CRI/%	CSR/%
105℃	50.0	36.85	21.45	26.3	58.2
900W	50.0	37.45	23.07	25.1	61.6
1000W	50.0	37.30	23.13	25.4	62.0
1100W	50.0	38.70	26.63	22.6	68.8
1200W	50.0	38.20	24.64	23.6	64.5

表 6-15　B 煤制备焦炭的热态性能

样品	反应前质量/g	反应后质量/g	转鼓后大于10mm 质量/g	CRI/%	CSR/%
105℃	50.0	36.45	20.56	27.1	56.4
900W	50.0	36.75	22.34	26.5	60.8
1000W	50.0	36.85	22.48	26.3	61.0
1100W	50.0	38.15	26.89	23.7	70.5
1200W	50.0	37.70	24.01	24.6	63.7

表 6-16　C 煤制备焦炭的热态性能

样品	反应前质量/g	反应后质量/g	转鼓后大于10mm 质量/g	CRI/%	CSR/%
105℃	50.0	37.75	23.10	24.5	61.2
900W	50.0	38.55	25.17	22.9	65.3
1000W	50.0	38.95	25.62	22.1	65.8
1100W	50.0	39.60	26.73	20.8	67.5
1200W	50.0	39.15	25.91	21.7	66.2

各焦炭试样的反应性指数和反应后强度数据如图6-17 和图6-18 所示。

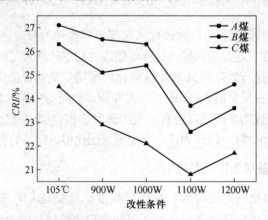

图 6-17　各焦炭试样的反应性指数

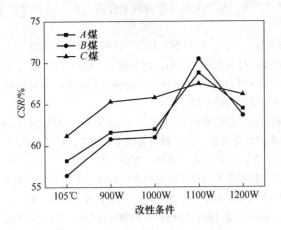

图 6-18　各焦炭试样的反应后强度

　　对比不同焦炭试样的反应后强度可以看出，微波改性煤样所制备焦炭的热态性能明显由于普通调湿煤所制备的焦炭，说明微波外场的改性作用提升炼焦煤样的焦化特性，从而使炼焦煤碳化后所得焦炭的机械强度得到改善。因此，利用微波外场对炼焦煤进行改性处理，可降低高炉冶炼过程中 CO_2 对焦炭的侵蚀，从而显著提高了焦炭的机械强度，使料柱的透气性和透液性得到了明显的改善。

6.5　小结

　　本章首先分析了微波外场改性对配合煤化学组分和结焦性能的影响，同时研究了微波改性前后配合煤颗粒微观形貌的变化，并最终对炼焦煤碳化所得焦炭的冶金性能和显微强度进行对比。结果表明，微波改性过程并未对炼焦煤的化学组成产生明显影响，利用微波外场对含水炼焦煤进行改性过程中的热作用并未引起挥发分的裂解；微波改性过程对炼焦煤物理结构产生了一定影响，改性后煤颗粒中大气孔数量减少，小气孔结构数量显著增加且分布趋于均匀化；在合理的条件下利用微波对配合煤进行改性处理后，配合煤碳化所得焦炭的气化反应性降低，同时反应后强度得到显著改善。利用微波外场对单种炼焦煤进行改性的研究表明，经微波改性后单种煤碳化后所得焦炭的冶金性能变化与改性配合煤的变化规律相似，非主焦煤改性后性能的改善幅度大于主焦煤。

参 考 文 献

[1] 王明海. 冶金生产概论 [M]. 北京：冶金工业出版社，2008.

[2] 朱苗勇. 现代冶金学 [M]. 北京：冶金工业出版社，2005：59～68.

[3] 周传典. 高炉炼铁生产技术手册 [M]. 北京：冶金工业出版社，2002：88～123.

[4] 邓守强. 高炉炼铁技术 [M]. 北京：冶金工业出版社，1991：1～23.

[5] 成兰伯. 高炉炼铁工艺计算 [M]. 北京：冶金工业出版社，1991：78～93.

[6] 林继尧. 高炉炼铁中的碱金属 [M]. 北京：冶金工业出版社，1992：65～94.

[7] 许晓海. 炼焦化工实用手册 [M]. 北京：冶金工业出版社，1999：6.

［8］朱银惠，李辉，张现林，等．影响焦炭质量的因素分析［J］．洁净煤技术，2008，14（3）：23～30.

［9］李羡．煤气脱硫方案的探讨［J］．环境保护科学，1997，82（4）：25～31.

［10］陈鹏．中国煤中硫的赋存特征及脱硫［J］．煤炭转化，1994，17（2）：1～9.

［11］Gryglewicz G. Effectiveness of high temperature pyrolysis in sulfur removal from coal［J］. Fuel Processing Technology, 1996, 46 (2): 217～226.

［12］薛峰．主要炼焦煤对焦炭质量的影响及要求［J］．煤化工，2000（4）：36～40.

［13］Veit G. 捣固炼焦技术的经济效益［J］．燃料与化工，2000，31（3）：153～155.

［14］周师庸．高炉焦炭质量指标探析［J］．炼铁，2002，21（6）.

［15］周师庸．探讨现行高炉焦炭质量指标模拟性的积极意义［J］．钢铁，2000，35（2）.

［16］周师庸．大型高炉用焦炭质量指标的选择［J］．钢铁，1995，30（8）.

［17］朱久发，译．焦炭反应后强度对高炉操作和不同焦炭的影响［J］．武钢技术，2002（2）：18～24.

［18］崔平，等．焦炭显微强度结构强度试验条件研究［J］．钢铁研究，1999，7（4）：25～29.

［19］廖建国．从最近日本高炉操作看对焦炭质量的期待［J］．冶金信息导刊，2005（1）.

［20］何佳佳，邱朋华，吴少华．升温速率对煤热解特性影响的TG/DTG分析［J］．节能技术，2007，25（144）：321～325.

［21］Yoshida T, Iino M, Takanohashi T, et al. Study on thermoplasticity of coals by dynamic viscoelastic measurement: effect of coal rank and comparison with gieseler fluidity［J］. Fuel, 2000 (79): 399～404.

［22］Yoshida T, Takanohashi T, Iino M, et al. Temperature-variable dynamic viscoelastic measurements for coal blends of coking coal with slightly coking coal［J］. Fuel Processing Technology, 2001 (78): 275～283.

［23］Matsuura M, Sasaki M, Saito K, et al. Effects of rapid preheating on coal structure and coke strength［J］. Tetsu-to-Hagane, 2003 (89): 69～76.

［24］Sato K, Komaki I, Katoh K. The structural analysis of the rapid heating treated coal using high temperature in-situ NMR Imaging［J］. Tetsu-to-Hagane, 2000 (86): 7～13.

［25］Takanohashi T, Yoshida T, Iino M, et al. Effect of heating rate on structural changes of heat-treated coals［J］. Tetsu-to-Hagane, 2001 (87): 28～32.

［26］Kato K, Matsuura M, Sasaki M, et al. Effect of rapid preheating treatment on coal thermoplasticity and its evaluation method［J］. J Jpn Inst Energy, 2004 (11): 868～874.

［27］Matsuda Y, Suyama. Basic study of the coal rapid heating process with parallel gas flow tower［J］. J Jpn Inst Energy, 2004 (11): 861～868.

7 微波改性黏结剂优化氧化球团冶金性能的研究

7.1 氧化球团制备技术概况

目前，我国钢铁企业正处于"减量发展"的阶段，生铁和粗钢产量均已跃居为世界第一位。我国高炉炼铁生产技术已然处于世界先进水平，高炉操作工艺和冶炼技术都已十分成熟。然而，我国炼铁工业在地域上分布较为分散，高炉的平均容积仍处于较低的水平，属于不同层次、不同结构、多种生产技术水平共同发展的阶段。因此，我国钢铁企业的发展从总体上来讲并不均衡，仍可通过优化产业结构和布局来提升我国钢铁的工业水平。

近些年，由于矿石价格上涨、原料质量下降、市场需求变化、高炉炉况波动等因素的综合作用，致使高炉炼铁的生产成本不断攀升，同时各项生产指标也已开始下滑。与此同时，环境污染也成为我国工业未来发展的主要问题之一。在哥本哈根召开的联合国气候变化大会上，我国已经向世界各国明确表态，节能减排将是我国工业未来发展的主要方向，尤其是高污染企业的一项重要的强制性措施。钢铁生产是高污染和高耗能的工业环节，因而必然成为节能减排的重点治理对象。

目前，国家已针对钢铁企业颁布了一系列的政策措施，如淘汰产能较为落后的一些小型高炉，对国内的一些大型钢铁企业进行合并与重组，使钢铁工业的产能在地域上的布置更为集中，从而形成具有国际竞争力的大型钢铁联合企业。尽管国家已颁布了一系列较为有效的改革措施，对我国钢铁工业未来的发展已然起到一定的效果，但这些举措在短时间内发挥的作用十分有限。归根结底，我国钢铁工业的未来发展应以技术创新为主导，利用创新性的先进技术进行工业产品的设计与生产，最终使企业实现低耗能、低成本、低排放的高效化生产。

随着我国对精料和合理炉料结构认识的逐步提高，高炉炼铁生产的各项经济技术指标不断得到优化，球团矿在高炉稳定顺产中的作用得到了企业的高度重视，使得高炉炼铁对球团原料的需求逐渐提高。球团矿具有强度优良、粒度均匀、形状规则、铁品位高、还原性好等诸多优点，在高炉冶炼中可以起到增产节焦、改善炼铁技术经济指标、降低生铁成本、提高经济效益等作用。为适应钢铁工业快速发展、高炉精料技术和合理炉料结构的要求，很多钢铁企业正在积极筹建或扩大氧化球团产能。

为了获得较为理想的生球机械强度，满足回转窑氧化焙烧工序对生球性能的要求，并最终提高成品球团矿的低温和高温冶金性能，须在矿粉原料中配加一定数量的造球黏结剂。目前，球团生产中使用最普遍的造球黏结剂是膨润土，包括钙质土、天然钠质土和人工钠化的膨润土等，消石灰与多种有机黏结剂也可进行造球，也有企业利用有机和无机黏结剂制备复合黏结剂进行球团生产。膨润土黏结剂中 SiO_2 和 Al_2O_3 等矿物质含量较高，混合料中膨润土的配比每增加 1.0%，球团矿的含铁品位则会降低 0.4% ~ 0.6%[1]。因此，若配加高比例膨润土进行造球，将会显著降低球团矿的铁含量，造成高炉铁水冶炼过程中渣量的显著增加，从而严重影响高炉生产的利用系数，同时增大高炉冶炼过程的燃料消耗[2]。

7.1.1　球团矿生产的发展

氧化球团是 20 世纪早期开发出的一种细粒铁精矿的造块方法，是富矿资源日益枯竭和贫矿资源大量开发利用的结果。随着现代高炉对原料性能要求的不断提高，以及短流程钢铁生产技术的逐步兴起，氧化球团在钢铁工业中的作用愈加重要，已成为一种不可或缺的优质冶金原料。

球团矿是人造块状原料的一种方法，是以铁精矿粉和膨润土等黏结剂的混合物为原料，在造球机中滚动制成直径为 8 ~ 15mm 的生球，然后通过干燥、焙烧、固结等过程成为具有良好冶金性能的含铁原料。球团矿在回转窑内进行氧化焙烧的过程中，矿石原料的物理性质如密度、孔隙率、形状、粒度和机械强度等都将发生变化，从而使化学组成、还原性、膨胀性、高温还原软化性、低温还原软化性、熔融性等冶金性能得到改善。

7.1.1.1　竖炉球团矿

竖炉是早期用来焙烧生产氧化球团的设备。竖炉法具有结构简单、材质无特殊要求、投资少、热效率高、操作维修方便等优点，故美国 Illie 公司 1947 年投产世界上首座竖炉后，60 年代初竖炉球团矿就已占当时世界球团矿总量的 70%。然而，由于竖炉生产球团矿的能力较小，同时对原料的适应性较差，从而不能满足现代高炉对熟料的要求。因此，其工业上的应用和发展上受到了限制。按竖炉球团矿冷却方式的不同，竖炉又可分为高炉身竖炉、中等炉身竖炉和矮炉身竖炉。

我国采用竖炉进行球团矿生产的起步较晚。20 世纪 60 年代末，济钢、承钢相继建成 8m² 炉容的竖炉，至 70 年代中期已在全国范围内建成 24 座竖炉。但因当时原燃料条件上的限制，实际投入生产的竖炉仅有 10 座，能够进行正常生产的仅有 7 座。我国竖炉法球团矿生产通过不断的创新技术改革、工艺和设备的完善，操作方法的优化，逐渐形成了自身独特的技术特点，竖炉生产技术已达到或超过国外同类竖炉水平。

7.1.1.2　带式焙烧机球团矿

带式焙烧机球团厂的工艺流程是根据原料性质、产品要求及其输出方式等条件确定的。通常分为两类：

（1）以精矿为原料的球团厂的工艺流程一般包括：精矿浓缩（或再磨）、过滤、配料、混合、造球、被烧和成品处理等工序；

（2）以粉矿为原料的球团厂则设有原料中和及储存、矿粉干燥和磨矿等，后面的工序与前一种流程基本相同。

7.1.1.3　链箅机 - 回转窑球团矿

链箅机 - 回转窑球团法是一种联合机组生产球团矿的方法。它的主要特点是生球的干燥预热、预热球的焙烧固结、焙烧球的冷却分别在三个不同的设备中进行。作为生球脱水干燥和预热氧化的热工设备 - 链箅机，它是将生球散布在慢速运行的箅板上，利用环冷机余热及回转窑排出的热气流对生球进行鼓风干燥及抽风干燥、预热氧化、脱除吸附水或结晶水，最终达到足够的抗压强度（300～500N/个）后直接送入回转窑进行焙烧，由于回转窑内的焙烧温度较高，并可通过旋转使球团的受热均匀，同时原料上可不受矿石种类的限制，从而得到冶金性能较为稳定的球团矿。

7.1.1.4 球团矿作为冶金入炉原料的优势

球团矿与烧结矿相比具有一定的优势，主要表现在以下几方面：

（1）原料范围广泛。由于世界范围内高品位铁矿石资源在地域上的局限性，含铁量较低的贫矿开采量越来越多，使得细磨精矿的数量大大增加，为球团矿生产技术的完善和发展创造了良好的资源条件，认为氧化球团法只能够以磁铁矿为原料的观点已不存在，球团矿的原料范围现已扩大到赤铁矿、赤－磁铁矿混合矿、土质赤铁矿以及各种矿石的混合料。一些球团厂还利用钢铁厂的粉尘造球，生产预还原球团和氧化球团。

（2）冶金性能优异。

1）球团矿的粒度较小而且粒度分布更加均匀，有利于高炉料柱透气性的改善和气流的均匀分布。通常粒度在 8～16mm 范围内的球团矿占全部产品的 90%～95% 以上，这一优势即使整粒最好的烧结矿也难以与其相比。

2）冷态下球团矿的机械强度（抗压和抗磨）高。在运输、装卸和储存过程中产生粉末数量少。

3）铁品位高和堆密度大，有利于提高高炉料柱的有效重量，提高生铁产量和降低焦炭消耗。

4）具有良好还原性能，有利于改善煤气化学能的利用。测定表明，在使用低 SiO_2 的优质原料时，球团矿与烧结矿的还原性相差不大，而在使用 SiO_2 较高的原料时，球团的还原性则显著优于烧结矿。

（3）生产过程对环境污染小。由于球团料层透气性好、强度高、粉末少，因此烟气中粉尘的数量相对较低，与烧结机－环冷机的烧结矿生产过程相比，链箅机－回转窑流程排入大气的粉尘数量大幅减少，从而显著降低了铁矿粉造块过程对环境的粉尘污染。此外，由于烧结原料中配加煤和焦炭作为燃料，这些燃料中蕴含着一定数量的 S 和 N 元素，因而烧结烟气中 SO_2 和 NO_x 等污染物的含量皆较高。球团焙烧过程使用的燃料主要为天然气或高热值煤气，从而烟气中 SO_2 和 NO_x 等有害物质的数量较少。

7.1.2 球团矿用黏结剂

球团用黏结剂按其物理状态和化学性质，可分为无机黏结剂和有机黏结剂两大类[3,4]。

7.1.2.1 无机黏结剂

无机黏结剂主要是含钙、铝和硅等元素的黏结剂，其中包括膨润土、水玻璃、消石灰、石灰石、水泥和白云石。目前我国使用的无机黏结剂几乎全部为膨润土。膨润土的主要矿物成分是层状结构蒙脱石（$Al(SiO_4 \cdot O_{10})(OH)_2 \cdot nH_2O$），可表现出较强的阳离子吸附交换能力和水化能力。其晶格结构分层排列如图 7-1 所示。蒙脱石晶层间能够吸收大量水分，吸水后晶层间的距离明显增大，使膨润土体积急剧膨胀，这是膨润土最为主要的特性之一。

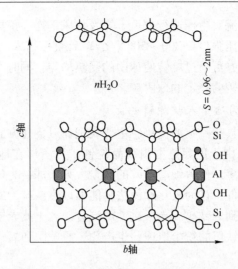

图 7-1　蒙脱石结构图

　　天然膨润土经过离子交换作用后，分子结构会变得比较复杂。它通常是由 15～20 个互相叠加的层状结构组成的，各层厚度为 0.96～2.00nm 左右。层与层之间可以发生互相滑动，每层皆由带负电荷的硅氧化合物（四面体）组成。各层之间由铝的氢氧化物（八面体）隔开，硅氧四面体结构可通过离子交换方式与钙和镁的阳离子发生结合。

　　根据层间阳离子类型的不同，可将膨润土分为钙基膨润土和钠基膨润土。氧化球团生产中使用的优质膨润土，其蒙脱石含量应在 80% 以上。自然界中膨润土主要以钙基膨润土的形式存在，一般来讲钙基膨润土的膨胀能力较差，并且在水溶液中的黏度也较小；钠基膨润土则具有更好的黏结性能，因此经常对钙基膨润土进行人工钠化处理。基于原土中的 Ca^{2+} 和 Mg^{2+} 可被 Na^{2+} 置换的离子交换特性，利用碳酸钠等将钙基膨润土进行钠化。活化后的钠基膨润土膨胀度大幅提高，活化后膨润土的膨胀度可增大 6～9 倍，而天然钙基膨润土活化后膨胀度仅增大 2～3 倍。

　　膨润土可大幅改善生球脱水后的机械强度，通常认为是膨润土和液相界面上有较高的电动电位，从而在矿粉颗粒间产生较为显著的黏结作用。也有相关学者认为，提高生球强度与膨润土的离子交换能力有关，提高离子交换能力可显著改善生球机械强度。膨润土可以提高生球的落下强度，在造球过程中起调节水分的作用，并缓解生球在焙烧过程中发生的爆裂问题。如何评价某种膨润土对球团生产的作用，国内外还没有完整的合乎科学理论的统一标准做法，球团厂目前以蒙脱石含量来衡量膨润土质量情况。根据竖炉球团生产的实践、经验和实验，建立了膨润土配加量与球团强度之间的关系规律，即膨润土化学组分基本不变的条件下，蒙脱石的含量越高，其粒度越细、水分越低、弥散度越高，其单位配加量就越少。基于上述研究结果，对生产中膨润土合理的化学组分及粒度构成进行了限定，其中蒙脱石含量至少应大于 60%，矿粉粒度小于 0.074mm 粒级的比例大于 98%，而造球过程中配加水分应小于 10%。

　　膨润土是以蒙脱石为主要成分的细粒黏土，常含有石英、长石、方解石及火山屑等杂质，主要化学成分为 SiO_2、Al_2O_3 及少量的 Fe_2O_3、MgO、Na_2O、K_2O 等。表 7-1 是国内外部分膨润土矿的化学组成。

表 7-1 国内外部分膨润土矿的化学组成（质量分数） （%）

化学成分	浙江临安	辽宁黑山	四川三台	河南信阳	河北宣化	美国怀俄明	日本山形县	俄罗斯高加索	意大利庞廷岛
SiO_2	70.9	73.0	57.6	72.0	68.2	64.3	58.8	65.2	69.5
Al_2O_3	15.3	16.2	16.2	15.8	13.0	20.7	14.3	16.0	16.5
Fe_2O_3	1.38	1.63	1.60	1.44	1.24	3.03	2.99	2.29	0.70
MgO	2.26	2.76	3.92	3.27	5.07	2.30	1.28	2.17	1.00
CaO	1.65	2.01	1.99	2.19	3.89	0.52	0.70	1.53	2.00
K_2O	1.51	0.41	0.51	0.38	0.44	0.39	0.76	1.70	1.00
Na_2O	2.00	0.39	0.40	0.22	0.78	2.89	3.42	4.55	0.30
TiO_2	0.05	0.16	0.02	0.21	0.25	0.14	—	—	—
烧损	4.57	4.89	17.8	5.91	6.78	5.04	17.0	—	—

由表 7-1 中数据可以看出，膨润土的主要化学组分是 SiO_2 和 Al_2O_3，部分样品中 Fe_2O_3 和 MgO 的含量也较高，而其中的 Na_2O 和 CaO 的含量（为 0.3% ~ 3.9%）则相对较少，但其对膨润土的物理化学性能和工艺性能影响很大。

7.1.2.2 有机黏结剂

有机造球黏结剂的来源较为广泛，包括沥青类物质，如煤焦油或沥青；植物类产品，如从各种植物中提取的淀粉；或是化学加工后的最终产品，如糖浆或木质磺酸盐类。由于膨润土的添加会造成球团铁品位的下降，因此寻找新型黏结剂来代替膨润土进行造球，提高氧化矿球团的含铁品位，早已成为国内外瞩目的研究课题。有机黏结剂相比传统无机黏结剂具有配加量更小、带入有害杂质少、环境污染小等优点。

目前，使用的有机黏结剂主要有以下几种：

（1）羧甲基纤维素钠。它是一种阴离子型线性高分子物质，外观是白色或微黄色粉末，无味、无臭、无毒、不易燃、不霉变、易溶于冷热水中成为黏稠性溶液，具有十分独特的物理和化学特性，它集增稠、悬浮、浮化稳定和流变特性等功能于一体。

羧甲基纤维素钠是纤维素羟基和氯乙酸钠在特种条件下反应生成的。羧甲基纤维素钠由于在球团固结过程中被燃烧，实际上对球团矿化学成分没有影响。它既无毒，又不含磷、硫和氮。

（2）海藻酸钠。海藻酸钠又称褐藻酸钠是从褐藻类植物海带中加碱提取碘化合物时的副产品，再经磨粉加工而制得的一种多糖类碳水化合物。海藻酸钠是我国近年来发展最快的一种增稠剂，被利用于球团过程。我国有丰富的海带资源，为发展海藻酸钠提供了良好的条件，现已有 20 个生产厂分布在沿海各省，年生产能力达到 1000t，最近又从马尾藻中提取海藻胶获得成功，扩大了原料来源。

从黏结剂的用量来看，羧甲基纤维素钠的用量为膨润土的 1/10，而海藻酸钠的用量约为 1/2.5。从提高球团矿含铁品位、改善球团矿的还原性能来讲，海藻酸钠也不及羧甲基纤维素钠。

（3）聚丙烯酰胺及其共聚物。聚丙烯酰胺及其共聚物可在许多相反目的的领域中利用。它既是絮凝剂，又是分散剂；既是增稠剂，又是液化剂；既是黏合剂，又是清洗剂等。聚丙烯酰胺及其共聚物用途的多重性，是由于它受不同相对分子质量、不同共聚单体、不同官能团等多种因素影响的结果。高相对分子质量的聚丙烯酰胺及其共聚物最重要的用途之一是用作固液分离的絮凝剂和各种物料的黏结剂。

（4）KLP 球团黏结剂。KLP 球团黏结剂是在深入研究了上述各种黏结剂的优点后，开发成功的新型黏结剂，是专利产品。KLP 球团黏结剂是有机高分子盐类物质，它具有羧甲基纤维素钠和由丙烯酰胺、丙烯酸单体加工而成的黏结剂的优点，相对分子质量大，具有阴离子的极性基因，由于是一种长链的聚合分子，吸水性很强，能够显著增加水溶液的黏度。它能产生胶质体，从而提高生球的爆裂温度和干球的强度。由于它能够在球团固结过程中燃烧，使其在取代或部分取代膨润土时，能显著提高成品球团矿的含铁品位。由于它有氧速催化的能力，因而能加速球团的固结，提高成品球团矿的强度。

（5）Wkd 系列黏结剂。由武汉科技大学研制的 Wkd 系列黏结剂是一种有机高分子新型黏结剂。Wkd－1 是一种可溶于水的高分子化合物，它在水溶液中是一种可塑性亲水胶体，常温下分子侧链中存在的—COOH，—OH 等活性基因，能与矿物颗粒表面的离子、极性分子形成离子键或共价键及氢键等化学键力再加上线性分子的桥联作用，能够显著增加生球的强度。另外，Wkd－1 黏结剂由于在球团固结过程中进行燃烧，不残留于球团化学成分之中，实际上对球团的化学成分无影响，可显著提高球团的含铁品位。Wkd－2 是一种具有多功能的复合黏结剂，它既能起到黏结作用，提高球团特别是生球的强度；同时又能起到熔剂作用，调整球团矿碱度，改善球团矿冶金性能。Wkd 系列黏结剂无毒，无污染，不含磷、硫等有害元素。

7.1.2.3　复合黏结剂

鉴于有机黏结剂能在预热焙烧过程中燃烧分解，不会降低球团矿品位，国内外有不少研究者进行这方面的研究，并有实际应用。有机黏结剂在我国氧化球团生产应用中，因其过早的燃烧分解挥发导致球团的黏结固结作用消除，引起预热和焙烧球强度降低，无法满足球团生产的要求[5]。面对这种现状，开发优质低耗的新型复合黏结剂（即有机黏结剂与膨润土进行复合），对改善球团生产具有很重要的意义[6]。

7.1.3　膨润土黏结剂的工业应用

膨润土也称斑脱岩、皂土或膨土岩。我国开发使用膨润土的历史悠久，原来只是作为一种洗涤剂（四川仁寿地区数百年前就有露天矿，当地人称膨润土为土粉），真正被广泛使用却只有百来年历史。美国最早发现膨润土是在怀俄明州的古地层中，呈黄绿色的黏土，加水后能膨胀成糊状。后来人们就把凡是有这种性质的黏土，统称为膨润土。其实膨润土的主要矿物成分是蒙脱石，含量在 85% ~ 90%，膨润土的一些性质也都是由蒙脱石所决定的。蒙脱石可呈各种颜色如黄绿、黄白、灰、白色等；可以成致密块状，也可为松散的土状，用手指搓磨时有滑感，小块体加水后体积胀大数倍至 20 ~ 30 倍，在水中呈悬浮状，水少时呈糊状。蒙脱石的性质和它的化学成分和内部结构有关。

膨润土由于有良好的物理化学性能，素有"万能"黏土之称，可作黏结剂、悬浮剂、触变剂、稳定剂、净化脱色剂、充填料、饲料、催化剂等，广泛用于石油开采、定向穿越、钢铁铸造、冶金球团、化工涂料、复合肥、浆纱、橡胶、塑料、造纸、净化水、吸潮剂、农药等领域。

（1）在冶金球团、铸造型砂和钻井泥浆中的应用。膨润土主要用途是用于冶金球团、铸造型砂及钻井泥浆。我国膨润土有 1/3 以上是用于这三个领域。

在冶金工业中利用膨润土胶结性能好的特点，作为制备铁矿球团的黏结剂，加工成的球团矿直接炼铁，可节约焦炭和熔剂各 10% ~ 15%，提高高炉生产能力 40% ~ 50%。在机械铸造业中，膨润土用作铸造型砂黏结剂，能提高铸件精密度和光洁度，从而降低铸件废品率。在石油工业中作钻井用泥浆，吸水性好，有良好的悬浮性及黏结性，特别是钠基膨润土配制的泥浆，造浆率高、失水量小、黏度好、稳定性强。

（2）在化工、日用化工及食品工业中的应用。经改性的膨润土及经胺处理的有机膨润土是膨润土的高档产品，用于油脂、油漆、油墨等部门作防沉剂、增稠剂；石油化工、塑料和橡胶工业中的催化剂、填充剂、沥青的乳化剂、洗涤剂、干燥剂、味精生产中的脱色澄清剂以及油脂的脱色剂；牙膏和药膏的黏合剂；用于化妆品以及医药行业等，是膨润土的新用途。

湖南大学胡智荣等[7]研究了改性膨润土作油漆的防沉剂、增黏剂、高温润滑脂的稠化剂。结果表明：改性膨润土用于油漆，是一种良好的防沉剂，用于高温润滑脂，是理想的增稠剂。

南京大学、宁夏等有关部门继美、日之后试制 4A 分子筛作为洗涤剂获得成功。4A 分子筛的主要用途是取代合成洗涤剂中作为助洗剂的三聚磷酸钠，以防止水体受到污染。长春防锈所利用国内膨润土生产的 M – 83 型干燥剂，产品质量达到国外同类产品的技术要求，由于伯格较硅胶成本更为低廉，且生产工艺简单，原料来源广泛，产品已开始打入国际市场[8]。

油脂脱色是酸活化膨润土传统的、也是最主要的用途。脱色的油脂包括石油化工产品的各种矿物油、润滑油、凡士林油、煤油、柴油、汽油；各种植物油，如棉籽油、豆油、花生油、菜籽油、蓖麻油、葵花油以及各种动物脂肪等。随着人民生活水平的提高，脱色食用油的需求量将会增加，对脱色用酸化膨润土的需求将会越来越大。

将膨润土用于化妆品和医药行业，国外这方面的专利很多。据卡修瑞纽（Cuciurea-nu, 1972）等的报道，抗菌素加入糊状蒙脱石可以提高其稳定性。诺维利（Novelli, 1972）指出，蒙脱石黏土对吗啡、柯卡因、尼古丁、马钱子碱的毒性具有解毒作用。将蒙脱石黏土凝胶（JDF）在几种化妆品中试用，效果较好[9]。在洗发香波中加入优质改性膨润土，为膨润土的应用又开辟了一条新的途径。这种香波对一些慢性皮炎及皮肤瘙痒症具有一定疗效，具有洗涤、护发双重作用[10]。

纺织行业中用膨润土代替工业用粮，制作浆糊、浆砂，印染具有优质、成本低等特点[11]。

（3）在水净化、环保及原子能核废物处理方面的应用。改性膨润土用作国防工业中的吸毒解毒剂、核废物的吸附剂、重金属废水处理剂及有机物的吸附剂和硬水净化剂等，我国是近年来才开展起来的[12]。这些应用对于人类赖以生存的自然环境的保护，将有重要的意义。

利用膨润土与镁、铝等化合物按一定比例混合，经焙烧活化后制成三种弱碱性阴离子交换吸附剂，用来处理含铬、含磷废水，经一次或几次处理后，出水水质均可达到国家标准。

核废物处置的目的是将核废物与人类环境相隔离，使人类不受放射性的危害。目前公认的安全的核废物处置的方法是具多重屏障（包括回填材料和围岩等）的地质处置[13]。我国于1986年开始进行这方面的系统研究工作，为此，核工业部地质所做了大量的试验研究工作，即应用膨润土作回填材料，使其吸附放射性核素。

（4）在建筑方面的应用。利用膨润土作水泥添加剂，在水泥中加10%~20%膨润土可提高水泥强度和硬度；利用膨润土生产建筑内墙水性涂料，可提高涂料的耐水和耐擦洗性能，并能降低成本。膨润土用于外墙涂料，不仅可降低PVA用量，而且还能改进涂料性能[14]。用膨润土8%~13%，膨胀珍珠岩17%~32%，加水50%~70%，搅拌均匀成黏稠而有泡沫的泥浆，然后成型，干燥锻烧成泡沫绝热材料，具有很好的绝热性能。钠基膨润土应用于轻质建材，降低了轻质建材的容重，同时增加了强度，对高层楼层建筑具有重大意义，并为膨润土的利用开辟了一个新领域[15]。

（5）在农业方面的应用。农业方面的应用主要有土壤改良、家畜饲料添加剂、农药载体等。

膨润土与化肥混合可以固氨，并起到肥料的缓冲作用；改良砂质土壤，提高土壤水分保持能力。用膨润土与农药混合施用可使农药毒性均匀分散，提高药效。在动物饲料中添加膨润土有利动物的生长发育，提高抗病能力。

（6）在其他方面的应用。膨润土中的高档开发产品不断问世，如新型高效电池、灭火剂等。用膨润土部分替代50%~60%的面粉和淀粉，制作干电池，技术指标已达到国家标准，可为电池制造业节省大量的粮食，降低能耗和制造成本[16]。最近，膨润土在森林灭火方面又找到了它的新用途。当林火发生时，喷射膨润土悬浮液，可在较短时间内扑灭大范围的林火。

7.1.4　提高膨润土物理化学性质的方法

7.1.4.1　膨润土的钠化

膨润土的钠化改型是在一定条件下，通过加入改型剂（如Na_2CO_3等）及一定的加工处理（挤压、碾压等措施），使钙基膨润土转化为钠基膨润土的加工过程。钙基土的改型成功，改变了对天然钠基土的需求压力，扩大了资源可利用范围[17]。

膨润土的人工钠化改性机理是用Na^+将膨润土中可置换的高价阳离子Ca^{2+}、Mg^{2+}被置换出来。目前常用的改性方法有[18~27]：

（1）悬浮液法。在配浆同时在水中加入钙基土和钠化剂，长时间预水化，使更多的Ca^{2+}、Mg^{2+}被置换出来。

（2）堆场钠化法。在原矿堆场中，将钠化剂粉撒在含水量大于30%的膨润土原矿中，翻动拌合，混合碾压，放置10天，然后干燥粉碎成成品。

（3）挤压法。挤压法包括轮辗挤压法、双螺旋挤压法、阻流挤压法。挤压起到了剥片作用，使蒙脱石颗粒之间、晶粒之间产生相对运动而分离，从而增加了与Na^+的接触面积，易于进行充分的离子交换；在挤压过程中，一部分机械能转化为热能，使膨润土的温度升高，促进了交换过程；挤压还可使蒙脱石结构遭到破坏，产生断键，暴露出硅、铝阳离子以及吸附水，有利于蒙脱石的水化，断键同时增加了原土颗粒表面的负电荷，使钠化进行较完全。

7.1.4.2　膨润土的改性

膨润土的改性常见方法有两种：一是活化法；二是添加无机或有机化合物或同时加入无机、有机化合物制成复合膨润土，以满足不同用途的需要。

A　活化改性

活化改性的方法有很多，有酸活化法、焙烧法、氧化法、氢化以及还原法等，其中以焙烧改性和酸改性法较为简便[28]。

（1）焙烧法改性膨润土。焙烧改性的方法是将膨润土在高温下煅烧一段时间，然后冷却、研磨过筛。膨润土的高温焙烧改性机理是在不同温度下焙烧天然膨润土，可以先后失去表面水、水化水和结构骨架中的结合水，减小水膜对有机物污染物质的吸附阻力，使膨润土的吸附性能发生变化，超过 500℃时，将逐渐失去水化水和结构骨架中的结合水，OH^- 结构骨架破裂，层间的阳离子缩合到结构骨架上，完全丧失了离子交换的性能，其独特的卷边片状物也剥落，使有利吸附的构造遭到破坏，但 DTA 曲线并不能反映出这点。而 450℃时焙烧膨润土既驱除了结构通道中的表面水，又不致破坏结构骨架和卷边构造，提高了吸附性能[29]。王连军[30]等人对膨润土的焙烧改性机理、结构进行的研究结果表明，在 450℃下对烧膨润土进行焙烧可使其比表面积达到 120.24m^2/g，相比原土增加了一倍以上，用其处理染化废水 COD 去除率可达82%，而脱色率可达97%。当焙烧温度超过 600℃时，由于晶体发生摺曲，使可以浸入的比表面积急剧降低。

（2）酸活化膨润土。酸活化的方法是将膨润土浸置于硫酸或盐酸溶液，在一定水浴温度下加热搅拌一定时间，抽滤去液，用蒸馏水将滤液洗至中性，于 150℃下干燥，研磨至原粒度。

酸活化膨润土可除去分布于膨润土结构通道中的杂质，如混杂的有机物，使通道得以疏通，有利于吸附质分子的扩散；再者，H 原子半径小于 Na、Mg、K、Ca 等原子的半径，因此体积较小的 H^+ 置换层间的 Na^+、Mg^{2+}、K^+、Ca^{2+} 等原子，孔容积得到增大，当溶解了八面体结构中部分的 Al^{3+}、Fe^{2+}、Fe^{3+}、Mg^{2+} 等离子后，晶体两端的孔道角度增加，直径加大，活化后的蒙脱石随着八面体中阳离子的带出引起了如同固体酸作用一样的裸露表面，它们之间以氢键连接，通过活化，离子的渗透作用增强，导致结构的展开，其结果是酸处理后的膨润土吸附性和化学性显著提高[31,32]。常用的酸活化剂为磷酸、硫酸、盐酸以及混合酸（硫酸 + 盐酸）。谭钦德[33]等人探讨了酸改性膨润土的结构及改性机理，并分别用10%磷酸、30%硫酸、25%盐酸活化处理膨润土，所得产品均可达到同样的效果。惠博然[34,35]等人讨论了酸处理活化膨润土的方法及工艺，其研究结果表明混合酸处理膨润土可获得较好效果，不仅可以使膨润土黏结剂变得美观，同时后续工序中也可去除产品中的部分游离酸。

B　添加改进剂改性

改进剂一般可分为无机改进剂、有机改进剂、无机 - 有机复合改进剂。

（1）添加无机改进剂膨润土的无机改进剂是通过加入无机高分子改性剂，使分散的矿物单晶片形成柱层状缔合结构，在缔合颗粒之间形成较大的空间，能够容纳有机大分子，因此改变了原矿物在水中的分散状态及性质[36]，以及其对有机物的吸附和离子交换能力[37]。

（2）添加有机改性剂有机膨润土是通过在膨润土表面用有机离子（典型的为季铵结构）交换非有机离子（如 H^+、Na^+）得到的，有机阳离子通过离子交换作用引入层间，导致层间距可增加大 20nm 左右。因而有机膨润土比常规膨润土对有机物有更强的吸附能力[38]。合成有机膨润土的基本原理是：以有机季铵盐阳离子与蒙脱石中的可交换阳离子（主要是钠离子）发生离子交换反应，这是因为 Na^+ 较 Ca^{2+} 水合离子半径大，使膨润土的层间距加大，有利于有机阳离子的离子交换，因此合成有机膨润土一般采用钠基膨润土[39]。

常用的有机改性剂有：长链烷基伯胺、仲胺、叔胺、季铵盐、酰胺及季磷盐等有机阳离子，这些有机阳离子在改性过程中与蒙脱石层间无机离子交换形成以离子键为主的有机复合物，即有机改性膨润土[40]，其中以季铵盐有机改性膨润土应用较多。目前在水处理中使用的有机膨润土主要有两类：一是用单一季铵盐阳离子表面活性剂改性的有机膨润土[41]；另一类是用两种不同碳链的季铵盐阳离子表面活性剂改性制得双季胺盐阳离子有机膨润土。经表面活性剂改性制得的有机膨润土，因其碳含量增加，疏水性能得以改善，因此有机物的处理能力大大增强[42,43]。

（3）添加有机－无机复合改进剂除分别对膨润土进行无机、有机改性外，还可以同时加入无机、有机物制得无机－有机复合膨润土[44~46]。其制备流程一般为：先用无机聚合物处理原矿物，使其进入矿物的层间，撑大了层间距，且导致电荷反转，再加入表面活性剂，长碳链亲水性一端具有强烈的吸附架桥作用，且由于疏水作用形成长碳链尾部的强烈反应，弥补了表面吸附自由能电荷部分的不良影响，从而大大提高了原矿物的吸附能力[47]。

7.1.5　微波改性球团黏结剂的意义

膨润土基造球添加剂以其性能及成本上的优势，已成为冶金氧化球团生产过程中不可或缺的黏结剂。但由于膨润土中 Al_2O_3 和 SiO_2 等脉石成分含量较高，球团矿的品位将随着黏结剂配加量的增加而显著降低。因此，若能减少复合黏结剂中膨润土的配加量，则可提高氧化球团矿的含铁品位，从而使高炉冶炼过程中产生的炉渣数量减少，最终降低高炉炼铁流程的燃料消耗，对提高高炉产量和能源的节约都有重要的意义。

本研究主要通过微波辐射处理膨润土黏结剂，研究微波处理过程对黏结剂的改性作用，分析辐射时间、微波功率等因素对黏结剂改性过程的影响。通过对比改性前后黏结剂各项物理性质的变化，同时测试使用改性黏结剂制备球团的冶金性能，综合分析微波处理黏结剂的最佳改性条件，为高性能氧化球团黏结剂的制备提供理论基础数据，为降低球团矿生产过程中黏结剂的配加量开拓崭新的研究方向。

7.2　微波辐射改善膨润土造球性能的研究

7.2.1　微波作用对黏结剂物理性质的影响

7.2.1.1　实验方案

利用功率可调节的工业微波炉（0~15kW）对某钢铁企业球团厂使用的膨润土黏结剂进行改性处理，选定的微波功率及辐射时间等改性条件见表 7-2。

表 7-2 实验设计正交实验表

水平	因 素	
	微波功率/W	改性时间/min
1	165	3
2	264	5
3	363	7
4	462	
5	561	

7.2.1.2 实验结果及分析

按照上述方案对微波改性前后膨润土的各项性能进行了测试，如胶质价、吸蓝量、吸水率和膨胀倍数等指标。测试结果见表 7-3。

表 7-3 微波改性前后各条件下膨润土的物理性质检测值

组号	改性时间 /min	改性功率 /W	胶质价（每1.5g试样） /mL	膨胀倍数 /mL·g^{-1}	吸蓝量（每100g试样） /g	吸水率 /%
1	—	—	18	14	0.7198	218.0
2	3	165	18	20	0.8797	210.5
3	3	264	17	20	0.6398	200.0
4	3	363	16	17	1.3596	257.0
5	3	462	20	24	0.9597	268.0
6	3	561	18	16	0.7998	285.5
7	5	165	21	15	1.2796	257.5
8	5	264	25	21	1.0397	318.0
9	5	363	20	18	1.1197	300.0
10	5	462	25	15	1.0397	292.5
11	5	561	24	19	1.1197	286.0
12	7	165	23	15	1.3596	287.0
13	7	264	26	17	1.2796	309.5
14	7	363	19	16	0.9597	224.5
15	7	462	24	15	0.9597	269.5
16	7	561	20	17	0.7998	277.0

A 胶质价

将膨润土以一定的比例与水混合，并配加适当数量的氧化镁后，膨润土凝聚所形成的凝胶体的体积，即为该种膨润土的胶质价。胶质价可用来表征膨润土的分散性和水化的程度，是衡量膨润土水化性能优劣的重要指标之一，尤其适用于野外地质勘探部门对膨润土性能进行初步评价。它与膨润土的属型、层电荷的大小、蒙脱石含量密切相关，层电荷越低则胶质价越高，蒙脱石越多则胶质价越高，因此钠基膨润土的胶质价高于钙基和酸性的膨润土。

分别从微波功率和改性时间两方面进行数据分析，从而得出改性条件变化对黏结剂胶质价的影响作用，各微波功率下经不同辐射时间处理后试样的胶质价变化如图7-2所示。

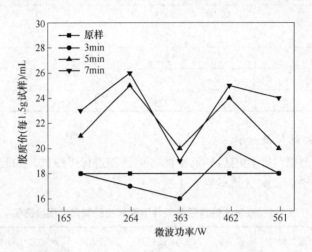

图7-2　微波改性对膨润土胶质价的影响

由图7-2可以看出，不同微波功率下经5min或7min处理后黏结剂的胶质价可得到明显改善，而某些微波功率下经3min改性后膨润土的胶质价甚至低于原样。同时，不同微波功率对改性后黏结剂胶质价的影响也较大，在相同的辐射时间下膨润土的胶质价随着微波功率的逐渐增大均出现抛物线式变化。在5min或7min的处理时间下出现了两次抛物线规律：经165W、363W和561W微波功率处理后黏结剂的胶质价均处于抛物线的谷点，改性后膨润土胶质价的提高幅度相对较小，经264W或462W微波功率处理后黏结剂的胶质价均处于抛物线的顶点，说明利用微波外场对膨润土进行合理改性可使其胶质价得到明显的改善。

B　膨胀倍数

膨润土遇水可表现出较为明显的膨胀性。若将膨润土与稀盐酸溶液均匀混合后，其发生膨胀后的体积与原体积的比值称为膨胀倍数，可通过单位质量膨胀的体积来对其进行表征。作为表征膨润土造球性能的一项重要参数，其数值与膨润土的属型及蒙脱石的含量密切相关。对于属型相同的各种膨润土黏结剂，其膨胀倍数随着蒙脱石含量增大而升高，因此膨胀倍数也是鉴定膨润土石矿属型和评估膨润土质量的技术指标之一。

为了探索微波改性膨润土黏结剂的适宜条件，分别利用不同的微波功率和改性时间对膨润土进行改性处理，分析经不同条件改性后膨润土膨胀性能的变化。各改性膨润土的膨胀倍数结果如图7-3所示。

由图7-3可以看出，选择3min或5min的改性时间对膨润土进行处理后膨胀倍数较原样可得到显著提高，而当改性时间延长至7min后无法得到较为理想的改性效果，说明不宜在微波外场下对膨润土黏结剂进行长时间的辐射处理。在固定微波辐射时间不变的条件下，膨润土的膨胀倍数随微波辐射功率的增加而出现抛物线规律。对膨润土进行5min或7min辐射处理时，微波功率由462W升高至561W后膨润土的膨胀倍数小幅升高，但继续

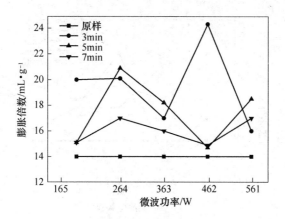

图 7-3 微波改性对膨润土膨胀倍数的影响

升高微波功率则易于导致膨润土出现熔化现象，说明不宜使用过高的微波功率对膨润土进行处理。

通过上述研究结果可以看出，微波改性过程可对膨润土膨胀倍数产生较为明显的改善作用，当改性时间为 3min 或 5min 时易于获得较好效果，同时 264W 或 462W 微波功率下膨润土膨胀倍数的改善也更为明显。对比不同条件改性后膨润土试样膨胀倍数的变化可以看出，在 462W 微波功率下对膨润土进行 3min 的辐射处理，可使膨润土的膨胀倍数得到最大程度的优化。

C 吸蓝量

膨润土的吸蓝量是指将膨润土溶解于水中所制溶液对次甲基蓝的吸附能力，每 100g 该溶液能够吸附次甲基蓝的质量被称为此种膨润土的吸蓝量。若膨润土中蒙脱石的含量越高，则其对应的吸蓝量越大。因此，吸蓝量可作为粗略表征膨润土中蒙脱石相对含量的一项重要技术指标。

分别对膨润土原样及不同条件改性后膨润土试样的吸蓝量进行了分析，对比不同改性条件对膨润土吸蓝量的影响，各膨润土试样的吸蓝量如图 7-4 所示。

由图可以看出，大部分改性条件下膨润土的吸蓝量皆可得到明显改善。经过 5min 或 7min 微波辐射后膨润土的吸蓝性能优于 3min 的改性效果。在 3min 和 5min 的微波改性时间下，吸蓝量随微波功率的升高均出现抛物线规律。在 363W 微波功率下进行 3min 改性处理使试样的吸蓝量提高了大约 100%，说明利用适宜微波功率对试样进行短时间的处理即可获得较为理想的结果。此外，当改性时间为 7min 时，膨润土的吸蓝量在 165W 功率下即可达到 1.35g/100g 以上，并随着微波功率的升高而逐渐降低。以上现象说明利用微波对膨润土进行辐射改性时，在低功率下进行长时间的改性处理也可获得较好效果。对于本次实验所选择的膨润土样品，其最佳改性条件为 165W 微波功率下进行 7min 的改性处理和 363W 微波功率下进行 3min 的辐射处理，上述两种条件改性后膨润土吸蓝量的数值较为接近，其吸蓝性能相对未进行改性的原样提升明显。

D 吸水率

吸水率是衡量膨润土黏结剂质量的重要指标之一，不仅直接影响矿粉的造球性能和制

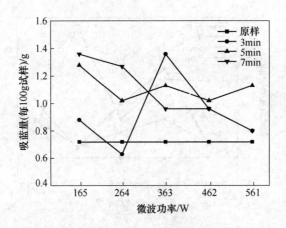

图 7-4　微波改性对膨润土吸蓝量的影响

备生球质量的稳定性，同时也决定着矿粉造球过程中膨润土的配加量。吸水率是指单位质量膨润土能够吸附水分的质量，常通过质量分数的数值来对其进行表征。微波改性前后膨润土吸水率的变化如图 7-5 所示。

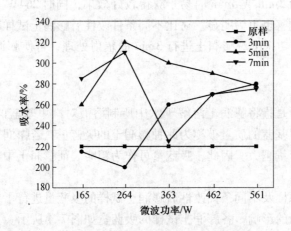

图 7-5　微波改性对膨润土吸水率的影响

　　由图 7-5 可以看出，在适宜的条件下利用微波外场对膨润土进行改性后，可使膨润土试样的吸水率得到很大幅度的提升，部分改性试样的吸水率可达到原样的 3 倍以上。通过将不同改性时间处理后膨润土试样吸水率的数值进行对比，可发现试样吸水率在 5min 和 7min 的改性时间下随功率的升高而出现抛物线性变化，并且均在 264W 微波功率下达到吸水率的最大值。

　　此外，在 165W 和 264W 微波功率下对膨润土进行 3min 的辐射后，改性膨润土的吸水率较原样变差。尽管在较高功率下进行相同时间的处理可使其吸水率得到改善，但提高幅度与 5min 或 7min 处理时间下相比存在较大差距。可以看出，大幅提高膨润土吸水率的最佳改性条件为 264W 微波功率下进行 5min 的辐射处理。

　　通过分析微波改性前后膨润土在上述四个物理性质方面变化，可以看出膨润土的不同物理性质经微波改性后均有不同程度的波动，不同改性条件下各物理性质的变化规律也不相同。由于膨润土的各项物理性质均对其造球性能有直接影响，无法通过单一物理性能的变化对其性能进行全面评价，因此需通过设定各物理性质对造球性能的影响系数来对微波的改质效果进行综合评价。

以下将采用影响系数法具体计算各个改性膨润土的综合指标，其影响系数的确定主要是根据造球过程中不同物理性质对球团矿质量影响程度的大小，所设置的各物理性质影响系数见表7-4。

表7-4 膨润土试样物理性质的影响系数

物理性质	胶质价	吸水率	膨胀倍数	吸蓝量
影响系数	25%	30%	25%	20%

通过设定的综合影响系数即可对改性后膨润土的综合性能进行评价，利用加权平均的方法计算改性后膨润土综合物理性质的提高幅度，选定的计算方法如式（7-1）所示。

$$综合指标 = 胶质价 \times 25\% + 吸水率 \times 30\% + 膨胀倍数 \times 25\% + 吸蓝量 \times 20\% \quad (7-1)$$

根据式（7-1）计算各膨润土试样物理性质综合指标，结果见表7-5。

表7-5 改性前后膨润土试样物理性质的综合指标

组 号	改性时间/min	改性功率/W	物理性质综合指标
1	—	—	73.54
2	3	165	72.83
3	3	264	69.38
4	3	363	85.62
5	3	462	91.59
6	3	561	94.31
7	5	165	86.51
8	5	264	107.11
9	5	363	99.72
10	5	462	97.96
11	5	561	96.77
12	7	165	95.87
13	7	264	103.86
14	7	363	76.29
15	7	462	90.79
16	7	561	92.51

由表7-5可以看出，利用264W微波功率对膨润土进行5min辐射处理后，膨润土黏结剂物理性质综合指标的改善最为明显，说明利用该条件对膨润土进行处理可获得最为理想的改性效果。此外，分别利用264W、363W、462W微波功率对膨润土进行7min、5min、5min辐射处理，也可使膨润土黏结剂的综合指标得到较为明显的改善。

7.2.2　微波改性黏结剂对球团矿冶金性能的影响

7.2.2.1　原料及球团矿的制备

实验原料选用某钢铁企业实际生产中使用的磁铁矿、赤铁矿和膨润土等原料。各原料的化学成分见表7-6和表7-7。

表7-6　铁矿粉的化学成分（质量分数）　　　　（%）

品名	TFe	FeO	SiO_2	CaO	MgO	Al_2O_3	Ig
磁铁精矿	63.25	7.37	7.53	0.28	0.37	1.27	2.42
赤铁精矿	57.09	2.07	5.56	0.08	1.05	3.19	8.11

表7-7　膨润土的化学成分（质量分数）　　　　（%）

Fe_2O_3	SiO_2	CaO	MgO	Al_2O_3	K_2O	Na_2O	Ig	水分
2.05	64.96	1.53	1.44	16.01	1.09	2.85	9.97	12.35

各造球原料的配比见表7-8。

表7-8　球团制备实验的原料配比（质量分数）　　　　（%）

磁铁精矿	赤铁精矿	黏结剂
70.00	30.00	1.20

造球过程中将水分含量控制在7%～8%的范围内，造球工序的时间控制在15min左右。利用三段式竖炉对生球进行不同温度下的焙烧，按照焙烧温度将焙烧过程分为500℃、1200℃和500℃等三段，球团的氧化焙烧时间控制在40min左右。

7.2.2.2　实验结果及分析

利用不同条件改性的膨润土黏结剂制备氧化球团，并测试不同球团间生球平均抗压强度和平均落下次数、熟球的还原失重率和平均抗压强度等性能。各球团矿的冶金性能见表7-9，氧化球团的低温还原粉化率见表7-10。

表7-9　不同黏结剂制备球团的冶金性能

组号	改性时间/min	改性功率/W	平均抗压强度/N	平均落下次数/次	还原失重率/%	平均抗压强度/kN
1	—	—	14.9	4.8	8.694	2.725
2	3	165	13.2	5.7	9.165	3.336
3	3	264	13.9	6.3	8.211	3.000
4	3	363	14.9	6.5	9.738	3.025
5	3	462	13.6	6.9	6.962	3.001
6	3	561	15.3	6.8	8.035	3.065
7	5	165	13.2	4.4	10.796	2.740
8	5	264	16.2	5.0	9.721	2.970

组号	改性时间 /min	改性功率 /W	平均抗压强度 /N	平均落下次数 /次	还原失重率 /%	平均抗压强度 /kN
9	5	363	12.9	4.6	9.518	2.330
10	5	462	15.5	5.4	9.205	3.675
11	5	561	15.2	6.5	8.512	3.570
12	7	165	14.2	6.2	8.044	3.111
13	7	264	15.5	6.0	8.630	3.031
14	7	363	15.4	6.1	8.163	3.138
15	7	462	16.3	5.8	6.840	2.925
16	7	561	16.5	5.1	7.931	3.250

表 7-10　不同球团矿试样的低温还原粉化率

组号	改性时间 /min	微波功率 /W	转鼓后粒度 D（mm）所占百分数/%			
			$D \geqslant 6.0$	$3.0 \leqslant D \leqslant 6.0$	$0.9 \leqslant D \leqslant 3.0$	$D \leqslant 0.9$
1	—	—	84.798	12.254	2.293	0.655
2	3	165	81.307	13.851	3.562	1.281
3	3	264	72.003	20.177	5.557	2.263
4	3	363	65.809	23.097	8.122	2.972
5	3	462	93.799	2.743	0.905	2.553
6	3	561	86.790	10.506	1.060	1.644
7	5	165	79.409	16.068	2.548	1.975
8	5	264	84.381	10.619	2.733	2.268
9	5	363	83.219	11.874	2.896	2.011
10	5	462	58.358	28.407	9.175	4.060
11	5	561	79.115	13.540	4.462	2.883
12	7	165	84.582	9.400	3.589	2.429
13	7	264	74.102	14.844	3.476	7.578
14	7	363	86.755	5.889	2.344	5.012
15	7	462	80.933	11.020	5.517	2.530
16	7	561	68.258	23.523	5.417	2.802

　　为了对比不同改性时间对膨润土黏结剂性能的影响，以相同改性时间下不同球团性能的平均数值来表征该改性时间下球团的冶金性能。经不同改性时间处理后膨润土制备球团的性能见表 7-11。

表 7-11　改性前后球团质量在不同改性时间的变化

微波改性时间/min	生球抗压强度/N	落下次数/次	还原失重率/%	熟球抗压强度/kN
—	14.90	5.80	8.694	2.725
3	14.18	6.44	8.422	3.085

微波改性时间/min	生球抗压强度/N	落下次数/次	还原失重率/%	熟球抗压强度/kN
5	14.60	5.18	9.550	3.057
7	15.58	5.84	7.914	3.091

由表 7-11 可以看出，利用改性 7min 的膨润土黏结剂进行造球时，所制备的生球抗压强度可得到一定程度的改善。然而，当改性时间为 3min 或 5min 时，生球的抗压强度却会变差，而生球抗压强度与改性时间之间并无明显的规律性；利用微波对膨润土进行 3min 或 7min 的辐射改性后，生球的落下强度可得到较为明显的改善，而当改性时间为 5min 时的生球落下强度却变差。

利用改性 5min 的膨润土制备球团矿时还原失重率较高，而其他两个改性时间下球团的还原失重率降低，说明利用改性 5min 的膨润土可制备出还原性较好的球团矿。此外，配加改性膨润土的球团平均抗压强度均优于原样，但并未发现抗压强度与改性时间之间有明显的变化规律。

为了对比不同微波功率对膨润土黏结剂性能的影响，以相同微波功率下不同球团性能的平均数值来表征该改性功率下球团的冶金性能。经不同微波功率处理后膨润土制备球团的性能见表 7-12。

表 7-12　微波功率改性对球团性能的影响

微波改性时间/min	生球抗压强度/N	生球落下强度/次	还原失重率/%	熟球抗压强度/kN
—	14.90	5.80	8.694	2.725
165	13.53	5.43	9.322	3.071
264	15.20	5.77	8.854	3.000
363	14.40	5.74	9.140	2.831
462	15.13	6.03	7.669	3.200
561	15.67	6.13	8.159	3.295

由表 7-12 可以看出，利用 264W、462W 和 561W 等微波功率对膨润土进行辐射改性可增强生球的抗压强度，561W 微波功率改性后生球的抗压强度最为优异。同时，配加经 462W 和 561W 微波功率改性后的膨润土黏结剂后，球团的落下强度也可得到较为明显的改善。此外，经 165W 和 363W 微波功率改性后的膨润土可增强球团的还原性能，而其他微波功率对球团还原性能的改善并不显著。对于焙烧制备的氧化球团而言，使用改性膨润土可使其平均抗压强度得到提升。此外，球团矿经低温还原粉化测试后的粒度分布并未因配加不同黏结剂而发生明显变化，说明微波改性作用对球团矿的低温还原粉化性能影响不大。

综上所述，对配加不同条件改性后膨润土黏结剂生球及熟球的部分性能进行了对比分析，但不同改性条件对球团各项冶金性能的影响均不相同，难以对微波外场改性膨润土的效果进行综合性的评价。因此，通过设置生球和熟球各项单一性能对球团综合性能的影响系数，利用加权平均方法对配加不同黏结剂球团的综合性能进行计算，最终对微波外场改性膨润土的不同条件进行评价。所设置的球团矿各项性能影响系数见表 7-13。

表 7-13　球团矿性能的影响系数

球团矿质量	生球落下次数	生球抗压强度	熟球抗压强度	还原失重率
影响系数	25%	30%	40%	10%

通过设定的综合影响系数即可对配加不同黏结剂球团的综合性能进行评价，利用加权平均方法计算改性后膨润土综合物理性质的提高幅度，选定的计算方法如式（7-2）所示。

$$综合指标 = 生球落下次数 \times 25\% + 生球抗压强度 \times 25\% + 熟球抗压强度 \times 40\% + 还原失重率 \times 10\% \tag{7-2}$$

根据式（7-2）计算各球团试样冶金性能综合指标，结果见表 7-14。

表 7-14　改性前后球团矿质量的综合指标

组号	改性时间/min	改性功率/W	球团矿质量综合指标
1	—	—	6.88
2	3	165	6.98
3	3	264	7.07
4	3	363	7.53
5	3	462	7.02
6	3	561	7.55
7	5	165	6.58
8	5	264	7.46
9	5	363	6.26
10	5	462	7.62
11	5	561	7.70
12	7	165	7.15
13	7	264	7.45
14	7	363	7.45
15	7	462	7.38
16	7	561	7.49

由表 7-14 可以看出，利用 561W 微波功率对膨润土黏结剂进行 5min 的辐射处理可使膨润土的综合性能得到最大幅度的改善，因此该微波功率及改性时间可作为微波改性膨润土的最佳条件。此外，在其他微波功率及改性时间条件下也可使膨润土的综合性能得到显著改善，并最终使球团矿的综合指标得到明显的优化。

当前的球团矿生产皆使用品位较高的铁矿石作为原料，因此球团矿与烧结矿相比具有较高的全铁含量。然而，为了改善球团矿生产过程中铁矿粉的成球性能，需配加 1% 左右的膨润土作为黏结剂，从而在一定程度上降低了球团矿品位。利用微波外场对膨润土黏结剂进行改性，提高球团矿生产过程中铁矿粉的成球性能，从而降低造球过程中膨润土黏结剂的配加量，缓解配加膨润土对球团矿铁含量的影响。

由于此过程的主要目标为提高膨润土的造球性能，主要基于膨润土黏结剂的各项物理性质，因此选择微波功率 264W 和改性时间 5min 作对膨润土试样进行处理。利用改性后的膨润土黏结剂进行铁矿粉造球，然后逐步降低黏结剂在铁矿粉中的配加量，分析膨润土配加量变化对球团矿各项性能指标的影响，实验选取了 0.9%、1.0%、1.1% 和 1.2% 四个黏结剂添加水平。不同黏结剂配比球团矿的性能指标见表 7-15。

表 7-15　黏结剂配比降低后的球团质量指标

组号	微波功率 /W	作用时间 /min	黏结剂添加量 /%	落下强度 /次	生球抗压强度 /N	熟球抗压强度 /kN	还原失重率 /%	综合指标
1	—	—	1.2	4.8	14.9	2.725	8.694	6.88
2	264	5	1.2	5.0	16.2	2.970	9.721	7.46
3	264	5	1.1	4.8	15.2	3.315	9.162	7.24
4	264	5	1.0	5.2	14.4	3.225	8.774	7.07
5	264	5	0.9	4.1	12.1	2.325	8.541	5.83

对比表中球团矿的性能参数可以看出，利用微波改质膨润土作为造球剂进行造球时，膨润土黏结剂的加入量降低至 1.0% 的水平后，所得球团矿的各项性能指标仍与膨润土原样所制备球团矿的性能接近，而且熟球抗压强度却显著优于未改性膨润土所制备的球团矿。然而，当黏结剂加入量降低至 0.9% 时，球团矿的各项性能皆大幅下降。因此，使用微波功率 264W 下改性 5min 的黏结剂进行造球，可在保证球团力学性能不发生大幅波动的条件下降低膨润土配加量 0.2% 左右。

7.3　微波改性膨润土的机理分析

7.3.1　微波的改性作用

微波的能量是通过微波发生器产生的，微波发生器包括微波管和微波电源两部分，微波发生器依照微波频率的不同有不同的产生方式，主要包括磁控管系统和回旋管系统两大类，微波加热系统的构成也有多种方式。微波发生器为磁控管，磁控管是一种产生发射微波的真空电子管，当磁控管上加上电压，阴极得到预热后，便产生大量的电子，它们在所形成的电场和外加磁场作用下，绕着圆周轨迹正向阳极。这些电子在到达阳极之前，要通过许多小谐振腔并在其中发生振荡，振荡频率不断提高，直到所需频率，如 915MHz、2.45GHz，形成微波发射出去。

微波与材料的交互作用形式有三种，即穿透、反射和吸收。材料与微波的作用形式与它在电场的介质特性有关。对于实际有耗的介质来讲，其介质常数具有复数形式，实数部分称为介电常数，虚数部分称为损耗因子。通常用损耗正切值（损耗因子与介电常数之比）来表示材料与微波的耦合能力，损耗正切值越大，材料与微波的耦合能力就越强。对于大多数的氧化物陶瓷材料如 SiO_2、Al_2O_3 等，它们在室温时对微波是透明的，几乎不吸收微波能量，只有达到某一临界温度后，它们的损耗正切值才发生显著变化。

7.3.2　膨润土的作用机理

铁矿球团制备过程中经历三个阶段：造球（湿球/生球）、干燥和预热（干球）、焙烧。在这三个阶段中，膨润土所起的作用也不完全相同。

7.3.2.1 造粒（湿球）阶段

根据 Rumpf 理论[44]，铁矿球团应属于低黏度液体粘接类型。在球团造粒过程中存在着 10 种力，以下仅就生球阶段与膨润土作用机理有关的机理进行探讨。

（1）调节水分增加毛细管力。球团中的水分及其类型对球团的强度至关重要[45]。生球中的水分可分为两大类型：一类为自由移动的水，是自由可流动液体，也称为空隙水或毛细水。它具有表面界面张力，对可溶解水中离子，由液体的表面张力和毛细管力可在铁粉粒子间产生的结合力产生。随着生球中自由水的增加，球团颗粒与自由水之间的关系分别出现震动态、索悬态、毛细管态、泥浆态，如图 7-6（a）所示。震动态时，液体饱和度 S（颗粒的空隙中液体架桥剂所占体积与总空隙体积之比）在 30% 左右，颗粒之间主要为液体桥黏结力。当液体饱和度达到 80% ~ 95% 时，颗粒之间主要为毛细管黏结力。当液体饱和度大于 100% 时，毛细管力丧失，颗粒转化为分散为主，球团强度急剧下降。只有球团内部在液体饱和时，球团才具有最高的强度，如图 7-6（b）所示。

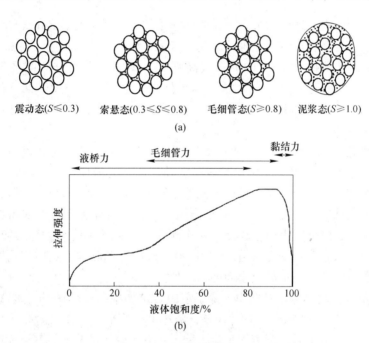

震动态($S \leq 0.3$)　索悬态($0.3 \leq S \leq 0.8$)　毛细管态($S \geq 0.8$)　泥浆态($S \geq 1.0$)

(a)

(b)

图 7-6　液体饱和对球团的影响

（a）不同饱和度球团结构状态；（b）不同饱和度球团强度

另一类水为不可流动水，它被束缚在颗粒表面和膨润土层间，也称吸附水或（弱）结合水或大分子水，需要说明的是该水对球团强度也有重要影响，但对毛细管力不起贡献作用。这两种水是可以转换的。由此可见，在球团造粒过程中，球团水分是影响其强度的最主要因素。膨润土具有很强吸水性能，可起到调节和控制球团自由水含量的作用，而这种调节和控制并非改变球团水分总量，其实质是将颗粒自由水吸附的蒙脱石层间转化为层间水，即不可流动水，降低多余的自由水含量比例，使生球中自由水液体达到饱和点，提高球团的毛细管力黏结力，从而提高球团的强度。在球团中毛细管黏结力是其他分子的 3 倍。Forsmo 进行了无膨润土和含有 0.5% 膨润土的球团黏结强度对比试验，如图 7-7 所示。

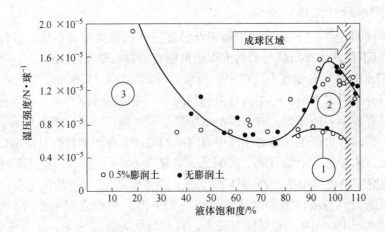

图 7-7　膨润土在球团黏结中的作用机理

　　试验结果表明，在合适的水分之下，含膨润土的球团强度明显高于无膨润土的球团强度。球团强度曲线变化特征符合毛细管力曲线特征，该强度的贡献应主要源于膨润土对自由水的吸附或调控作用。球团中能够形成高强度生球的合适水分的范围很窄，通常在7.5% ~ 8.5% 之间；水分超高 10% 时，生球变软，发生粘连，强度降低。我国铁精粉平均含水量为 10.3%，如果铁精矿均不进行脱水，膨润土吸水性是控制生球水分，保证球团强度的最好选择。

　　(2) 润滑作用增加分子力。膨润土吸水膨胀，由于蒙脱石层间为较弱的分子力，在机械力（搅动、滚动）作用下，层片间极易滑动，产生润滑作用。这种润滑效果在球团中可以起到两个作用：一个作用是可以降低颗粒摩擦力，增加生球塑性，降低空隙率，增加球团密度，增加球团的强度[46]。另一个作用是，蒙脱石片可涂敷在铁粉颗粒表面，使颗粒表面变得平滑，降低其表面粗糙度，缩小颗粒之间的接触距离，增加粒子间的引力。粒子间发生的引力来自范德华力（分子间引力）、静电力和磁力。这些作用力在多数情况下很小，但随着粒径颗粒间距离减小而明显增加。

　　(3) 表面负电性增加电性黏结力。由于蒙脱石结构中四面体的 Si^{4+} 被 Al^{3+} 或 Fe^{3+} 或八面体中的 Al^{3+} 或 Fe^{3+} 被 Mg^{2+}、Fe^{2+} 代替，破坏了电价平衡，在层间存在与金属阳离子以保持其电性平衡，遇水后，阳离子水化，蒙脱石发生膨胀和分散，其层面产生有永久的负电荷。金属氧化物，磁铁矿、赤铁矿微粉表面为正电荷。膨润土通过胶体电性和电分子力将铁粉黏结在一起。

　　(4) 降低成球速度。由于蒙脱石矿物吸附水分子后，将部分移动水变成结合水，限制或减少了自由水向球体表面的扩散，新的铁粉不易黏附，降低了成球速度。

7.3.2.2　干燥和预热（干球）阶段

　　进入球团阶段，随着温度上升，水分的蒸发，毛细管力逐渐下降，直至消失。此时，球团将会发生收缩，颗粒距离缩短，蒙脱石具有离子交换性，可为球团提供黏结强度。膨润土及铁粉之间产生结合力，其中包括分子力、固体桥力、化学力。前人对球团膨润土的黏结机理进行了大量专门论述，包括前面提到的纤维机理。

　　(1) 导湿作用，提高爆裂温度。干燥过程是球团湿分由内部向表面扩散迁移和表面汽化两个基本过程组成，两者缺一不可。而内部湿分扩散不畅常是导致球团爆裂的主要原因。如前所述，生球中有两种水分，其中自由水或毛细水蒸发时，耗能小、速度快是在干燥过程球团爆裂的祸首。而吸附到膨润土到层间中的水分，是由于蒙脱石片晶表面强大负电场力的作用，使之较牢固地吸附在膨润土的晶层间，相对自由水不易蒸发和迁移。因此，膨润土吸水性能可以降低球团中水分的蒸发速度，使水缓慢地释放出来，从而降低了球团内部的蒸气压，有利于提高球团爆裂温度，这一机理已经被广泛接受[48]。然而该机理并没有解释膨润土在球团内部湿分迁移过程中的作用。实际上，膨润土在生团干燥过程中具有导湿作用。随着球团干燥过程进行，球中心湿度较高向表面逐渐降低，形成一个较大的湿度梯度。而水分的迁移有两种途径：一个是自由水在湿度梯度作用和毛细管作用下，通过颗粒的空隙或毛细管向外迁移，该水分迁移与膨润土无关；另一个途径是由于膨润土具有很强的吸水作用，可将大量的自由水吸附到膨润土层间，在湿度梯度作用下，水分不断地通过膨润土层吸水性能由球团中心向外层转移。球团干燥过程中水分迁移示意图如图7-8所示。特别是当膨润土具有较高的吸水率和吸水速率时，会加强这种导湿作用，其结果可提高球团爆裂温度。当干燥或预热温度不断升高、蒙脱石中八面体中结晶水脱失、结构遭到破坏时，这种导湿作用也将随之消失。

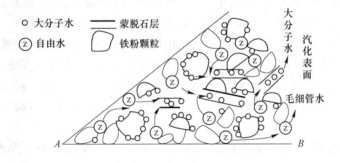

图7-8　球团干燥过程中水分迁移示意图

　　（2）抑制可溶性盐迁移，防止球团结壳和爆裂。铁矿粉中成分十分复杂，其中部分为可溶性离子溶解于自由水（毛细水）中，可形成盐溶液。球团在干燥过程中，随着水分由球体中心向表面迁移，可溶性盐也随之迁移，导致球团内部盐组分越来越少，外部相对富集，可溶性盐在颗粒表面或近表面出不断地蒸发和沉淀下来了，形成一个壳层，该壳层出现有两个坏处：其一，由于这些盐本身通常对球团起一定的黏结作用，可增加球团机械强度；然而，干燥过程中的可溶盐分布异化，将导致球团黏结强度外强里弱，球团物理形态外刚内柔，这种不均匀性降低了干燥球的整体强度。其二，由可溶性盐类于球团表面沉淀和结晶，堵塞了球团毛细空隙，球中的水分只能以蒸汽的形式传出来，结果是内部蒸气压过大，导致球团发生爆裂。膨润土具有很强的离子交换性和吸附性，在球团干燥过程中，膨润土可通过交换吸附捕捉固定这些可溶性离子，限制其自由迁移，防止由球团中盐类在其表面结壳发生的爆裂。此时，可将蒙脱石看成一个片状大阴离子与金属离子结合形成"蒙脱石盐"，特别是当膨润土pH值较高时，更促进了这种"蒙脱石盐"的形成。

7.3.2.3　焙烧阶段

　　在球团焙烧过程中，膨润土主要起到助熔剂作用。膨润土中的硅钙镁钾钠组分是良好的助熔剂。当焙烧温度达到这些助熔组分与铁反应温度时，将发生固相反应，生成硅酸铁、铁酸钙、硅酸钙等新化合物，形成固相黏结，增加焙烧球团的强度，使球团在运输过程中，避免粉尘和破碎。

7.3.3　微波改性膨润土的作用机理

通过以上对膨润土作用机理的研究可见，在球团造粒过程中，球团水分是影响其强度的最主要因素。膨润土具有很强的吸水性能，可起到调节和控制球团自由水含量的作用，而这种调节和控制并非改变球团水分总量，其实质是将颗粒自由水吸附的蒙脱石层间转化为层间水，即不可流动水，降低多余的自由水含量比例，使之生球中自由水液体达到饱和点，提高球团的毛细管力黏结力，从而提高球团的强度。另外，膨润土吸水性能可以降低球团中水分的蒸发速度，使水缓慢地释放出来，从而降低了球团内部的蒸气压，有利于提高球团爆裂温度。而经过微波的改性作用使得膨润土的吸水率有所提高，进一步使自由水转化为层间水，即不可流动水，进一步降低多余的自由水含量比例，提高球团的毛细管力黏结力，从而使球团的强度得以提高，爆裂温度得以提高。

膨润土经微波改性后膨胀性能也有所提高。膨润土吸水膨胀，可产生润滑作用。这种润滑效果在球团中可以起到两个作用：一个作用是可以降低颗粒摩擦力，增加生球塑性，降低空隙率，增加球团密度，增加球团的强度。另一个作用是，蒙脱石片可涂敷在铁粉颗粒表面，使颗粒表面变得平滑，降低其表面粗糙度，缩小颗粒之间的接触距离，增加粒子间的引力。粒子间发生的引力来自范德华力（分子间引力）、静电力和磁力。这些作用力在多数情况下很小，但随着粒径颗粒间距离减小而明显增加。可见，膨润土的膨胀性能增强，进一步使这种润滑效果在球团中可以起到两个作用得到增强，进而使球团矿的一些性质得以提高。

膨润土具有很强的离子交换性和吸附性，在球团干燥过程中，膨润土可通过交换吸附捕捉固定一些可溶性离子，限制其自由迁移，防止由球团中盐类在其表面结壳发生的爆裂。微波改性后，由于吸蓝量的提高，即吸附性能的增强，可以使上述作用更加明显。

7.4　小结

通过上述实验室范围内的研究与分析，笔者得到了以下几点认知和结论：

（1）微波预处理对改善膨润土黏结剂的造球性能存在一定作用，但其改性结果与改性时间和改性功率等条件之间并无明显规律性。

（2）微波辐射过程对膨润土的物理性质有一定的影响。经不同的微波条件改性后，膨润土的吸蓝量最高可提高 47.5%、吸水率最高可增加 23.6%、膨胀倍数最高可提高 26.2%，而胶质价最高可提高 17.03%。利用微波改性膨润土所制备的生球，其落下次数最高可提高 43.8%、抗压强度最高可提高 10.7%。使用改性膨润生产氧化球团，其抗压强度最高可提高 34.9%、还原失重率最高可提高 24.2%。

（3）在本书实验所选择的微波改性条件下，利用微波对膨润土黏结剂进行辐射改性的最佳功率为 264W，该改性功率下的最佳辐射时间为 5min。

（4）使用改性膨润土制备氧化球团的过程中，将原料中膨润土的配加量由 1.2% 降低至 1.0% 后，球团矿的各项冶金性能指标依然符合钢铁企业的生产要求。但将膨润土配比降低至 0.9% 后，球团矿的部分冶金性能指标较原球明显变差。

参 考 文 献

[1] 陈亮，曹东鹏，等. 含铁尾矿二次利用新途径探讨性试验研究 [J]. 矿业工程，2007，5（4）：25~28.

[2] 甘牧原，张立清，等. 配用复合黏结剂的球团矿工业实验研究 [J]. 柳钢科技，2008，2（3）：11~13.

[3] 朱苗勇，杜刚，阎立懿，等. 现代冶金学 [M]. 北京：冶金工业出版社，2008：45~46.

[4] 张一敏，郭宪臻，等. 球团矿生产技术 [M]. 北京：冶金工业出版社，2005：18~21.

[5] 范晓慧，王祎，等. 提高有机黏结剂氧化球团矿强度的措施 [J]. 钢铁研究学报，2008，20（5）：5~8.

[6] 郑银珠，彭志坚. 铁矿球团复合黏结剂的试验研究 [J]. 烧结球团，2009，34（5）：28.

[7] 胡智荣. 膨润土改性的研究 [J]. 非金属矿，1993（5）：33~35.

[8] 徐立铨. 我国膨润土工业开发应用现状及发展对策 [J]. 非金属矿，1989，5（2）.

[9] 冯惠敏，贺霞. JDF 蒙脱石黏土凝胶制备及其在化妆品中的应用 [J]. 非金属矿，1991，5（2）：32~34.

[10] 周淑文. 改性膨润土在洗发香波中的应用 [J]. 非金属矿，1990，4（6）.

[11] 彭金辉，郭胜惠，张世敏，等. 微波加热干燥钛精矿研究 [J]. 昆明理工大学学报（理工版），2004，29（4）：5~9.

[12] 刘玉山. 蒙脱石印花糊料的研究与应用 [J]. 非金属矿，1993（3）：45~47.

[13] 毛燕红. 膨润土浆纱研究 [J]. 非金属矿，1993（3）：41~43.

[14] 朱利中. 酸性膨润土处理含重金属废水初探 [J]. 环境污染与防治，1993，2（1）.

[15] 徐国庆. 核废物地质处置研究现状 [J]. 国外铀金地质（核废物地质处置研究专辑），1992（增刊）.

[16] 叶振球. 膨润土在建筑外墙涂料中的应用 [J]. 非金属矿，1996，3（2）.

[17] 周淑文. 钠基膨润土在轻质建材中的应用 [J]. 非金属矿，1992，2（2）.

[18] 董振高. 膨润土在干电池制造中的应用研究 [J]. 非金属矿，1993，4（4）.

[19] 易发成，戴淑霞，侯兰杰，等. 钙基膨润土钠化改型工艺及其产品应用 [J]. 现状中国矿业，1997，6（24）：65~68.

[20] 孙家寿. 膨润土对铬、磷的吸附性能研究 [J]. 非金属矿，1992，5（3）.

[21] Benna M, Kbir-Aguib N, Clinard C. Static filtration of purified sodium bentonite clay suspensions [J]. Applied Clay Science, 2001（19）：103~120.

[22] Tamotsu Kozaki, Koichi Inada, Seichi Sato, et al. Diffusion Mechanism of Chloride Iron in Sodium Montmorillonite [J]. Journal of Contaminant Hydrology, 2001（47）：159~170.

[23] 王庆伟，崔运成，宣立富. 钻井液用膨润土研制 [J]. 非金属矿，2000，23（6）：29~30.

[24] Chum K S, Kim S S, Kang C H. Release of Boron and Cesium or Uranium from Simulated Borosilicate waste Glasses Through a Compacted Ca-bentonite Layer [J]. Journal of Nuclear Materials, 2001（298）：150~154.

[25] 冯庆诗. 钠基膨润土在静态破碎剂中的应用初试 [J]. 非金属矿，1993（2）：48~49.

[26] Garcir-Gutierrez M, Missana T, Mingarro M. Solute transport properties of compacted Ca-bentonite used in FEBEX project [J]. Journal of Contaminant Hydrology, 2001, 5 (47): 127~137.

[27] 朱利中, 陈宝梁. 有机膨润土在废水中的应用及其进展 [J]. 环境科学进展, 1998, 6 (3): 53~61.

[28] Atockmtyer M. Adsorption of zinc and nickel ions and phenol and diethyl ketones by Bentonites of different organo philicities [J]. Clay Minerals, 1991, 26 (3): 431.

[29] Wolfe T A. Adsorption of organic pollutants on montmorillonite treated with amines [J]. Water Pollut. Contr. Ted., 1986, 58 (1): 68~76.

[30] 王连军, 黄中华, 刘晓东. 膨润土的改性研究 [J]. 工业水处理, 1999, 19 (1): 9~11.

[31] 郑自立. 膨润土的改性、提纯和加工 [J]. 建材地质, 1989, 4 (2): 25~30.

[32] 张建乐. 国内膨润土新用途的开发与研究现状 [J]. 河南地质情报, 1995 (2): 24~28.

[33] 谭钦德, 陈淑荷, 谭志诚. 活性白土的制备 [J]. 应用化学, 1995, 12 (6): 83~85.

[34] 惠博然, 李朝君. 活性白土干法生产工艺及其改进 [J]. 非金属矿, 1993 (3): 30~33.

[35] 陈天虎, 汪家权. 蒙脱石改性吸附剂处理印染废水实验研究 [J]. 中国环境科学, 1996, 16 (1): 60~63.

[36] 胡茂焱. 氧化镁改性膨润土的研究及作用机理 [J]. 西部探矿工程, 1992, 4 (6): 12~15.

[37] 彭勇军, 李晔. 膨润土改性技术及其除臭机理研究 [J]. 化工矿山技术, 1998, 27 (2): 33~35.

[38] Smith J A, Cho H J, Jaffe P R, et al. Comparision of four methods for sampling and an laying unsaturated-zone water for trichloroethylene at picatinny arsenal [J]. New Jersey, US Geology Survey, 1990 (24): 1167.

[39] Smith J A, Cholls J J. Groundwater rebound in the leicestershire coalfield [J]. Water and Enviromental Management, 1996, 10 (4): 208~289.

[40] 姚道昆, 史素端, 等. 中国膨润土矿床及其开发应用 [M]. 北京: 地质出版社, 1994.

[41] Smith J A, Galan A. Sorption of nonionic organic contaminants to single and dual organic cation bentonite from water enviromental [J]. Science and Technology 1995, 29 (3): 685~692.

[42] Wolef T A, Demirel T, Baumann E R. Interaction of aliphalic amines with montmorillonite to enhance adsorption of organic Pollutants [J]. Clays and Clay Minerals, 1985, 33 (4): 301~311.

[43] Wolef T A, Demirel T, Baumann E R. Monitoring and management of water and segment quality changes caused by a harbour impoundment scheme [J]. Enviroment International, 1995, 21 (2): 197~204.

[44] Rumpf H. The strength of granules and agglomerates [J]. Agglomoeratin Interscience, 1962.

[45] Nicol S K, Adamiak Z P. Role of bentonite in wet pelleting process [R]. Transaction of Institution of Mining and Metallugry, Section, 1982: 26~33.

[46] Eisele T C, Kawatra S K. A review of binders in iron ore pelletization [J]. Minerals Processing&Extractive Metall Rev, 2003, 24: 1~47.

[47] 张一敏. 球团理论与工艺 [M]. 北京: 冶金工业出版社, 2008.

[48] Forsmo S P E, Apelqvist A J. Bonding mechanisms in wet iron ore green pellet with a bentonite binder [J]. Powder Technology, 2006, 169 (3): 147~158.